国家自然科学基金资助项目　　　　信息技术重点图书

基于学习的图像增强技术

Learning based Image Enhancement

主　编　吴　炜
副主编　陶青川
编　委　庞　宇　严斌宇　孟庆党

西安电子科技大学出版社

内容简介

本书是一部关于基于学习的图像增强原理及应用的学术专著，反映了近年来基于学习的图像增强技术的最新研究进展。全书共分为三个部分十四章，第一部分为基础知识(第一章至第三章，介绍图像的基本概念、图像增强的一些基本方法和图像插值技术；第二部分为基于学习的图像分辨率增强(也称为基于学习的图像超分辨率)技术(第四章至第十三章)，对基于学习的图像超分辨率技术进行了详细的介绍；第三部分(第十四章)介绍了一种新的图像增强技术——基于视觉美学学习的图像质量评估和增强技术。

本书适合于通信与信息系统、信号处理、计算机应用、模式识别等相关专业的研究人员、工程技术人员、高校教师以及硕/博士研究生学习参考。

图书在版编目(CIP)数据

基于学习的图像增强技术/吴炜主编. 一西安：西安电子科技大学出版社，2013.2
国家自然科学基金资助项目
ISBN 978-7-5606-2981-0

Ⅰ.①基…　Ⅱ.①吴　Ⅲ.①机器学习—研究　Ⅳ.TP181

中国版本图书馆 CIP 数据核字(2013)第 023789 号

策划编辑　李惠萍
责任编辑　买永莲　李惠萍
出版发行　西安电子科技大学出版社(西安市太白南路2号)
电　　话　(029)88242885　88201467　　邮　　编　710071
网　　址　www.xduph.com　　电子邮箱　xdupfxb001@163.com
经　　销　新华书店
印刷单位　陕西华沐印刷科技有限责任公司
版　　次　2013年2月第1版　2013年2月第1次印刷
开　　本　787毫米×1092毫米　1/16　印张　14
字　　数　318千字
印　　数　1～2000册
定　　价　25.00元
ISBN 978-7-5606-2981-0/TP

XDUP　3273001-1

本书的研究工作受到国家自然基金(联合基于学习的超分辨率技术和多传感器超分辨率技术在红外图像复原中的研究，资助号为61271330；多视频时空超分辨率重建技术研究，资助号为61071161)、教育部重点项目(视频超分辨率重建关键技术研究，资助号为107094)的资助，谨在此特别致谢。

前　言

自计算机问世以来，人们就希望它能够进行自我学习。然而到目前为止，计算机还不具有与人类(或者其它灵长类生物)同样强大的学习能力，但就特定的任务而言，机器学习已经取得了不错的成绩。特别是近些年来，随着计算机技术的飞速发展，机器学习技术也获得了快速发展，成为人工智能最前沿的研究领域之一。

来自维基百科的机器学习定义包括下面几种：(1) 机器学习是一门人工智能的科学，该领域的主要研究对象是人工智能，特别是如何在经验学习中改善具体算法的性能；(2) 机器学习是对能通过经验自动改进的计算机算法的研究；(3) 机器学习是用数据或以往的经验，以此优化计算机程序的性能标准。一种经常引用的英文定义是：A computer program is said to learn from experience E with respect to some class of tasks T and performance measure P, if its performance at tasks in T, as measured by P, improves with experience E.

机器学习在各个领域获得了广泛的应用，一些典型的应用包括语音识别、数据挖掘、自然语言处理、医学诊断、检测信用卡欺诈等。机器学习在图像处理领域同样获得了广泛的应用，例如目前数码相机中使用的人脸检测技术、笑脸检测技术等，指纹考勤系统中的指纹识别技术，智能交通系统中的车牌识别技术等。

近年来，随着多媒体技术的快速发展以及数码设备的普及，视频图像的应用领域越来越广，但是由于图像采集设备的限制，拍摄的图像质量常常较低，这严重影响了对图像的后续处理。因此有必要对这些低质量的图像进行增强处理，以提高图像质量。探索合适的图像增强算法，获取视觉效果良好的图像，具有十分重要的意义。

目前图像增强方法可分为两大类，传统的图像增强方法和基于学习的图像增强方法。传统的图像增强方法主要是依据信号处理的相关知识对图像进行增强，这种方法的不足是增强的效果有限、增强方式不灵活等。基于学习的图像增强技术是模拟人的学习的过程，通过机器学习技术获取图像增强的某些特征，然后将这些特征应用于图像的增强。该方法在增强过程中可充分考虑人的视觉特性，具有增强方式更灵活、增强效果更好等优点。

本书主要讨论和介绍基于学习的图像增强技术(也称为基于机器学习的图像增强技术)，图 0-1 为基于学习的图像增强技术的一个框架示意图。在该框架中，须事先建立好一个已知的训练库，该训练库中包含多个增强前后的图像对(增强的具体方法是未知的)。在需要增强图像时，通过机器学习获得图像增强函数 $F(\cdot)$ 并在训练库中图像的辅助下，对输入的图像进行增强。

基于学习的图像增强技术近年来已广泛应用于图像的分辨率增强(也称为超分辨率技术)、图像复原、个性化图像增强以及基于视觉美学的图像增强等。随着机器学习技术和图像增强技术的发展，基于学习的图像增强技术将获得越来越广泛的应用。

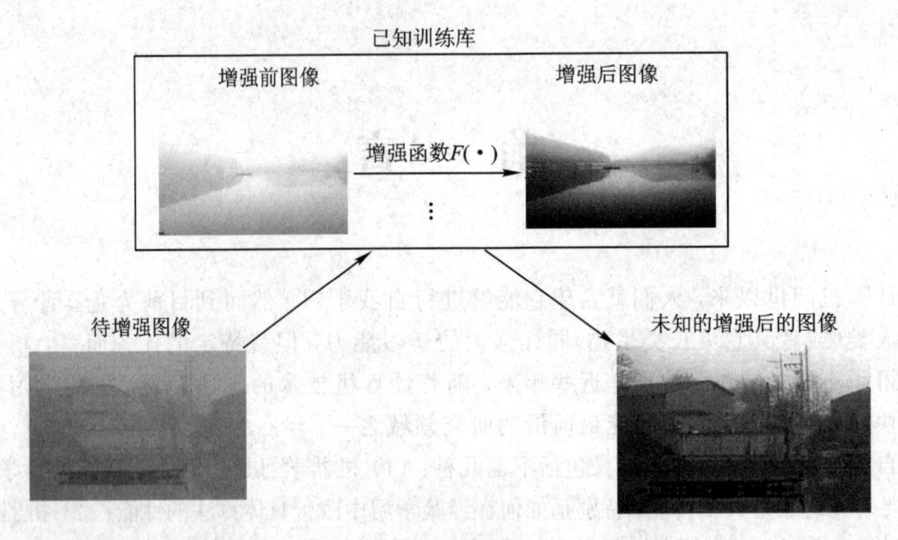

图 0-1 基于学习的图像增强技术框架示意图

本书是一部关于基于学习的图像增强方面的学术专著，全面地讨论了基于学习的图像超分辨率技术(即图像的分辨率增强)和图像复原技术。

本书由吴炜、陶青川、庞宇、严斌宇、孟庆党共同完成，其中吴炜、陶青川分别担任主编和副主编。

我们对参加本书相关工作的雷翔硕士、黄晓强硕士、郑丽贤硕士，以及参与了部分章节写作的窦翔硕士(参与了第一章的写作)、王瑶硕士(参与了第三章的写作)、杨皖钦硕士(参与了第十四章的写作)在此表示感谢。

本书的内容涉及笔者近10年来在四川大学电子信息学院工作的一些研究成果。四川大学电子信息学院的何小海教授对本书的工作给予大力支持，提出了不少宝贵的建议和意见，可以说没有他的支持，很难有本书的出版，在此特别表示感谢。另外，在此也感谢陶德元教授、罗代升教授、滕奇志教授对本书工作的支持。

本书在编写和出版的过程中，得到了西安电子科技大学出版社及李惠萍老师的帮助，在此表示感谢！

本书的研究工作受到国家自然基金(联合基于学习的超分辨率技术和多传感器超分辨率技术在红外图像复原中的研究，资助号为61271330；多视频时空超分辨率重建技术研究，资助号为61071161)、教育部重点项目(视频超分辨率重建关键技术研究，资助号为107094)的资助，在此表示感谢。

由于作者水平有限，书中难免有不足和不当之处，恳请广大读者批评指正。

吴炜、陶青川于四川大学望江校区

2012年7月

作 者 简 介

吴 炜 男，博士，副教授。1994年9月至1998年7月就读于天津大学，获学士学位；2000年9月至2003年7月就读于四川大学电子信息学院，获硕士学位；2003年7月至今在四川大学电子信息学院任教；2008年7月在四川大学获通信与信息系统博士学位；2009年10月至2010年10月在加拿大国家研究院从事为期一年的博士后研究。主要从事图像处理、模式识别、机器学习等理论和技术研究，并担任IEEE Transactions on Instrumentation and Measurement、Machine Vision and Applications、Journal of Electronic Imaging等国际学术期刊的审稿人和美国Journal of Pattern Recognition Research期刊的Prospective Editor，主持或参与并完成了包括联合基于学习的超分辨率技术和多传感器超分辨率技术在红外图像复原中的研究(国家自然科学基金：61271330)、计算光学切片显微三维成像技术(国家自然科学基金：60372079)、视频超分辨率重建关键技术研究(教育部重点项目资助：107094)、智能交通系统、景区门票“人票合一”验证管理系统等多项纵向、横向科研项目，在国内外重要刊物和会议上发表论文50余篇(其中被SCI、EI收录20余篇)。

陶青川 男，博士，副教授，模式识别专业硕士导师。1993年9月至1997年7月就读于四川大学电子信息学院，获无线电电子学学士学位；1997年9月至2000年7月就读于四川大学电子信息学院，获模式识别硕士学位；2000年7月至今在四川大学电子信息学院任教；2005年获光学专业博士学位。主要从事图像处理、模式识别、机器学习、信息光学、生物医学等理论和技术研究，同时具有丰富的信息化项目工程经验。目前主讲研究生的模式识别学位课程，并主持或参加了激光共焦三维生物医学图像处理与识别(国家自然科学基金：30070228)、计算光学切片显微三维成像技术(国家自然科学基金：60372079)、多视频时空超分辨率重建技术研究(国家自然科学基金：61071161)、人脸识别、步态识别、车牌识别、岩心扫描成像及金相图像分析系统等多项纵向、横向科研项目；在国内外重要刊物和会议上发表论文近40篇(其中被SCI、EI收录10篇)。

庞 宇 男，博士，副教授。1996年9月至2000年7月就读于四川大学，获学士学位；2000年9月至2003年7月就读于电子科技大学，获硕士学位；2004年1月～2010年6月分别就读于加拿大Concordia大学和McGill大学，获博士学位；2010年9月至今，在重庆邮电大学任教。主要从事医学图像处理、远程医疗系统设计、超短距离无线通信、集成电路设计与综合等方面的研究。主持了包括可逆逻辑综合理论

与实现方法研究（国家自然科学基金：61102075；重庆市自然科学基金：CSTC2011BB2142）、重庆儿童医院体温组网实时监护系统、NFC儿童无线体温系统、NFC基础体温系统等多个纵向和横向项目，参与了工信部物联网专项与重庆市重点科技攻关项目；指导研究生40余名，所发表的文章被SCI和EI收录的有30余篇。

严斌宇　男，博士，讲师。1993年9月至1997年6月就读于四川大学物理系，获学士学位；1999年9月至2002年6月就读于四川大学计算机学院，获工学硕士学位；2002年7月至今，在四川大学电子信息学院任教，期间于2011年12月在四川大学获工学博士学位；2012年7月至8月在美国西密西根大学进行为期一月的访问交流。主要从事计算机网络、无线传感网络等理论和技术研究。参与并完成了国家自然科学项目"容延迟移动传感器网络中通信协议的研究(60773168)"，主持了四川大学青年基金项目"无线传感器网络信任模型研究(2010SCU11006)"、"中石油MES系统二期工程分包项目"、"智能型仪器运行状态采集仪研制"等多项纵向、横向科研项目；在国内外重要刊物和会议上发表论文10余篇，其中被EI收录的有4篇。

孟庆党　男，通信与信息系统专业数字图像处理方向硕士。1992年9月至1996年7月就读于河北大学无线电电子学系，获学士学位；1996年9月至1999年7月就读于四川大学电子信息学院，获硕士学位；1999年7月至今，在四川大学电子信息学院任教。主要从事图像处理、计算机网络、信息安全等理论和技术研究，同时具有丰富的信息系统集成项目工程经验。目前主讲现代通信网、交换技术、移动通信、计算机网络、软交换与NGN等课程，并主持或参加了多项军工科研项目、多项省级网络项目的规划与实施。

目　　录

第一章　图像的基础知识

图像来自于自然界，是人类获取信息和交换信息必不可少的方式之一。图像通过人的视觉感知获得，它可以记录在纸上，通过相机拍摄在相片上，显示在计算机、电视等显示设备上。

图像依据不同的存储方式，一般可以分为模拟图像和应用十分广泛的数字图像。图像最初的形态是连续的模拟量，也就是模拟图像，它的各点亮度信息由光、电等物理量的强弱来记录。为了便于数字设备(计算机存储)的存储和显示，以及进一步的处理，采用数字来表示图像的亮度信息，这样的图像就是数字图像。

数字图像处理(Digital Image Processing)就是利用计算机及其相关技术，先把模拟图像转化为数字图像，然后对数字图像施加某种或某些运算和处理，从而达到某种预期的处理目的。随着数字计算机及其相关技术的飞速发展，数字图像处理已经成为了一门独立的、有着强大研究潜力的学科。

1.1　图像信号的基本概念

文字、语音和图像信息是人们在日常的生活和工作中经常接触的信息形式。其中，语音和简单的图像(图形)是人类早期用于信息交流的主要方式。人类从自然界获得的信息大部分都来自于视觉(即图像)。图像与文字、语音相比，具有直观生动、具体形象等许多显著的优点。

图像是由光能量进入人的视觉系统所重现出来的视觉信息。光能量或者由发光物体直接发出，或者由光源发出后照射在物体上经过反射、衍射、折射等形成。图像来自于自然界或者人为的处理和合成，其原始的形态是连续变换的模拟量。与文字、语音信息相比较，图像信息主要具有信息量大、直观性强以及模糊性、实体性和形象化等特点。

在科技急速发展的现代社会，计算机、微电子、网络、信息处理等技术的发展使人类进入了信息时代，图像处理的各种应用在人们的社会生活、科学工作中发挥着越来越重要的作用。最原始的模拟图像，不便于传输、显示和进一步处理，为提高图像的质量、减小成本和图像的规模等，一般先通过计算机技术将模拟图像数字化。基于学习的图像针对的就是数字化图像。

1.1.1　图像的表示

一幅图像实际上记录的是物体辐射能量的空间分布(可以看做空间各点光强度的集合)，这个分布是空间坐标、时间和波长的函数。图像的亮度一般可以用多变量表示为

$$I = f(x, y, z, \lambda, t) \tag{1-1}$$

其中，x、y、z 表示空间某个点的坐标，λ 为光的波长，t 为时间轴坐标。当 $z=z_0$（常数）时，表示二维图像；当 $t=t_0$（常数）时，表示静态图像；当 $\lambda=\lambda_0$（常数）时，表示单色图像。

当一幅图像为平面单色静止图像时，空间坐标变量 z、波长 λ 和时间变量 t 可以从函数中去除，一幅图像可以用二维函数 $f(x, y)$来表示：

$$f(x, y) = i(x, y)r(x, y) \tag{1-2}$$

其中，$i(x, y)$为照射分量（入射分量），是入射到景物上的光强度；$r(x, y)$为反射分量，是受到物体反射的光强度，其大小限制在 0～1 之间。

$i(x, y)$ 的性质取决于照射源，而 $r(x, y)$ 取决于成像物体的特性。

由于 I 表示的是物体的反射、投射或辐射能量，因此它是正的、有界的，即

$$0 \leqslant I \leqslant I_{\max} \tag{1-3}$$

其中，$I_{\max}$ 表示 I 的最大值，$I=0$ 表示绝对黑色。

式(1-1)是一个多变量函数，不易于分析，需要采用一些有效的方法进行降维。由三基色原理知，I 可表示为三个基色分量的和：

$$I = I_R + I_G + I_B \tag{1-4}$$

式中，

$$\begin{cases} I_R = f_R(x, y, z, \lambda_R) \\ I_G = f_G(x, y, z, \lambda_G) \\ I_B = f_B(x, y, z, \lambda_B) \end{cases} \tag{1-5}$$

其中，λ_R、λ_G、λ_B 为三个基色的波长。

由于上式中的每个彩色分量都可以看做一幅黑白（灰度）图像，所以在以后的讨论中，所有对于黑白图像的理论和方法都适用于彩色图像的每个分量。

一般地，一个完整的图像处理系统输入和显示的都是便于人眼观察的连续图像（模拟图像）。为了便于数字存储和计算机处理，可以通过模/数转换（A/D）将连续图像变为数字图像。反过来，通过数/模转换（D/A）也可以将数字图像还原为模拟图像。

1.1.2　图像的数字化过程

一般的图像（模拟图像）无法直接用计算机进行处理，为此必须将各类模拟图像转化为数字图像。数字图像的生成过程如图 1-1 所示。数字图像可以理解为对二维函数 $f(x, y)$进行采样和量化（即离散处理）后得到的图像，通常用二维矩阵来表示一幅数字图像。对一幅图像进行数字化的过程就是在计算机内生成一个二维矩阵的过程。因此，采样（选取一种离散的栅格去表示一幅图像）和量化（将颜色和亮度映射成整数）是图像数字化的两个主要过程。

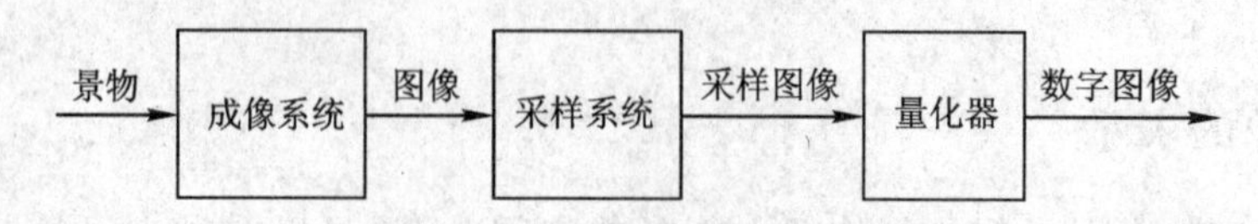

图 1-1　数字图像生成过程

连续图像数字化的结果，将产生能够用于计算机处理的离散数据结构，一般为一个矩阵。假如一幅连续图像 $f(x, y)$被取样，则产生的数字图像有 M 行和 N 列。坐标(x, y)的值变成离散值，通常将这些离散坐标用整数表示(见图 1-2)。

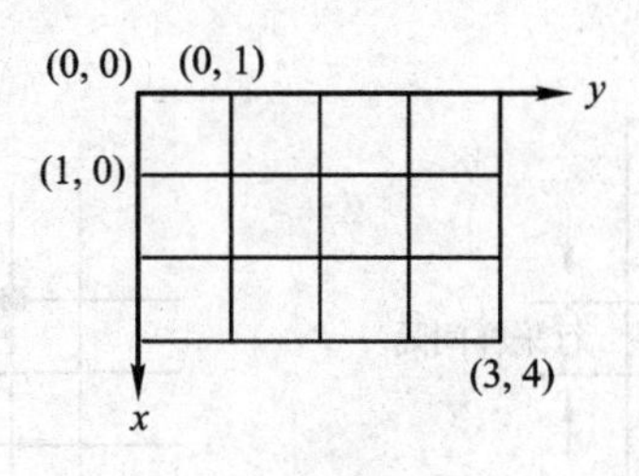

图 1-2　图像的坐标

当然，图像数字化的过程与采样间隔(频率)有关。采样频率太低，则图像会产生混叠现象而失真。另外，灰度或颜色数目的选取也与重建后的图像质量有关。一般地，数量级在 8 位(256 色)的黑白图像是比较好的，而高质量的彩色图像需要使用三基色叠加的办法。

模拟图像数字化后，二维矩阵的每一个位置称为像素(Pixel)，每个像素都包括位置信息和灰度。对于单色即灰度图像而言，每个像素的亮度用一个数值来表示，通常数值范围为 0～255，即可用一个字节来表示，0 表示黑，255 表示白，而其它数值表示灰度级别，如图 1-3 所示。

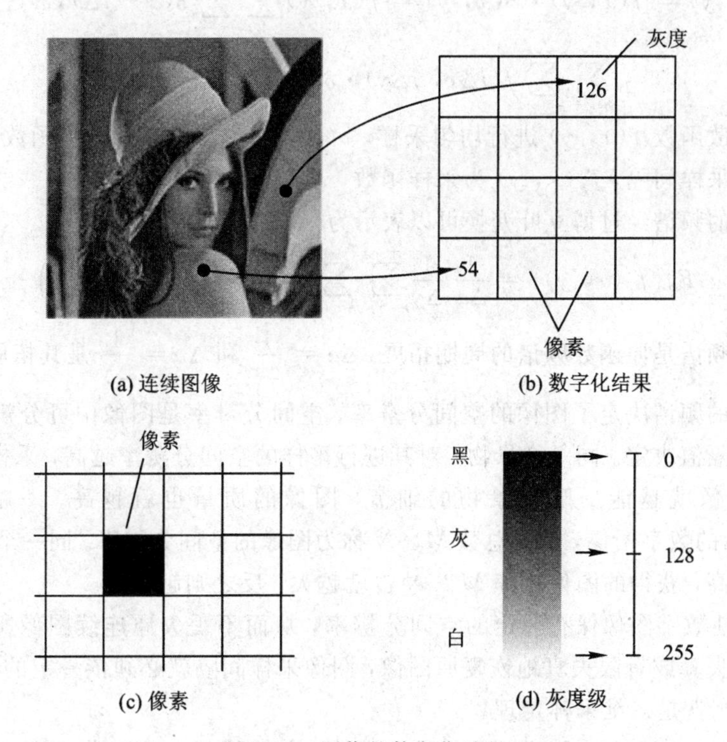

图 1-3　图像的数字化过程

1. 采样

采样(Sampling)就是对图像空间坐标的离散化，它决定了图像的空间分辨率(图像中可分辨的最小细节，主要由采样间隔值决定)。用一个网格把待处理的图像覆盖，然后把每一小格上模拟图像的各个亮度取平均值，作为该小方格的值；或者把方格的交叉点处模拟图像的亮度值作为该方格交叉点上的值，如图 1-4 所示。

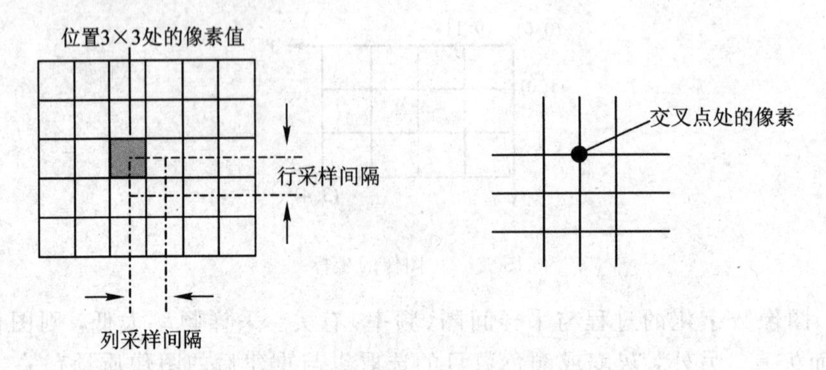

图 1-4　图像采样

图像平面分割成离散点的集合，结果是一个样点值阵列，故又叫点阵取样。每个离散点即像素，可用离散坐标 (i, j) 表示。点阵采样的数学描述为

$$S(x, y)=\sum_{i=-\infty}^{+\infty}\sum_{j=-\infty}^{+\infty}\delta(x-i\Delta x, y-j\Delta y) \tag{1-6}$$

$$\begin{aligned} f_p(x, y) &= f(x, y)\cdot S(x, y)=f(x, y)\sum_{i=-\infty}^{+\infty}\sum_{j=-\infty}^{+\infty}\delta(x-i\Delta x, y-j\Delta y) \\ &= \sum_{i=-\infty}^{+\infty}\sum_{j=-\infty}^{+\infty} f(i\Delta x, j\Delta y)\cdot\delta(x-i\Delta x, y-j\Delta y) \end{aligned} \tag{1-7}$$

上式对二维离散函数 $f(x, y)$ 进行均匀采样，$S(x, y)$ 为二维离散采样函数，Δx 和 Δy 为相应方向上的采样间隔，$f_p(x, y)$ 为采样函数。

采样函数的频谱经过傅立叶变换可以表示为

$$F_p\{f_p(x, y)\}=\frac{1}{\Delta x}\frac{1}{\Delta y}\sum_{i=-\infty}^{+\infty}\sum_{j=-\infty}^{+\infty}F\left(u-i\frac{1}{\Delta x}, v-j\frac{1}{\Delta y}\right) \tag{1-8}$$

即采样函数的频谱是原函数频谱的周期拓展，$\Delta u=\dfrac{1}{\Delta x}$ 和 $\Delta v=\dfrac{1}{\Delta y}$ 是其拓展的周期。

采样函数的频谱决定了图像的空间分辨率。空间分辨率是图像中可分辨的最小细节，主要由采样间隔值决定。同一个景物，对其进行采样的空间分辨率越高，采样间隔就越小，数字化后的图像就越能反映出景物的细节，图像的质量也就越高。一幅用二维数组 $f(M, N)$ 表示的数字图像，像素总数 $M\times N$ 称为图像的空间分辨率。同一个物体，采样的空间分辨率越高，获得的图像矩阵 $M\times N$ 也就越大，反之则越小。

所以，要使数字图像保有一定的空间分辨率，从而不丢失原连续图像所表达的信息，同时能确保无失真或有限失真地恢复原图像，图像采样间隔就必须依一定的规则选取合适的值。这个规则就是二维采样定理。

由二维采样定理可知，如果二维信号 $f(x, y)$ 的二维傅立叶频谱 $F(u, v)$ 满足

$$F(u, v)=\begin{cases} F(u, v) & |u|<U_c, |v|\leqslant V_c \\ 0 & |u|>U_c, |v|>V_c \end{cases} \tag{1-9}$$

其中，U_c、V_c 对应于空间位移变量 x 和 y 的最高截止频率，则当采样间隔 Δx、Δy 满足奈奎斯特准则（图 1－5）：

$$\left.\begin{aligned}\frac{1}{\Delta x}=\Delta u\geqslant 2U_c\\ \frac{1}{\Delta y}=\Delta v\geqslant 2V_c\end{aligned}\right\}\tag{1-10}$$

时，可以由 $f(x, y)$ 的采样值 $f(i\Delta x, j\Delta y)$ 唯一地恢复原图像信号 $f(x, y)$。

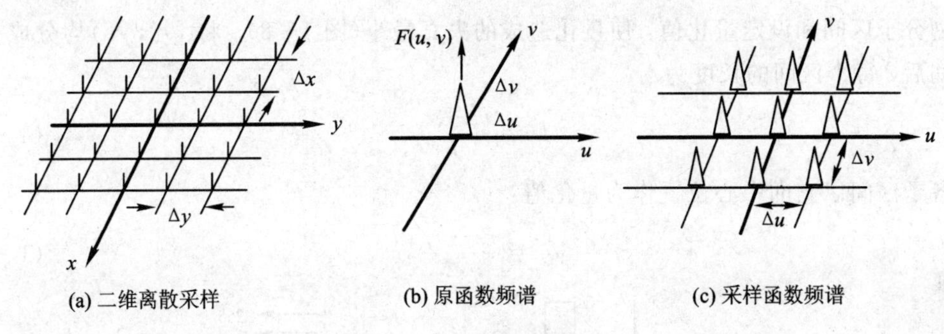

(a) 二维离散采样　(b) 原函数频谱　(c) 采样函数频谱

图 1－5　奈奎斯特准则

2. 量化

把采样后所得的各像素灰度值从模拟量到离散量的转换称为图像灰度的量化（量化实例如图 1－6 所示）。量化是对图像幅度坐标的离散化，它决定了图像的幅度分辨率。量化的方法包括分层量化、均匀量化和非均匀量化。分层量化是把每一个离散样本的连续灰度值分成有限多的层次。均匀量化是把原图像灰度层次从最暗至最亮均匀分为有限个层次，如果采用不均匀分层就称为非均匀量化。

(a) 256级灰度图像

145	132	108	106	103	128	131	125
130	113	125	141	138	116	110	123
144	144	158	128	125	120	118	116
146	139	145	120	122	126	117	121
134	135	128	114	109	119	102	107
130	149	136	128	114	117	103	107
132	141	132	157	160	131	135	157
154	168	137	125	148	147	186	191
136	154	167	139	124	137	144	163
100	122	165	159	126	136	151	139

……

(b) 对应的量化数据

图 1－6　图像量化实例

以均匀量化（图 1－7）为例，幅度坐标划分为 n 个（即 0，r_1，r_2，…，r_n）量化电平（即量化级，一般灰度图像为 2^8，这样一来，每个采样可以用 8 bit 来表示），将每一个采样量化为离它最近的电平（即将取样点或像素的灰度或亮度离散化，使之由连续量转换为离散的整数值即灰度值）。

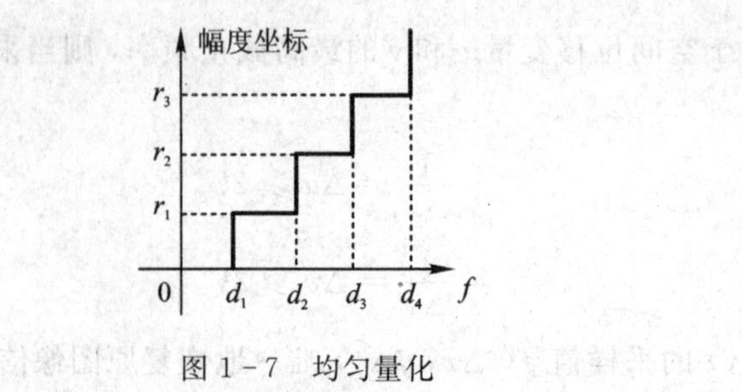

图 1-7　均匀量化

划分子区间和设定量化值，使量化造成的失真最小(图 1-8)。将 $[r_0, r_k)$ 均分成 k 个子区间后，每个区间的长度为

$$L = \frac{r_k - r_0}{k} \tag{1-11}$$

各子区间以它的中心位置作为量化值：

$$q_i = \frac{r_i + r_{i+1}}{2} \tag{1-12}$$

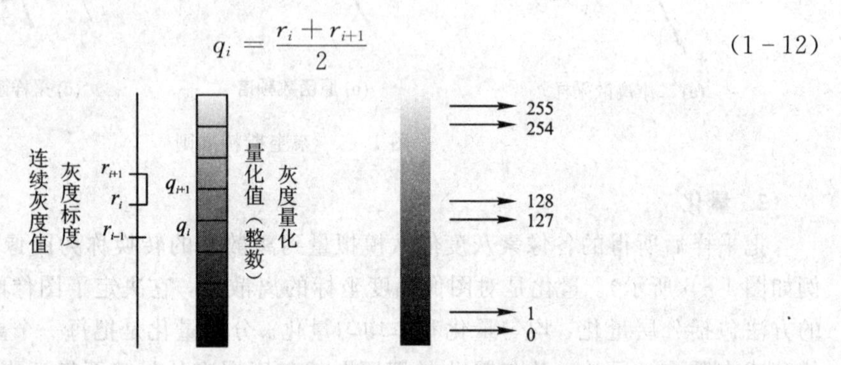

图 1-8　量化示意图

对一幅图像，当量化级数一定时，采样点数对图像质量有着显著的影响。采样点数越多，图像质量越好；当采样点数减少时，图像上的块状效应就逐渐明显。当图像的采样点数一定时，采用不同量化级数的图像质量也不一样。量化级数越多，图像质量越好；量化级数越少，图像质量越差(图 1-9)。量化级数最小的极端情况就是二值图像，图像会出现假轮廓。

(a) 量化为2级

(b) 量化为16级

(c) 量化为256级

图 1-9　量化级数与图像质量之间的关系

连续图像经过空间采样一灰度量化后，变成了离散的数字图像。通常可以用如下矩阵来表示一个数字图像：

$$f(x, y)_{M\times N}=\begin{bmatrix} f(0,0) & f(0,1) & \cdots & f(0,N-1) \\ f(1,0) & f(1,1) & \cdots & f(1,N-1) \\ \vdots & \vdots & \vdots & \vdots \\ f(M-1,0) & f(M-1,1) & \cdots & f(M-1,N-1) \end{bmatrix} \tag{1-13}$$

表示像素明暗程度的整数称为像素的灰度级(灰度值或灰度)。一幅数字图像中不同灰度级的个数称为灰度级数，用 G 表示。在数字图像处理中一般将这些量取为 2 的整数幂，即 $G=2^g$，g 表示存储图像像素灰度值所需的比特位数。一幅大小为 $M\times N$、灰度级数为 G 的图像所需的存储空间，即图像的数据量，大小为 $M\times N\times g$ (bit)。例如：

$$128\times128\times6=98\ 304(12\ \text{KB})$$
$$512\times512\times8=2\ 097\ 152(256\ \text{KB})$$

1.1.3 数字图像的基本类型

1. 位图

位图是使用二维像素矩阵来表示的图像，每个像素的亮度信息或颜色信息用灰度或 RGB 分量表示。每一个像素值所占的比特位数可以是 1、4、8、16、24、32 位等，位数越高，所包含的信息越丰富。位图可以分为设备相关位图(DDB)与设备无关位图(DIB)。DDB 没有自己的调色板，颜色模式必须依赖于输出设备，如 256 色以下的位图中存储的像素值是系统调色板的索引，其颜色依赖于系统调色板。DIB 有自己的调色板信息，其颜色模式与设备无关,可以永久地存储图像，常保存在经 *. BMP 或 *. DIB 为反缀的文件中。

2. 二值图像

二值图像由黑、白两种颜色构成，也叫黑白图像，其图像像素只存在 0、1 两个值，0 表示黑色，1 表示白色。它相当于图像量化为 2 级，在计算机中用一位比特数表示。二值图像有很多应用，比如可用于图像处理中的图像前景和背景的分割，目标的形状分析等。一幅典型的二值图像如图 1-10 所示。

图 1-10 二值图像

3. 灰度图像

二值图像其实是灰度图像的特殊情况。灰度图像在黑色和白色之间加入了 2^g-2 个颜色深度(g 表示比特位数)，包含几种不同的灰度级，如 16 级、64 级，256 级等。例如，当像素灰度级用 8 bit 表示时，每个像素的取值就是 256 种灰度中的一种，即每个像素的灰度值为 0～255 中的一个。通常，用 0 表示黑色，255 表示白色，从 0 到 255 亮度逐渐增加。

$$I = f(x, y), 0 \leqslant f(x, y) \leqslant k-1 \tag{1-14}$$

其中，(x, y)为空间坐标，k 表示灰度级，I 表示图像的光强度。

4. 索引图像

所谓索引图像就是把像素的值作为颜色的索引序号，根据这个序号能找到该像素对应的实际颜色。用于存储索引颜色的颜色表就是调色板，Windows 位图等许多图像格式的图像都应用了调色板技术。调色板中包含了红、绿、蓝三种颜色的不同组合。表 1-1 中每一行记录一种颜色的 R、G、B 值，当表示一种颜色时，只需要指出它在颜色表中的索引，这样 16 色只需要 4 位，且颜色表占用的内存很小。调色板技术就是使用索引图像显示的一种技术。

表 1-1　常见的 RGB 颜色组合值/调色板

R	G	B	颜　色
0	0	0	黑
0	0	255	蓝
0	255	0	绿
0	255	255	青
255	0	0	红
255	0	255	洋红
255	255	0	黄
255	255	255	白
0	0	128	暗蓝
0	128	0	暗绿
0	128	128	暗青
128	0	0	暗洋红
128	128	0	暗黄
128	128	128	暗灰
192	192	192	亮灰

5. RGB 彩色图像

自然界中几乎所有颜色都可以由三原色红(R)、绿(G)、蓝(B)组合而成，RGB 图像应用了这一原理。RGB 图像中每一个像素的颜色由相应的红、绿、蓝颜色分量共同决定，控制这三种颜色的合成比例就可正确显示该像素的颜色。RGB 图像中的红、绿、蓝分量分别用 8 位表示，共 24 位，理论上可以合成 2^{24} 种不同的颜色。

1.1.4　颜色模式

1. 光和彩色

光和各种射线都属于电磁波，电磁波的波谱范围很广，包括无线电波、红外线、可见光、紫外线、X射线、γ射线等，如图1-11所示。其中人的眼睛能看到的那一部分叫可见光，可见光是携带能量的电磁辐射中的很小一部分，兼有波动特性和微粒特性。

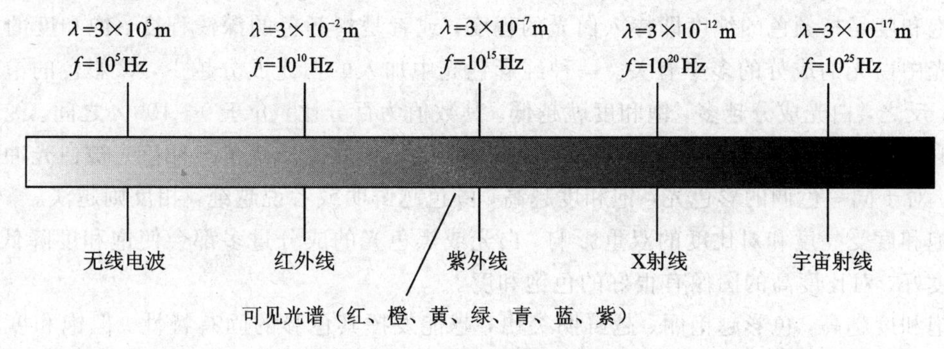

图1-11　可见光的波长范围

可见光是由波长在380 nm～770 nm范围内的电磁波组成的。光源通常能发射某一波长范围内的能量，并且其强度可以在时间、空间上变化。光的彩色感觉决定于光谱成分(即它的波长组成)。

人的眼睛能够接收到两种类型的颜色。自己发光的物体的颜色叫做自己发光的颜色，被照射后物体的颜色叫做物体颜色。

自己发光的物体可能是天然的，例如太阳，或人造的物体(如计算机的显示器、白炽灯、水银灯和其它类似的物体)物体颜色是被照射的物体反射的颜色，它由从物体表面反射的光线(即反射光)和从物体表面底层散射的光线合成。

自己发光的物体的彩色感觉取决于它所发射能量的波长范围。照明光源遵循相加原则，即几个混合的照明光源的彩色感觉取决于所有光源光谱的总和。

被照射物体的彩色决定于入射光的光谱成分和被吸收的波长的范围。反射光源遵循相减原则，即几种混合的反射光源的彩色感觉取决于剩余的未被吸收光波的波长。

人类彩色感觉具有两个属性：亮度和色度。亮度指被感知的光的明亮度，它与可视频带中的总能量成正比；色度指被感知的光的颜色和深浅，它是由光的波长成分决定的。色度又有两个属性特征：色调和饱和度。色调指彩色的颜色，它是由光的峰值波长决定的。饱和度指颜色的纯度，它是由光谱的范围或带宽决定的。

$$\begin{cases}\text{亮度(被感知的光的明亮度)}\\ \text{色度}\begin{cases}\text{色调(彩色的颜色)}\\ \text{饱和度(颜色的纯度)}\end{cases}\end{cases}$$

1）亮度(Intensity)

亮度是指发光物体表面发光强弱的物理量(数字图像处理中指高灰度级的概率)。一般来说，照射光越强，反射光也越强，看起来就越亮。显然，如果彩色光的强度降到使人看不到了，在亮度标尺上它应与黑色对应。同样，如果其强度变得很大，那么亮度等级应与白色对应。亮度是非彩色属性，彩色图像中的亮度对应于黑白图像中的灰度。需要注意的是，不同颜色的光，强度相同时照射同一物体也会产生不同的亮度感觉。

2）色调(Hue)

色调是一种或多种波长的光作用于人眼所引起的彩色感觉。它描述纯色的属性(纯黄色、纯橘色或纯红色)。

3)饱和度(Saturation)

饱和度是指颜色的纯度即掺入白光的程度，或者是指颜色的深浅程度。饱和度的深浅与色光中白光的成分的多少有关。一种纯彩色光中加入的白光成分越少，该彩色的饱和度越高；反之，白光成分越多，饱和度就越低。其数值为百分比，介于0～100％之间。纯白光的色彩饱和度为0，而纯彩色光的饱和度则为100％。饱和度反映了某种色光被白光冲淡的程度。对于同一色调的彩色光，饱和度越高，颜色越鲜明或者说越纯，相反则越淡。

饱和度受亮度和对比度的双重影响。白光或黑色光的成分过多都会使饱和度降低，一般亮度好、对比度高的图像有很好的色饱和度。

饱和度越高，色彩越艳丽、越鲜明突出，越能发挥其色彩的固有特性。但饱和度高的色彩容易让人感到单调刺眼。饱和度低，色感比较柔和协调，可混色太杂则容易让人感觉浑浊，色调显得灰暗。

2. 图像的三基色

所谓三基色原理就是自然界常见的各种颜色光，都可由红(R)、绿(G)、蓝(B)三种色光按照不同比例相配而成，同样绝大多数颜色也可以分解成红、绿、蓝三种色光。这是色度学中的最基本原理。三基色的混色模式有两种：增色模式(相加混色)和减色模式(相减混色)。

设组成某种颜色 C 所需的三个量分别用 R、G、B 表示，每种量的比例系数为 r、g、b，则有

$$C = rR + bB + gG \tag{1-15}$$

$$\begin{cases} r = \dfrac{R}{R+G+B} \\ g = \dfrac{G}{R+G+B} \\ b = \dfrac{B}{R+G+B} \end{cases} \tag{1-16}$$

$$r + b + g = 1 \tag{1-17}$$

R、G、B 各用一个字节可表示 $2^8 \times 2^8 \times 2^8 \approx 1677$ 万色。当 R、G、B 全为1时为白色，R、G、B 全为0时为黑色，R、G、B 数值相等为灰色，R、G、B 中哪个数值大就偏向哪种颜色。

照明光源的基色系通常包括红色、绿色和蓝色，称为RGB基色，应用于相加混色中。反射光源的基色系通常包括青色(Cyan)、深红色(Magenta，也称品红色)和黄色(Yellow)，称为CMY基色，应用于相减混色中。实际中，RGB基色和CMY基色是互补的，也就是说，混合一个色系中的两种彩色会产生另外一个色系中的一种彩色。例如，红色和绿色混合会产生黄色。可以用图1-12表示这种关系。上述原理构成了彩色摄取和显示的基础。

3. 图像的彩色模型

彩色模型(彩色空间或彩色系统)的用途是在某些标准下用通常可接受的方式简化彩色的规范。常用几种不同的色彩空间表示图形和图像的颜色，以对应于不同的场合和应用。

因此，数字图像生成、存储、处理及显示时，若对应不同的色彩空间就需要作不同的处理和转换。现在主要的彩色模型有 RGB 模型、CMY 模型、YUV 模型、YIQ 模型、YCbCr 模型、HSI 模型等。

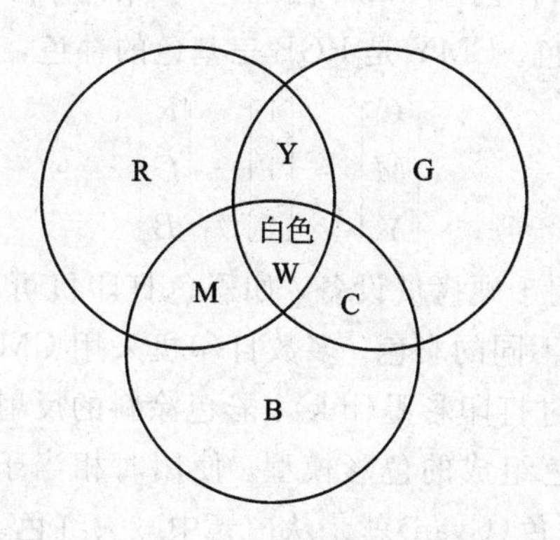

图 1-12　RGB 三原色叠加效果示意图

1) RGB——加色混合色彩模型

RGB 色彩模型就是模型中的各种颜色都是由红、绿、蓝三基色以不同的比例相加混合而产生的，即 $C = aR + bG + cB$。其中，C 为任意彩色光，a、b、c 为三基色 R、G、B 的权值。在 CRT 显示中，将 R、G、B 的亮度值限定在一定范围内，如 0～1。每个像素的颜色都用三维空间的一个点来表示，就成为一个三维彩色模型，如图 1-13 所示。

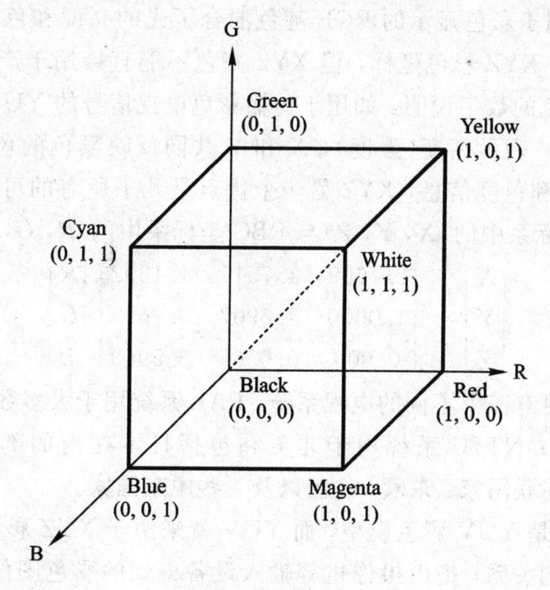

图 1-13　RGB 立方体

在 RGB 彩色空间的原点上，任一基色均没有亮度，即原点为黑色，坐标为(0，0，0)。当三基色都达到最高亮度时，则为白色，坐标为(1，1，1)。彩色立方体的三个角对应于 R、G、B 三基色，剩下的三个角对应于 C、M、Y 色，任何其它的颜色对应于彩色立方体中的相应一点。目前所有的显示系统都选用 RGB 基色。计算机彩色显示器是典型的采用 RGB 色彩模型的设备，使用三种颜色基色红(R)、绿(G)、蓝(B)在视频监视器上混合产生一幅合成的彩色图像。RGB 色彩模型是一个加色模型。

2) CMY——减色混合色彩模型

CMY 色彩模型就是利用青色(Cyan)、品红色(Magenta)、黄色(Yellow)这三种彩色按照一定比例来产生需要的彩色。CMY 是 RGB 三基色的补色，所以存在如下的关系：

$$\begin{bmatrix} C \\ M \\ Y \end{bmatrix} = \begin{bmatrix} 1 \\ 1 \\ 1 \end{bmatrix} - \begin{bmatrix} R \\ G \\ B \end{bmatrix} \tag{1-18}$$

CMY 色彩模型一般应用于硬拷贝设备，如彩色打印机可以通过适当的比例混合具有所选基色的三种颜料来产生不同的彩色。多数打印机采用 CMY 基色，它们与荧光粉组合光颜色的显示器不同，是通过打印彩墨(ink)、彩色涂料的反射光来显现颜色的，是一种减色组合。由青、品红和黄三色组成的色彩模型，使用时相当于从白色光中减去某种颜色，因此又叫减色系统。例如：青色(Cyan)就是从白光中减去红色。由于彩色墨水、油墨的化学特性，色光反射和纸张对颜料的吸附程度等因素，用等量的 C、M、Y 三色得不到真正的黑色，所以在 CMY 色彩中需要另加一个黑色(Black，K)才能弥补这三个颜色混合不够黑的问题。这就是所谓的 CMYK 基色，它能更真实地再现黑色。在实际应用中，CMY 色彩模型也可称为 CMYK 色彩模型。

3) YUV 模型和 YIQ 模型——应用于电视传播系统的色彩模型

对于视频信号的传输，为了减少所需的带宽并与单色电视系统兼容，采用亮度/色度坐标系模型。但通常用于彩色显示的 RGB 基色混合了光的亮度和色度属性。1931 年国际照明协会(CIE)规定了 XYZ 彩色坐标，但 XYZ 基色不能直接用于产生彩色，它主要用于定义其它的基色和彩色的数字说明，如用于传输彩色电视信号的 YUV 和 YIQ 彩色坐标。

在 XYZ 模型中，Y 表示亮度(强度)，X 和 Y 共同反映颜色的色度特性(色调和饱和度)。除了能分离亮度和色度信息，XYZ 另一个优点是几乎所有的可见彩色都能由非负的激励值规定。XYZ 坐标系中的(X, Y, Z)与 RBG 坐标系中的(R, G, B)的关系如下：

$$\begin{bmatrix} X \\ Y \\ Z \end{bmatrix} = \begin{bmatrix} 2.7689 & 1.7517 & 1.1302 \\ 1.0000 & 4.5907 & 0.0601 \\ 0.000 & 0.0565 & 5.5943 \end{bmatrix} \begin{bmatrix} R \\ G \\ B \end{bmatrix} \tag{1-19}$$

目前，世界上主要有三个不同的电视系统：PAL 系统用于大多数西欧国家和包括中国以及中东的亚洲国家；NTSC 系统用于北美和包括日本在内的部分亚洲国家和地区；SECAM 系统用于前苏联国家、东欧、法国以及一些中东国家。

PAL 制中采用的是 YUV 彩色模型，而 YUV 就来源于 XYZ 彩色模型。根据 RGB 基色与 YUV 基色之间的关系，把由摄像机等输入设备得到的彩色图像信号，经分色、分别放大校正得到 RGB，再经过矩阵变换电路得到亮度信号 Y 和两个色度信号 U、V，最后在发送端将亮度和色度三个信号分别进行编码，用同一信道发送出去。这就是常用的 YUV 色彩模型。

采用 YUV 色彩空间的重要性是它的亮度信号 Y 和色度信号 U、V 是分离的。如果只有 Y 信号分量而没有 U、V 分量，那么这样表示的图就是黑白灰度图。彩色电视采用 YUV 空间正是为了用亮度信号 Y 解决彩色电视机与黑白电视机的兼容问题，使黑白电视机也能接收彩色信号。

根据美国国家电视制式委员会的规定，当白光的亮度用 Y 来表示时，它和红、绿、蓝三色光的关系可用如下的方程描述：

$$Y = 0.299R + 0.587G + 0.114B \tag{1-20}$$

这就是常用的亮度公式。

色差 U、V 是由 $B-Y$、$R-Y$ 按不同比例压缩而成的，即

$$\begin{cases} U = \alpha(B-Y) \\ V = \gamma(R-Y) \end{cases} \tag{1-21}$$

其中，α、γ 为压缩系数。

YUV 色彩空间与 RGB 色彩空间的转换关系如下：

$$\begin{bmatrix} Y \\ U \\ V \end{bmatrix} = \begin{bmatrix} 0.299 & 0.587 & 0.114 \\ -0.147 & -0.289 & 0.436 \\ 0.615 & -0.515 & -0.100 \end{bmatrix} \begin{bmatrix} R \\ G \\ B \end{bmatrix} \tag{1-22}$$

如果要由 YUV 空间转化成 RGB 空间，只要进行逆运算即可。

在 NTSC 制中采用的是 YIQ 彩色模型，Y 仍表示亮度，I 和 Q 分量是 U 和 V 分量旋转 33°后的结果，即

$$\begin{cases} I = V\cos 33° - U\sin 33° \\ Q = V\sin 33° + U\cos 33° \end{cases} \tag{1-23}$$

对 U 和 V 分量进行旋转后使得 I 对应橙色到青色范围的彩色，Q 对应绿色到紫色范围。因为人眼对绿色到紫色范围内的变化与橙色到青色范围内的变化相比不敏感，因此 Q 分量可以比 I 分量采用更小的带宽传输。YIQ 值与 RGB 的关系是：

$$\begin{bmatrix} Y \\ I \\ Q \end{bmatrix} = \begin{bmatrix} 0.299 & 0.587 & 0.114 \\ 0.596 & -0.275 & -0.321 \\ 0.212 & -0.523 & 0.311 \end{bmatrix} \begin{bmatrix} R \\ G \\ B \end{bmatrix} \tag{1-24}$$

在 YIQ 彩色模型中，$\arctan(Q/I)$ 近似于色调，而 $\sqrt{I^2+Q^2}/Y$ 反映的是饱和度。在 NTSC复合视频中，I 和 Q 分量被复用成一个信号，使得被调制信号的相位是 $\arctan(Q/I)$，而它的幅度为 $\sqrt{I^2+Q^2}/Y$。由于传输误差对幅度的影响比对相位的影响大，因此在广播电视信号中色调信息比饱和度信息能更好地保持。因为人眼对彩色的色调更敏感，以上的结果正是人们所希望的。

4）YC_bC_r 颜色空间

YC_bC_r 颜色空间是由 YUV 颜色空间派生的一种颜色空间，主要用于数字电视系统，以及图像、视频压缩标准中，如 JPEG、MPEG 系列、H.26x 系列。在从 RGB 到 YC_bC_r 的转换中，输入、输出都是 8 位的二进制格式。

YC_bC_r 与 RGB 的关系如下：

$$\begin{bmatrix} Y \\ C_b \\ C_r \end{bmatrix} = \begin{bmatrix} 0.299 & 0.587 & 0.114 \\ -0.1687 & -0.3313 & 0.500 \\ 0.500 & -0.419 & -0.0813 \end{bmatrix} \begin{bmatrix} R \\ G \\ B \end{bmatrix} + \begin{bmatrix} 0 \\ 128 \\ 128 \end{bmatrix} \tag{1-25}$$

5）HSI——视觉彩色模型

前面讨论的几种彩色模型不是从硬件的角度就是从色度学的角度提出的，都不能很好

地与肉眼的视觉特性相匹配。为此，根据肉眼的色彩视觉三要素(色调(Hue)、饱和度(Saturation)、亮度(Intensity))提出了 HSI 彩色模型。这种模型能把色调、亮度和饱和度的变化情形表现得很清楚。

HSI 模型中，彩色信息的色调 H 和饱和度 S 可用图 1-14 所示的光环来表示。其中，饱和度是色环的原点(圆心)到彩色点的半径的长度；环的外围圆周是纯(饱和度为 1)的颜色；中心是中性(灰色)色调，即饱和度为 0。色调由角度表示。假设色环的 0°表示彩色为红色，120°为绿色，240°为蓝色，色调从 0°～360°覆盖了所有可见的光谱的彩色。假设光的强度 I 为色环的垂线，则 H、S、I 坐标将构成一个柱形彩色空间。灰度色调沿着轴线从底部的黑变到顶部的白。所以，最大亮度、最大饱和度的颜色位于圆柱的顶面的圆周上。

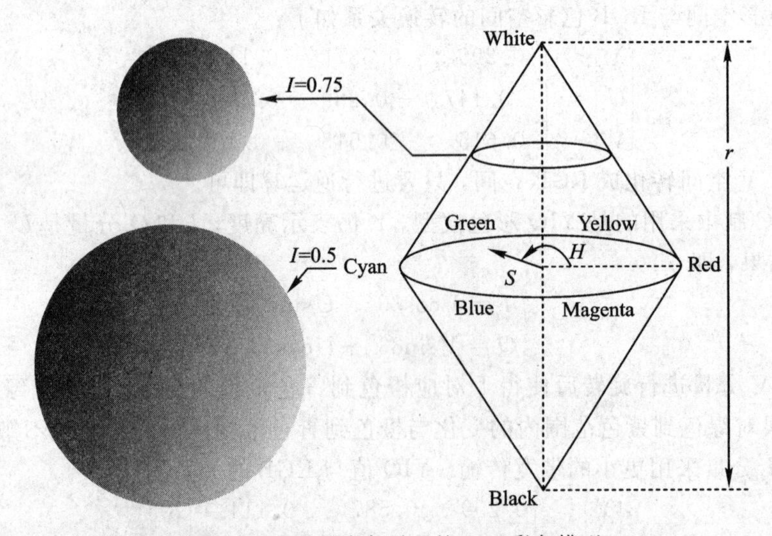

图 1-14 圆形彩色平面的 HSI 彩色模型

从 RGB 到 HSI 模型的转变关系是：

色调 H 分量为

$$H=\begin{cases}\theta & B\leqslant G\\ 360-\theta & B>G\end{cases} \tag{1-26}$$

其中，

$$\theta=\arccos\frac{\frac{1}{2}[(R-G)+(R-B)]}{[(R-G)^2+(R-G)(G-B)]^{1/2}} \tag{1-27}$$

饱和度 S 分量为

$$S=1-\frac{3}{(R+G+B)}[\min(R,G,B)] \tag{1-28}$$

亮度 I 分量为

$$I=\frac{1}{3}(R+G+B) \tag{1-29}$$

HSI 到 RGB 的转换，其转化公式有些不同，它取决于要转换的点落在原始色所分割的哪个扇区。

$$0\leqslant H<\frac{2\pi}{3}\begin{cases}R=I\left[1+\dfrac{S\cos(H)}{\cos(\pi/3-H)}\right]\\B=I(1-S)\\G=1-(R+B)\end{cases}\tag{1-30}$$

$$\frac{2\pi}{3}\leqslant H<\frac{4\pi}{3}\begin{cases}G=I\left[1+\dfrac{S\cos(H-2\pi/3)}{\cos(\pi-H)}\right]\\R=I(1-S)\\B=1-(R+G)\end{cases}\tag{1-31}$$

$$\frac{4\pi}{3}\leqslant H<2\pi\begin{cases}B=I\left[1+\dfrac{S\cos(H-4\pi/3)}{\cos(2\pi/3-H)}\right]\\G=I(1-S)\\R=1-(B+G)\end{cases}\tag{1-32}$$

采用 RGB 模型和 HIS 模型如图 1-15 所示。

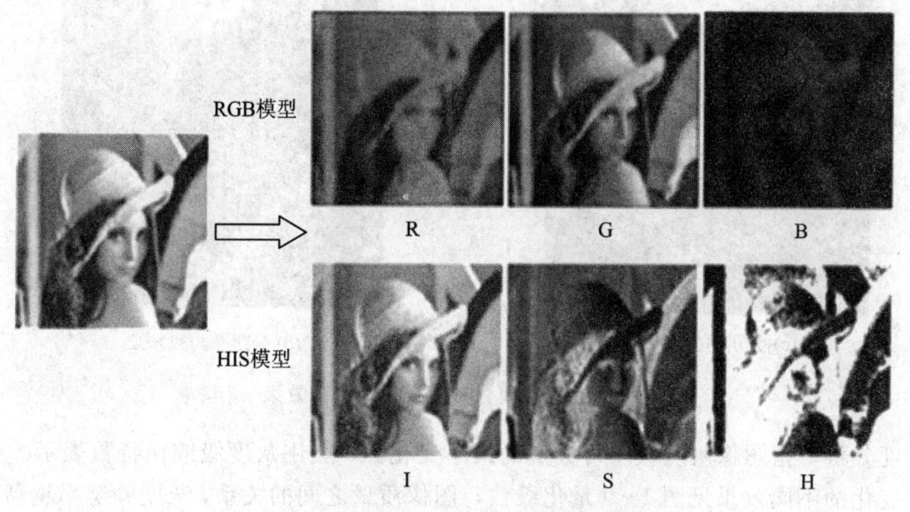

图 1-15　色度学与彩色模型

1.1.5　图像分辨率

图像分辨率一般分为空间分辨率和灰度级分辨率。

由空间采样率决定的分辨图像最小细节的能力叫图像的空间分辨率(有些地方简称分辨率)，它直接取决于图像的像素数，一般用单位长度上采样的像素数目或单位长度上的线对数目表示(单位为像素/厘米或线对数/厘米)；也指精确测量和再现一定尺寸的图像所必需的像素个数(单位为像素×像素)，这是现在常用的表示方法。对于采样来说，采样间隔越小，图像矩阵越大，空间分辨率越高，可观察的细节越多；反之采样间隔越大，空间分辨率越低。比如一幅用二维数组 $f(M, N)$ 表示的数字图像，像素总数 $M\times N$ 称为图像的空间分辨率，其中 M 为行分辨率，N 为列分辨率。

前面说明采样点数与图像质量之间的关系时也说过这个问题，如图 1-16 所示，图(a)到图(d)的像素数依次减半，实际上是采样间隔依次增加到前一幅图像采样间隔的两倍，意味着图像空间分辨率依次减少为前面的四分之一，结果使图像细节逐渐消失，图像所传达的信息逐渐减少，直至完全不能表达信息。所以，要使数字图像保有一定的空间分辨率，从而不丢失原连续图像所表达的信息，图像采样间隔就必须依一定的规则选取合适的值。

(a) 分辨率为256×256

(b) 分辨率为128×128

(c) 分辨率为64×64

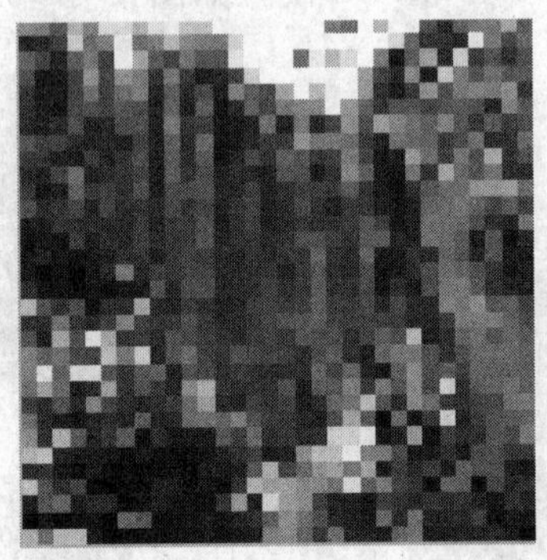

(d) 分辨率为32×32

图 1－16　空间分辨率变化的不同效果

灰度分辨率指图像灰度级中可分辨的最小变化。一般用灰度级或比特数表示。灰度级分辨率变化的不同效果见图 1－9 量化级数与图像质量之间的关系，灰度分辨率越高，图像质量越好；灰度分辨率越低，图像质量越差，有时甚至会出现虚假轮廓。

1.2　人眼的视觉原理

人眼通过视觉接受图像，这是一个相当复杂的过程。从物理的角度来看，眼睛就是一个由角膜、晶状体和视网膜等构成的光学成像和光电转换系统，景物由瞳孔通过相当于双凸透镜的晶状体在视网膜上成像，然后由视网膜中作为光传感器的视细胞将其转换为视觉信号。

1.2.1　人眼结构

人眼(图 1－17)是一个平均半径为 20 mm 的球状器官。眼球壁由多层组成，最外层是坚硬的蛋白质膜，它的正前方的 1/6 部分为有弹性的透明组织，称为角膜，光线透过角膜进入眼内。眼球外层其余 5/6 部分为白色不透明组织，称为巩膜，巩膜主要起巩固及保护眼球的作用。巩膜里面的一层由虹膜和脉络膜组成。脉络膜含有丰富的色素细胞，呈现黑色，起着遮光作用。它既能避免外来多余光线的干扰，又能避免眼球内部光线的乱反射。虹膜随不同种族有不同颜色，如黑色、蓝色、褐色等。在虹膜中间有一圆孔称为瞳孔。瞳孔的大小可借助于虹膜的环状肌肉组织来调节，从而可以控制进入眼睛内部的光通量，起着照相机中光圈的作用。眼球壁最里层为视网膜，它由大量光敏细胞所组成。

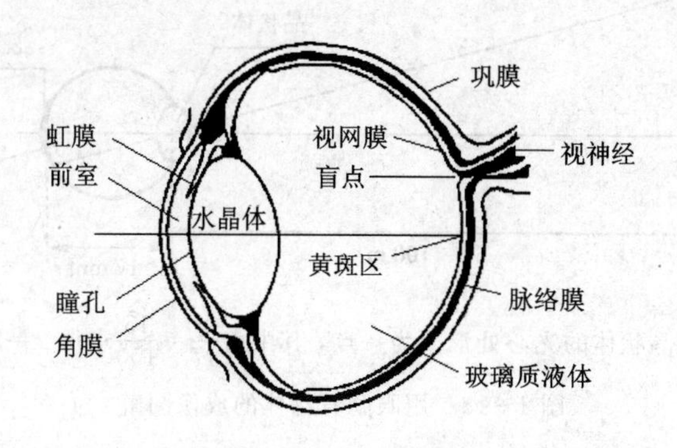

图 1-17　人眼结构

光敏细胞按其形状可分为杆状细胞和锥状细胞。人眼中大约有 700 万个锥状细胞，主要集中在黄斑区(正对瞳孔的视网膜中央区域)。黄斑区中没有杆状细胞。离黄斑区越远，锥状细胞越少，杆状细胞越多，在接近边缘区域，几乎全是杆状细胞。杆状细胞只能感光，不能感色，也就是说，杆状细胞在低光下工作，只能提取亮度信号，但感光灵敏度极高，是锥状细胞感光灵敏度的 10 000 倍。锥状细胞既能感光，又能感色。锥状细胞在亮光下能感受彩色色调。锥状细胞有三种类型，它们在可见光谱上有重叠，三种类型的感光峰值分别位于红色(570 nm)、绿色(535 nm)、蓝色(445 nm)附近波长上。绿色波长对亮度感觉的贡献最大，其次是红色波长，而蓝色最小。

在强光作用下，人眼中主要由锥状细胞起作用，所以在白天或明亮环境中看到的景象既有明亮感又有色彩感，这种视觉叫做明视觉(或白日视觉)。在弱光作用下，主要由杆状细胞起作用，所以在黑夜或弱光环境中，看到的景物全是灰黑色，只有明暗感，没有彩色感，这种视觉叫做暗视觉。

锥状细胞和杆状细胞经过双极经胞与视神经相连，视神经细胞经过视神经纤维通向大脑，视神经汇集于视网膜的一点，此点无光敏细胞，称为盲点。

在瞳孔后面是一扁球形状的弹性透明体，称水晶体，它起着透镜作用。水晶体的曲率由其两旁的睫状肌调节，从而可以改变焦距，使不同距离的景物都能在视网膜上清晰成像。

正对水晶体中心的视网膜上，是集中了大量锥状细胞的黄斑区。由于每个锥状细胞都连着一个神经末梢，所以黄斑区的分辨力最高，具有最高清晰度。在远离黄斑区的视网膜上，视神经分布很稀，多个光敏细胞接在一条神经上，因而这条神经将传递多个细胞的平均光刺激，这就使得这一区域的视觉分辨力显著下降。

眼球的前室中充满对可见光透明的水状液体，这些液体能吸收一部分紫外线。玻璃质液体是充满了胶质的透明结构体，起着保护眼睛的滤光作用。眼睛观看景物时，光线通过透明的角膜、前室水状液体、水晶体以及玻璃质液体，使影像聚焦在视网膜的中心部位——黄斑区。视网膜上的光敏细胞受到光刺激产生电脉冲，电脉冲沿着神经纤维传递到视神经中枢，由于各细胞产生的电脉冲不同，大脑就形成了一幅景象感觉。

人眼的视觉系统从外界获取图像，就是在眼睛视网膜上获得周围世界的光学成像(图1-18)，然后由视觉接收器(杆状细胞和锥状细胞)，将光图像信息转化为视网膜的神经活动电信息，最后通过视神经纤维，把这些图像信息传送入大脑，由大脑获得图像感知。

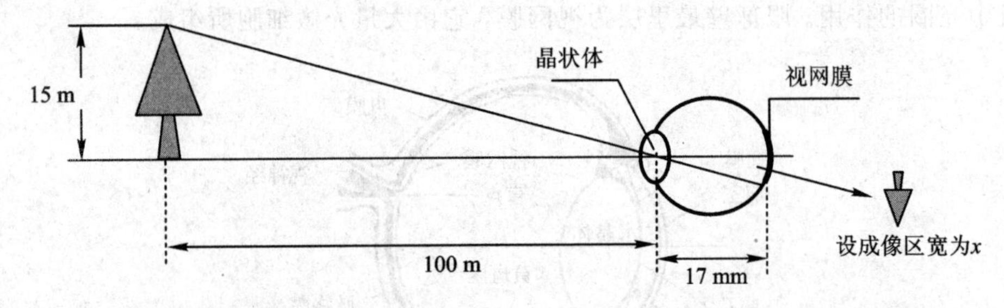

注：图像在晶状体的光心处汇聚为一点，其中由$\frac{x}{17}=\frac{15}{100}$求得 $x=2.55$ mm。

图 1-18　用眼睛看物体的成像图解

人类视觉系统在对物体的识别上有着十分强大的功能，但在对灰度、距离和面积的绝对估计上却有某些欠缺。与传感器单元的数目比较，视网膜包含接近 1 亿 3000 万至 1 亿 5000 万个光接收器，这远远大于一般数字成像系统 CCD 片上的传感器单元数；与计算机的时钟频率相比，神经处理单元的开关频率仅为其$\frac{1}{10^4}$。

总体而言，人类的视觉系统比计算机视觉系统要强大得多，它能实时分析复杂的景物以使我们能即时反应。

1.2.2　相对视敏度

人眼对辐射功率相同而波长不同的光产生的亮度感觉是不同的。1933 年国际照明委员会(CIE)经过大量实验和统计，给出人眼对不同波长的光亮度感觉的相对灵敏度，称为相对视敏度。图 1-19 所示为相对视敏函数曲线，它说明人眼对各种波长光的亮度感觉灵敏度是不同的。在同一亮度环境中，辐射功率相同的条件下，人眼对波长等于 555 nm 的黄绿光的亮度感觉最大，并令其亮度感觉灵敏度为 1；人眼对其它波长光的亮度感觉灵敏度均小于黄绿光(555 nm)，故其它波长光的相对视敏度 $V(\lambda)$都小于 1。例如波长为 660 nm 的红光的相对视敏度 $V(660)=0.061$，所以，这种红光的辐射功率应比黄绿光(555 nm)大 16 倍(即 $1/0.061=16$)，才能给人相同的亮度感觉。

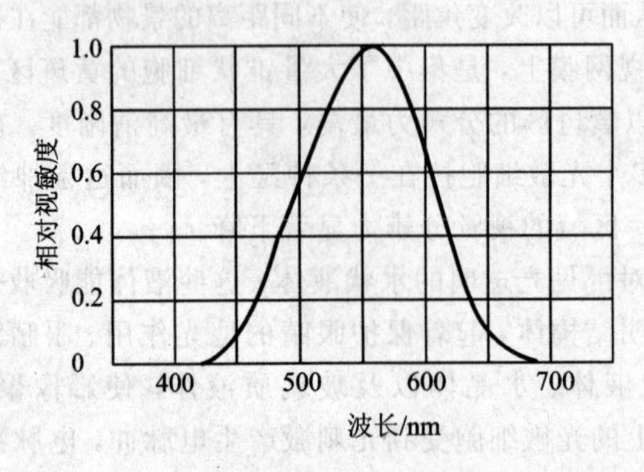

图 1-19　相对视敏函数曲线

当$\lambda<380$ nm和$\lambda>780$ nm时，$V(\lambda)=0$，这说明紫外线和红外线的功率再大，也不能引起亮度感觉，所以红外线和紫外线是不可见光。

1.2.3　明暗视觉

人眼的相对视敏函数曲线表明的是在白天正常光照下人眼对各种不同波长光的敏感程度，故又称为明视觉视敏函数曲线(如图1-20中虚线所示)。明视觉过程主要是由锥状细胞完成的，它既产生亮度感觉，又产生彩色感觉，因此，这条曲线主要反映锥状细胞对不同波长光的亮度敏感特性。在弱光条件下，人眼的视觉过程主要由杆状细胞完成，而杆状细胞对各种不同波长光的灵敏程度将不同于明视觉视敏函数曲线，表现为对波长短的光的敏感度有所增大，即曲线向左移，这条曲线称暗视觉视敏函数曲线，如图1-20中实线所示。在弱光条件下，杆状细胞只有明暗感觉，而没有彩色感觉。

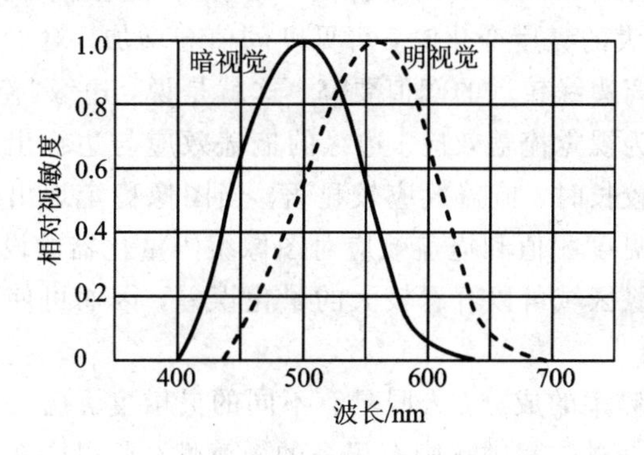

图1-20　暗视觉、明视觉相对视敏函数曲线

1.2.4　对比灵敏度

人类视觉系统能够适应的亮度范围是非常大的，从最暗到最亮可达10^{10}的数量级。然而这并不是说视觉系统可同时工作于这样大的亮度范围。实际上，视觉系统是通过改变其对亮度的总灵敏度来适应这个亮度范围的，这个现象就叫做亮度适应性。人类视觉系统能够同时分辨的亮度范围相对于整个适应范围是很小的，而且人眼对亮度光强变化的响应是非线性的，通常把人眼主观上刚刚可辨别亮度差别所需的最小光强差值称为亮度的可见度阈值。也就是说，当光的亮度I增大时，人眼在一定幅度内感觉不出，必须变化到一定值$I+\Delta I$时，人眼才能感觉到亮度有变化，$\Delta I/I$就是对比灵敏度。视觉系统很难正确判断亮度的绝对大小。然而，当判定两个亮度中哪个更大时，视觉系统则有较好的能力，也就是说，人眼有较好的对比灵敏度。对比灵敏度的实验如图1-21所示。在亮度为I的均匀光场中央，放上一个亮度为$I+\Delta I$的圆形目标，ΔI从零开始增加，直到刚好能鉴别出亮度差异，这时测得ΔI的值同背景光I有关。ΔI在很大范围内近似同I成正比，即$\Delta I/I$近似为常数，其值大约为0.02，此值称为韦伯比。ΔI与I成正比意味着，人眼区分图像亮度差别的灵敏度与其附近区域的背景亮度(平均亮度)有关，背景亮度越高，灵敏度越低。

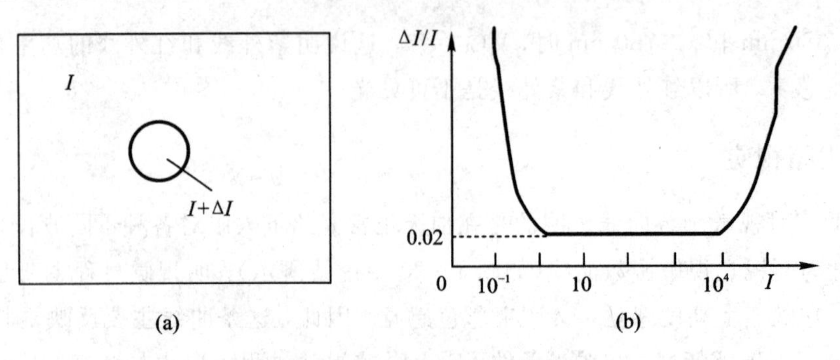

图 1-21　对比灵敏度实验

1.2.5　可见度阈值和马赫带效应

可见度阈值指人眼刚好可以识别的干扰值，低于该阈值的干扰值是觉察不出来的。当某像素的邻近像素有较大的亮度变化时，可见度阈值会增加。对于一条亮度变化较大的边缘，在边缘处的阈值比离边缘较远的阈值要高。这就是说，边缘"掩盖"了边缘邻近像素的信号干扰。这种效应称为视觉掩盖效应。边缘的掩盖效应与边缘出现的时间长短、运动情况有关。当出现的时间较长时，掩盖效应较显著。当图像稳定地出现在视网膜上时，掩盖效应就不那么明显。可见度阈值和掩盖效应对图像编码量化器的设计有重要作用。利用这一视觉特效，在图像边缘区域可以容忍较大的量化误差，因而可使量化级减少，从而降低数码率。

对于图像不同空间频率的成分，人眼具有不同的灵敏度。视觉系统对空间低频和空间高频的敏感性较差，但是对空间中频则有很高的敏感性，所以会在亮度突变的地方产生亮度过冲现象，这种过冲对人眼所见的景物有增强其轮廓的作用。这就是所谓的马赫带效应，如图 1-22 所示。

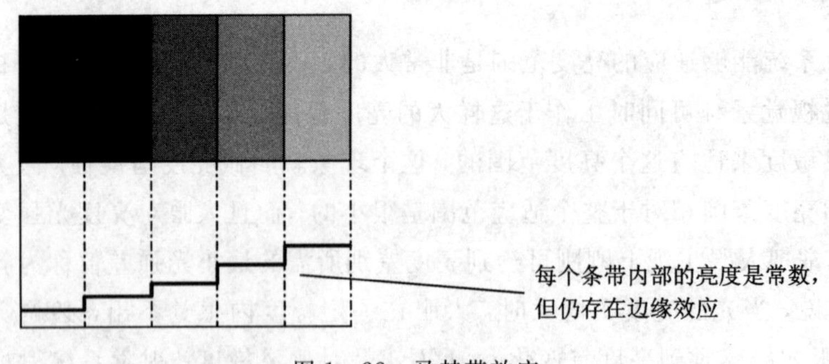

图 1-22　马赫带效应

1.3　图像质量的评估标准与方法

图像质量的评价是图像信息学科的基础研究之一。对图像质量的评价是测度图像处理、编码和传输等的方法和技术及应用系统性能好坏的重要依据。对于图像处理或图像通信系统，其信息的主体是图像，衡量这个系统的重要指标就是图像的质量。

图像质量的含义包括两方面：一是图像的逼真度，即被评价的图像与原标准图像的偏离程度，如图像经过传输后通常会发生失真或遭遇干扰等，它与传输前的图像相比发生了偏离；另一个是图像的可懂度，即图像能向人或机器提供信息的能力。

当前对图像质量的评估方法主要分成两类：主观评价和客观测量。主观评价的方法与标准已相对完善，而客观测量则是研究的热点。

1. 主观评价

主观评价是相对较为准确的图像质量评价方法，因为主观评价直接反映人眼的感觉。主观评价常用的指标是基于5级质量制或5级损伤制的平均意见分(MOS分)。根据ITU-RBT.500的规定，在标准环境下对标准图像(标准环境和标准图像的定义详见ITU-RBT.500标准)的质量评估标准如表1-2所示。

表1-2　在标准环境下对标准图像的质量评估标准

MOS分	5级质量制	5级损伤制
5	优	看不出劣化
4	良	有劣化，不影响观看
3	中	有劣化，稍影响观看
2	差	影响观看
1	坏	严重影响

主观评价的方法是将待评价的图像序列播放给评论者观看，并记录他们的打分，然后对所有评论者的打分进行统计，得出平均分作为评价结果。ITU-RBT.500-7标准定义了两种标准的主观评价方法。

(1) 双刺激连续质量分级法(Double Stimulus Continuous Quality Scale，DSCQS)：将待评估的图像序列和相应的基准序列交替播放给评估者观看，每个图像持续时间为10 s，按此播放顺序在处理图像的前后都有一个直接的质量比较。每个图像之后有2 s的灰画面间隔，评估者可在此期间打分。最后以所有分数的平均值作为该序列的测试值，如图1-23所示。这样做的好处是能够最大程度地降低图像场景、情节等对主观评测的影响。

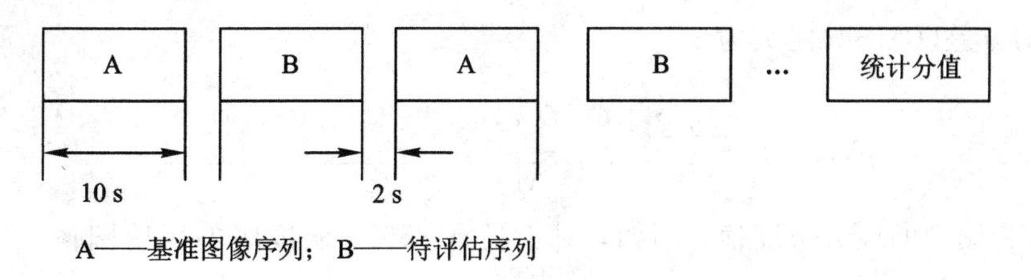

图1-23　双刺激连续质量分级法

最后评分为

$$\text{平均分数} = \frac{\sum_{j=1}^{5}(j \times n_j)}{\sum_{j=1}^{5} n_j} \tag{1-33}$$

其中，j 表示分值(1～5)，n_j 表示某分值人数。

(2) 单刺激连续质量评价法(Single Stimulus Continuous Quality Evaluation，SSCQE)：这种方法只把被评价的图像序列播放给评估者观看，评价时间长达 30 s，评估者在观看的同时通过调节一个滑板的位置指向相应的评价分值给出评分。最终的平均分通过公式(1-33)给出。

显然，主观评价有几个显著的不足之处：

(1) 观察者一般需要是一个群体，并且经过培训以准确判定主观评测分，人力和物力投入大，费时较长；

(2) 图像内容与情节千变万化，观察者个体差异大，容易发生主观上的偏差；

(3) 主观评价无法进行实时监测；

(4) 只有平均分，如果评测分数低，无法确切定位问题出在哪里。

2. 客观测量

客观测量基于仿人眼视觉模型的原理对图像质量进行客观评估，并给出客观评价分。近几年，随着人们对人眼视觉系统研究的深入，客观测量的方法和工具不断被开发出来，其测量结果也与主观评价较吻合。国际上成立了 ITU-R 视频质量专家组(Video Quality Experts Group，ITU-R VQEG)专门研究和规范图像质量客观测量的方法和标准。

VQEG 规定了两个简单的技术参数：均方差(MSE)和峰值信噪比(PSNR)。

例如：给定一幅数字化待评价图像 $f(x, y)$ 和参考图像 $f_0(x, y)$，图像的大小是 $M \times N$，它们之间的相似性通常用均方误差以及它的各种变形来表示。

均方差分为两种：归一化均方差(NMSE)和峰值均方差(PMSE)。

归一化均方差(NMSE)定义为

$$\text{NMSE} = \frac{\sum_{x=0}^{M-1}\sum_{y=0}^{N-1}\{Q[f(x, y)] - Q[f_0(x, y)]\}^2}{\sum_{x=0}^{M-1}\sum_{y=0}^{N-1}[f(x, y)]^2} \tag{1-34}$$

式中，运算符 $Q[\cdot]$ 表示在计算前，为使测量值与主观评价的结果一致而进行的某种预处理，如对数处理、幂处理等。常用的 $Q[\cdot]$ 为 $K_1 \log_b[K_2 + K_3 f(j, k)]$，$K_1$、$K_2$、$K_3$、$b$ 均为常数。

峰值均方差(PMSE)定义为

$$\text{PMSE} = \frac{\sum_{x=0}^{M-1}\sum_{y=0}^{N-1}\{Q[f(x, y)] - Q[f_0(x, y)]\}^2}{M \times N \times f_{\max}^2} \tag{1-35}$$

式中，$f_{\max}$ 为图像的最大灰度值。例如，对于具有 256 个灰度级的黑白图像，$f_{\max}$ 通常取值 255。

峰值信噪比(PSNR)定义为

$$\text{PSNR} = 10 \lg \frac{f_{\max}^2}{\frac{1}{MN}\sum_{x=0}^{M-1}\sum_{y=0}^{N-1}[f(x, y) - f_0(x, y)]^2} \tag{1-36}$$

此外，还有许多图像质量模型，这些模型在测量图像质量时都基于人眼视觉特性。图 1-24 是一种典型的基于解码图像与基准图像差值的图像质量客观测量模型。

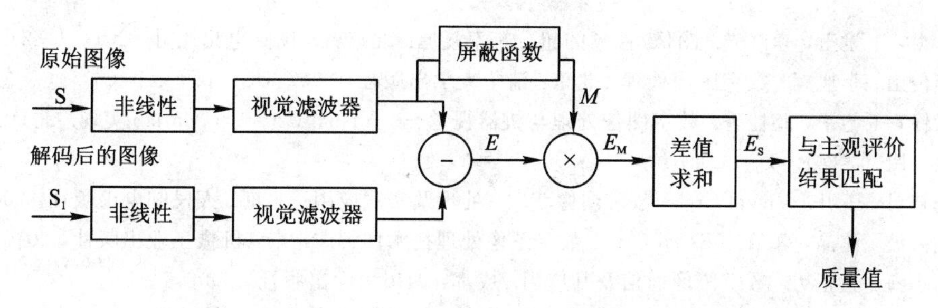

图 1-24　基于解码图像与基准图像差值的质量模型

如 1-24 图所示，该模型的输入是原始信号和待测的解码信号，输出是两个输入图像上各像素幅值之差的和 E_S。其中 E 称为误差图像，其像素值为两幅图像相应位置像素差所得的误差值，屏蔽函数为一非线性函数(完成视觉系统对误差的屏蔽)，M 和 E 相乘得到感知误差 E_M。在整个处理过程中考虑了人眼对图像差别的主观感觉特性，以使测量结果与主观评价所得结果相吻合。模型中的估算考虑了人眼的非线性、视觉滤波器、人眼的屏蔽效应、差值求和。为了使客观测量与主观评价结果一致，还要使最后所得的数值范围和等级描述与主观测试相对应，对客观测量的数值进行线性转换。这个任务在与主观评价匹配这一级完成。

图像质量的客观测量方法可分为相对评估(Relative Evaluation)和绝对评估(Absolute Evaluation)两类。

(1) 相对评估：将处理过的视频(压缩或经传输)与原始视频比较以获得相对评估的指标值，并根据这些指标值评估图像质量。相对评估一般用于片源制作时的质量评估，准确性高。

(2) 绝对评估：直接对处理过的视频(压缩或经传输)进行评估以获得绝对评估的指标值，并根据这些指标值评估图像质量。绝对评估一般是在线观看测试，准确性不如相对评估。

采用客观测量工具，不仅减少了对人力、物力的需求，而且测量时间大大缩短，甚至可做到实时监测。

参考文献

[1] 谢凤英. Visual C++数字图像处理. 北京：电子工业出版社，2008.
[2] 龚声蓉，刘纯平，王强. 数字图像处理与分析. 北京：清华大学出版社，2006.
[3] 何小海，腾奇志. 图像通信. 西安：西安电子科技大学出版社，2005：1-17.
[4] 王慧琴. 数字图像处理. 北京：北京邮电大学出版社，2006.
[5] 郭文强，侯勇严. 数字图像处理. 西安：西安电子科技大学出版社，2009.
[6] 余松煜. 数字图像处理. 上海：上海交通大学出版社，2007.
[7] 许录平. 数字图像处理. 北京：科学出版社，2011.
[8] 唐波. 计算机图形图像处理基础. 北京：电子工业出版社，2011.
[9] 朱秀昌，刘峰，胡栋. 数字图像处理与图像通信. 北京：北京邮电大学出版社，2002.
[10] 冈萨雷斯，伍兹. 数字图像处理. 2 版. 阮秋琦，阮宇智，等译. 北京：电子工业出版社，2010.
[11] 黄贤武，王加俊，李家华. 数字图像处理与压缩编码技术. 成都：电子科技大学出版社，2003.
[12] 霍宏涛. 数字图像处理. 北京：北京理工大学出版社，2002.
[13] 陈天华. 数字图像处理. 北京：清华大学出版社，2007.
[14] 胡学龙. 数字图像处理. 北京：电子工业出版社，2006.

[15] 卓力，王素玉，李晓光. 图像/视频的超分辨率复原. 北京：人民邮电出版社，2011：1－24.
[16] 李俊山，李旭辉. 数字图像处理. 北京：清华大学出版社，2007：16－30.
[17] 张铮，王艳平，薛桂香. 数字图像处理与机器视觉——Visual C＋＋与 Matlab 实现. 北京：人民邮电出版社，2010：1－11.
[18] 杨枝灵，王开. Visual C＋＋数字图像获取、处理及实践应用. 北京：人民邮电出版社，2003.
[19] 刘海波，沈晶，郭耸. Visual C＋＋数字图像处理技术详解. 北京：机械工业出版社，2010.
[20] 何小海，王正勇. 数字图像通信及其应用. 成都：四川大学出版社，2006：1－15.

第二章　常用图像增强技术介绍

2.1　图像增强概述

图像增强的目的是突出图像的有用特征，同时削弱或消除干扰信息，将原来不清晰的图像变得清晰或强调某些感兴趣的特征，最终改善图像质量、丰富信息量，提高目标图像的视觉质量，使得增强后的图像利于后续的分析处理。

常用的图像增强方法主要分为两大类：空间域（空域）方法和频率域（频域）方法。空域图像增强方法属于直接操作，通过对图像的像素直接处理达到增强效果。基于空域的方法又分为点运算方法和空域滤波方法。点运算方法包括灰度变换、直方图均衡等，其目的是或者使图像成像均匀，或者扩大图像动态范围，或者扩展图像的对比度。空域滤波方法是通过各种模板与图像进行卷积运算，以突出图像的某些特征并抑制或者去除其它特征，从而增强图像的视觉效果。空域滤波中使用的模板即滤波器，常用的包括抑制噪声的均值滤波器、中值滤波器以及各种边缘锐化算子（如拉普拉斯算子等）。

频域图像增强属于间接操作，需要先对图像进行离散余弦变换（DCT）、快速傅立叶变换（FFT）或者小波变换到频域空间做滤波处理，然后对滤波处理后的频率信息进行反变换，以获得增强后的图像。在图像变换到频域后，通常原图像的细节边缘以及噪声对应频率域的高频信息，而原图像背景区域则对应低频区域，因此可利用高通滤波器或者低通滤波器达到锐化边缘或者消除噪声的目的。下面将简单地介绍空间域图像增强方法和频率域图像增强方法。

2.2　空域图像增强

空域图像增强是对图像像素进行直接操作的过程，可由下式定义：

$$g(x, y) = T(f(x, y)) \tag{2-1}$$

其中，$f(x, y)$是输入的原始图像，$g(x, y)$是处理后的增强图像，T是对$f(x, y)$的操作。如果T定义在单个像素点(x, y)上，则T为一种点操作，主要方法有灰度变换、直方图均衡等；如果T定义在(x, y)的邻域上，则T为模板操作，该方法称为空域滤波，主要包括空域平滑滤波、空域锐化滤波等。

2.2.1　灰度变换

设r和s分别表示原始图像和增强后图像的灰度值，则灰度变换的图像增强原理就是通过将原始图像$f(x, y)$的灰度值r映射到增强图像$g(x, y)$中的灰度值s，从而扩展或者压缩图像灰度动态范围，达到增强图像对比度的目的。灰度变换的关键在于映射函数的设计，常用的灰度变换有分段线性变换、对数变换和幂次变换。

1. 分段线性变换

分段线性变换的一个典型代表是基于三段线性变换函数的变换，如图 2-1 所示。

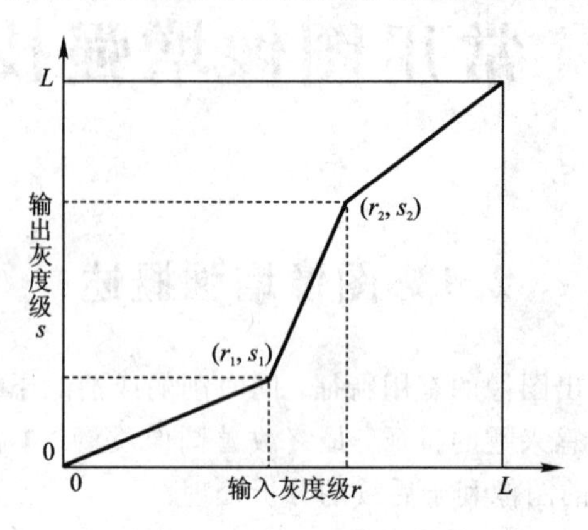

图 2-1　分段线性变换函数示意图

从图 2-1 可知三段线性变换函数的表达式为

$$s=\begin{cases}a_1 r+0 & 0\leqslant r\leqslant r_1\\ a_2 r+s_1 & r_1\leqslant r\leqslant r_2\\ a_3 r+s_2 & r_2\leqslant r\leqslant L\end{cases} \tag{2-2}$$

其中，L 为图像灰度的最大值，一般取 255；a_i 是尺度因子，在图 2-1 中表示为第 i 条线段的斜率，计算公式如下：

$$\begin{cases}a_1=\dfrac{s_1}{r_1}\\ a_2=\dfrac{s_2-s_1}{r_2-r_1}\\ a_3=\dfrac{L-s_2}{L-r_2}\end{cases} \tag{2-3}$$

分段线性变换通过拉伸图像感兴趣区间并抑制不感兴趣区域对图像进行增强处理，从而改善图像的质量。算法的关键点在于分段点的选取，该算法虽然比较灵活，但鲁棒性不强。图 2-2 为一个分段线性变换函数增强图像的例子。

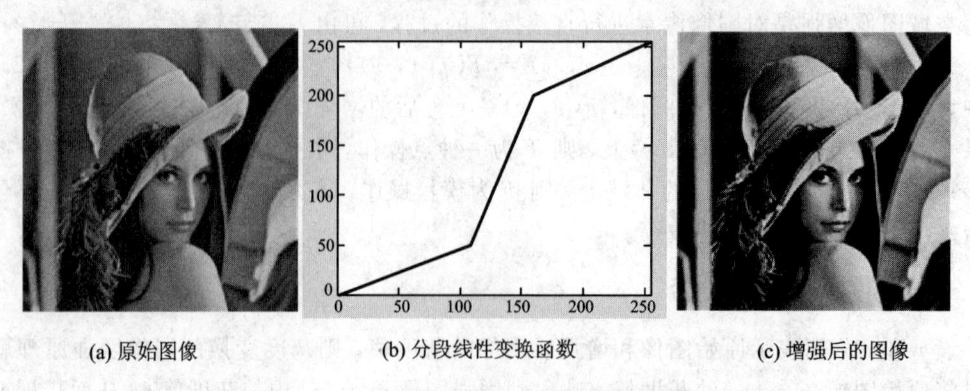

(a) 原始图像　　(b) 分段线性变换函数　　(c) 增强后的图像

图 2-2　一个分段线性变换函数增强图像示例

尽管分段线性变换能够调整图像灰度的动态范围，但其映射不够光滑，容易因过拉伸而造成块效应及噪声放大的现象。因此在调整图像的灰度范围时，常用对数变换或幂次变换等非线性变换函数来实现光滑映射。

2. 对数变换

由于人眼对图像亮度信号的处理过程近似为对数形式，因此人们常用对数变换实现对图像灰度动态范围的调整。对数变换可表示为

$$s = c\lg(r+1) \tag{2-4}$$

其中，尺度因子 c 为常数，且 $r \geqslant 0$。对数变换可以扩展被压缩的高值图像中的暗区域，使低亮度区域的细节更清晰可见，在处理低照度图像上表现出了良好的增强效果。在对数变换图像增强过程中，尺度因子 c 的选择是关键，它的取值需要结合图像的灰度动态范围及显示设备的显示能力。由于对数变换压缩了图像的灰度动态范围，而幂次变换相对对数变换更加灵活，因此在更多的时候是采用幂次变换对图像动态范围进行调整。

3. 幂次变换

幂次变换是将输出图像 $g(x, y)$ 与输入图像 $f(x, y)$ 的灰度映射关系表示为幂次形式，其基本形式可表示为

$$s = cr^{\gamma} \tag{2-5}$$

其中，尺度因子 c 和参数 γ 为正常数。随着 γ 取值的变化，幂次变换将得到一族变换曲线。$\gamma>1$ 时和 $\gamma<1$ 时增强效果相反，$\gamma>1$ 时，幂次变换会扩展图像灰度值的高区域而压缩灰度值的低区域，而 $\gamma<1$ 则正好相反。如图 2-3 所示，在 c 值不变的情况下，随着 γ 值的变化将得到一系列变换曲线。

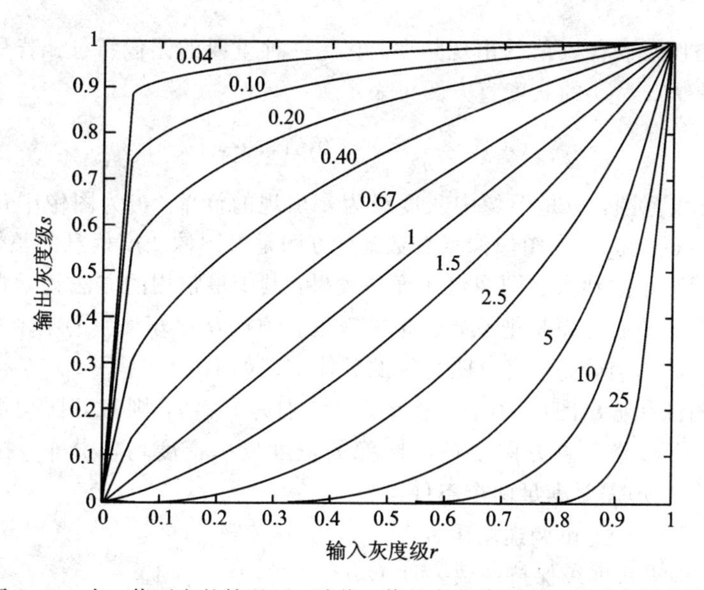

图 2-3　在 c 值不变的情况下，随着 γ 值的变化将得到一系列变换曲线

图 2-4 所示为幂次变换函数增强图像的一个例子。目前，图像的获取、打印及显示等装置都根据幂次规律产生响应，用于修正幂次等式的过程（即修正 γ 的过程），又称为伽玛校正，如果伽玛校正不恰当，常会造成图像变暗或过白。

(a) 原始图像

(b) 幂次变换后的图像
(c=1, γ=3)

(c) 幂次变换后的图像
(c=1, γ=0.3)

图 2-4　幂次变换函数增强图像示例

2.2.2　直方图均衡

图像的直方图反映像素值的出现频率，它是一种重要的图像特征。若只考虑图像的灰度信息，则图像 $f(x, y)$ 的灰度直方图可表示为

$$p_k(r_k) = \frac{n_k}{n} \quad k = 0, 1, \cdots, L-1 \tag{2-6}$$

其中，L 为灰度级范围，p_k是图像中灰度级为 k 出现的概率，n_k为图像中灰度值为 k 的个数，r_k为第 k 级灰度值，n 为图像像素总数。直方图是对图像灰度信息的整体描述，可以通过对直方图进行修正达到增加图像对比度的效果，其中最常用的方法就是直方图均衡。

直方图均衡的核心思想是把原始图像的灰度直方图从比较集中的某个灰度区间变成在全部灰度范围内的均匀分布。直方图均衡的具体实现如下。

假设输入图像和输出图像的归一化灰度级分别为 r 和 s，则直方图均衡化就是通过一个变换函数 $s=T(r)$ 修正直方图使输出图像的灰度概率密度均匀分布，拉大像素灰度间距。但变换函数 $T(r)$ 需要满足两个条件：

(1) $T(r)$ 为[0, 1]上单调递增函数；

(2) 输入、输出灰度级保持一致，即 $0 \leqslant r \leqslant 1$ 时，$0 \leqslant s \leqslant 1$。

上述条件分别保证了逆变换的存在和灰度变换前后灰度动态范围的一致性。逆变换 $r=T^{-1}(s)$ 也必须满足上述两个条件。

对于离散的数字图像，变换函数 $T(r)$ 可表示为

$$s_k = T(r_k) = \sum_{j=0}^{k} p_r(r_j) \quad k = 0, 1, \cdots, L-1 \tag{2-7}$$

利用式(2-7)改变输入图像的灰度分布，使变换后的图像的灰度分布均匀，也就是提升了图像的灰度动态范围，从而改善图像视觉效果，达到增强图像的目的。直方图均衡就是对图像进行非线性拉伸，重新分配图像像素值，使一定灰度范围内的像素数量大致相同。虽然直方图均衡能够增强图像对比度，但是存在如下缺点：

(1) 变换后图像的灰度级减少，某些细节消失；

(2) 某些图像，如直方图的高峰，经处理后呈现对比度不自然的过分增强。

图 2-5 为一个直方图均衡的例子，可以看出经过直方图均衡后，图像的对比度得到了极大的提升，直方图也变得更加平坦。

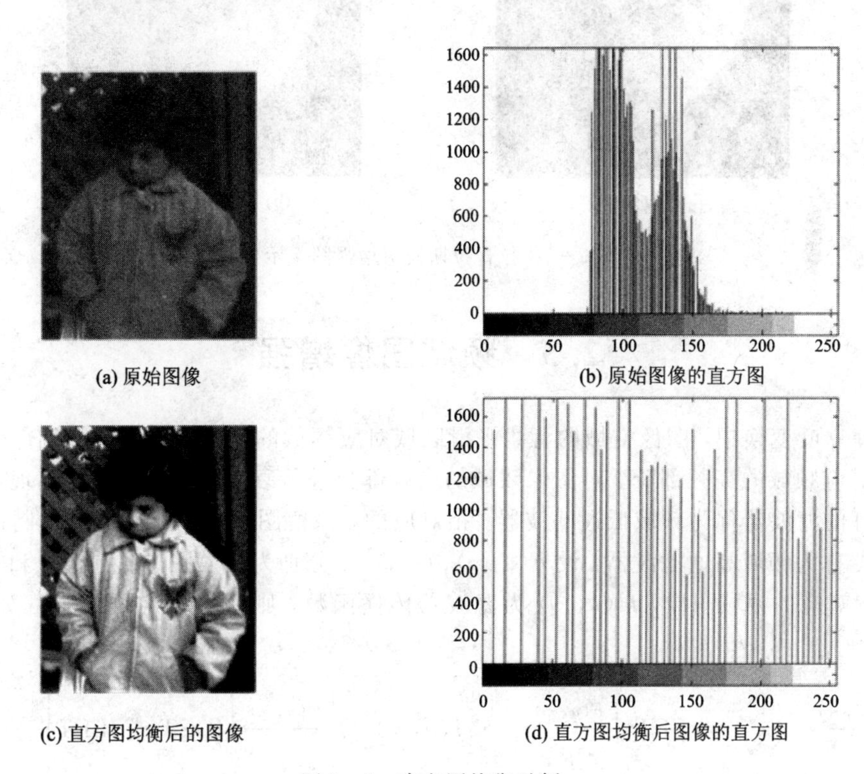

图 2-5 直方图均衡示例

2.2.3 空域滤波

空域滤波是通过各种模板与图像进行卷积运算，以实现对图像的增强。这些模板也就是滤波器，用来突出图像的某些特征并抑制其它特征，从而增强图像的视觉效果。空域滤波增强的运算如下：

$$g(x, y) = f(x, y) * H(x, y) \tag{2-8}$$

其中，$f(x, y)$、$g(x, y)$分别是输入图像和输出图像，$H(x, y)$为滤波模板。常用的模板有邻域均值模板、中值模板和拉普拉斯模板等。邻域均值模板滤波主要用于平滑噪声，但在边缘区域会造成模糊效应。中值模板滤波基于统计排序，在平滑噪声时对边缘区域的保持效果上要优于邻域均值模板滤波。而拉普拉斯模板主要用于图像锐化，缺点是对噪声比较敏感。图 2-6 为一个拉普拉斯模板增强图像的例子，从该图中可以看出，应用拉普拉斯模板可以增强图像的细节，但是同时也加大了噪声。

(a) 原始图像　　(b) 增强后的图像

图 2－6　拉普拉斯模板增强图像示例

2.3　频域图像增强

在傅立叶变换中，图像空域的背景平滑区域对应频域的低频部分，而细节部分如边缘或噪声对应频域的高频部分。对图像频域的高频部分进行衰减或截断，从而实现对图像的平滑处理的滤波器称为频域低通滤波器。相对应的，保留图像高频部分，而抑制低频部分的滤波器称为频域高通滤波器。设 $F(u, v)$、$G(u, v)$ 分别为输入图像 $f(x, y)$ 和输出图像 $g(x, y)$ 对应的频域图像，$H(u, v)$ 为滤波器传播函数，则频域图像增强流程如图 2－7 所示。

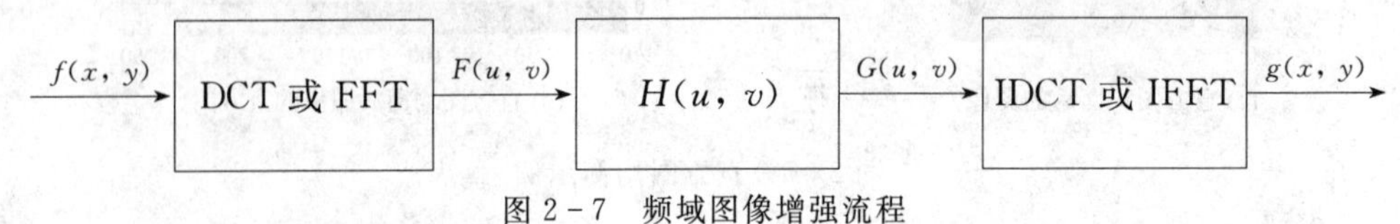

图 2－7　频域图像增强流程

2.3.1　频域低通滤波器

图像有用信号大部分都集中在频率域的中低频段，而噪声则主要集中在高频段。低通滤波器通过加强图像中低频分量并削弱图像中的高频分量，以实现淡化图像中物体轮廓的反差及平滑图像中粗糙部分的功能，它主要用于模糊边缘轮廓和抑制噪声。常用的低通滤波器有理想低通滤波器、巴特沃斯低通滤波器和高斯低通滤波器。

1. 理想低通滤波器

理想低通滤波器是最简单的低通滤波器，它通过截断频域上大于截止频率 D_0 的所有高频分量达到滤波效果，其传递函数可表示为

$$|H(u, v)| = \begin{cases} 1 & D(u, v) \leqslant D_0 \\ 0 & D(u, v) > D_0 \end{cases} \tag{2-9}$$

式中，截止频率 D_0 为非负数。若图像的尺寸为 $M\times N$，则 $D(u, v)$ 是点 (u, v) 距频率中心点 $(M/2, N/2)$ 的距离，表示如下：

$$D(u, v)=\sqrt{\left(u-\frac{M}{2}\right)^2+\left(v-\frac{N}{2}\right)^2} \tag{2-10}$$

理想低通滤波器滤波时，所有在半径为 D_0 的圆内的频率会没有衰减地通过，而在圆外的所有频率则完全被衰减掉。理想低通滤波器的截止频率虽然在计算机软件上可以实现，但在电子部件上是不能实现的，因为实际的电子部件无法完成 $H(u, v)$ 从 0 到 1 的突变。另外由于直接过滤了所有大于截止频率 D_0 的高频分量，当高频分量含有丰富的边缘细节信息时，会发生比较明显的边缘模糊效应，又称振铃效应。

2. 巴特沃斯低通滤波器

为避免理想低通滤波器频率的突然截断造成的振铃效应，巴特沃斯低通滤波器保留了一定的过渡带，其传递函数定义如下：

$$H(u, v)=\frac{1}{1+\left(\frac{D}{D_0}\right)^{2n}} \tag{2-11}$$

式中，D 由式(2-10)给出，D_0 为截止频率，n 为正整数。n 越大则衰减程度越高，当 n 趋近于无穷大时，近似为理想低通滤波器。巴特沃斯低通滤波器的特点是衰减连续，因此不会造成理想低通滤波器那样的突变，避免了振铃效应。

3. 高斯低通滤波器

高斯低通滤波器的传递函数定义如下：

$$H(u, v)=e^{-D^2/2D_0^2} \tag{2-12}$$

与巴特沃斯低通滤波器一样，高斯低通滤波器也能避免振铃效应。

2.3.2 频域高通滤波器

频域低通滤波器主要是衰减或截断频域的高频分量并加强中低频分量，从而平滑边缘，去除噪声，突出边缘区域。如果想削减频域中的低频分量并加强高频分量，则需要进行相反的操作，其滤波器称为频域高通滤波器，又称频域锐化滤波器。频域高通滤波器的传递函数可通过低通滤波器求出，即

$$H_{hp}(u, v)=1-H_{lp}(u, v) \tag{2-13}$$

其中，$H_{lp}(u, v)$ 是相应低通滤波器的传递函数。与低通滤波器相似，高通滤波器主要有理想高通滤波器、巴特沃斯高通滤波器和高斯高通滤波器等。

2.4 图像客观评价算法

为了评价各种增强算法的性能，有必要分析增强图像的好坏。由于对图像做出最终评价的是人眼视觉系统(Human Visual System，HVS)，近年来，国内外研究人员对基于 HVS 特性的视频质量评价模型进行了深入研究并取得了诸多成果。

2.4.1 人眼视觉系统

人眼视觉系统具有非线性、多通道和掩蔽效应等特性。通过对这些视觉特性的分析，

可总结出以下几点人眼视觉系统对图像质量的认知特征：

（1）人眼分辨细节的能力与相对亮度成正比，而不是取决于整体亮度，这也是韦伯定律的基础，因此相对于平坦区域，人眼对图像边缘轮廓信息的失真更加敏感。

（2）人眼对图像细节的敏感度与其背景的亮度相关，对中高亮度背景情况下的细节信息较敏感，对低亮度和高亮度背景下的细节敏感度则较低。

（3）人眼对低频下的噪声敏感度要高于高频区域，即人眼更容易感知平坦区域的噪声，而不是边缘区域的噪声。

以观察者的角度表达图像带给人的直观感受，这就是图像视觉质量的主观评价。图像质量客观评价模型就是对人眼的主观感受的模拟过程。常用的图像质量主观评价标准如表2－1所示。该表是表1－2在图像增强中的另外一种体现形式。结合上文介绍的人眼视觉系统特性，可分析和建立图像质量的客观评价模型。

表2－1　图像质量主观评价标准

级别	具体标准
很好	亮度适中，对比度明显，细节丰富，没有噪声，色彩鲜艳，目标清晰
较好	亮度比较均衡，对比度较明显，细节较丰富，色彩比较清晰，噪声小，目标容易识别
一般	亮度一般，对比度正常，色彩正常，有一定噪声，目标可以辨识
较差	亮度偏暗或者偏亮，对比度较低，细节被部分掩埋，色彩轻度失真或偏暗，噪声较大，目标辨识较困难
很差	很暗或很亮，对比度低，细节被埋没，噪声大，色彩失真严重，目标无法辨识

2.4.2　归一化灰度差

视频图像的绝对亮度值与其质量的好坏紧密相关，亮度过高或者过低都会导致视频图像的质量不好。质量良好的视频图像一般都在合适的亮度范围内，一般认为越靠近平均灰度127.5的视频图像质量越好。为了评价图像质量，可定义归一化灰度差NID用来描述绝对亮度值与视频图像质量的关系：

$$\mathrm{NID}=\frac{\mathrm{AOG}-|\mathrm{AVG}-\mathrm{AOG}|}{\mathrm{AOG}} \tag{2-14}$$

式中，AOG为人眼视觉的最佳平均灰度值127，AVG为视频图像的灰度均值。

2.4.3　归一化对比度

对比度对图像的视觉效果影响非常关键，一般来说，对比度越高，图像的色彩越鲜明，层次感越强；相反对比度越小，则图像会有灰蒙蒙的效果，如雾天拍摄的图像。人类根据事物的差异性来辨别事物，可采用不重叠的3×3大小的模板计算视频图像的归一化对比度NC：

$$\mathrm{NC}=\frac{1}{N}\sum_{i=1}^{N}\frac{\mathrm{Max}_i-\mathrm{Min}_i}{\mathrm{Max}_i+\mathrm{Min}_i} \tag{2-15}$$

式中，Max_i和Min_i分别是第i个分块上的最大值和最小值，N为视频图像分块个数。

2.4.4　归一化信息熵

一般来说，一幅图像所包含的信息量越丰富，其质量越好。一幅视觉感知良好的自然景物图像，一般都有接近 256 个不同的灰度/色度信息。相反，不包含灰度/色度信息的视频图像可视为最差质量视频图像。根据香农信息论原理，视频图像所包含的信息量即信息熵的描述如下：

$$\text{Entropy} = -\sum_{i=0}^{255} p(i)\ \text{lb}\,p(i) \tag{2-16}$$

式中，$p(i)$ 表示概率分布密度，$p(i)=0$ 时，令 $\text{lb}\,p(i)=0$。显然，具有均匀分布直方图的图像具有最大信息熵，仅有一个灰度值的图像的信息熵最小。因此归一化的信息熵 NE 可表示如下：

$$\text{NE} = \frac{1}{8}\text{Entropy} \tag{2-17}$$

2.4.5　视频图像质量客观评价函数

前面讨论了视频图像质量各个要素的客观测评方法，接下来要建立一个综合的图像质量评价模型。用 IQ 表示图像质量，综合考虑上述三个参数并取其加权乘积为最后的评价结果。具体算法可描述为

$$\text{IQ} = \text{NID} \times \text{NC} \times \text{NE} \tag{2-18}$$

一幅图像的 IQ 越大，表示图像的质量越好。

2.5　本章小结

常用的图像增强算法在图像增强领域占有重要地位。本章简要介绍了图像增强的基本概念、常用图像增强算法的实现原理，并分析了各算法的优、缺点。另外，从人眼视觉系统的特性出发，介绍了基于归一化灰度差、归一化对比度和归一化信息熵的图像质量客观评价模型。

参考文献

[1] 冈萨雷斯. 数字图像处理[M]. 北京：电子工业出版社，2008.

[2] 黄晓强. 视频图像分类与增强算法研究[D]. 2012，四川大学硕士论文.

[3] 肖燕峰. 基于 Retinex 理论的图像增强恢复算法研究[D]. 2007，上海交通大学硕士论文.

[4] http://baike.baidu.com/view/1164383.htm.

[5] Roorda A. Human visual system: image formation[J]. New York: The Encyclopedia of Imaging Science and Technology，2002，1：557.

[6] Huang KQ，Wang Q，Wu ZY. Natural color image enhancement and evaluation algorithm based on human visual system[J]. Computer Vision and Image Understanding，2006，103：52-63.

[7] Wang Z，Bovik AC，Shieikh HR. Image quality assessment: From error visibility to structural similarity[J]. IEEE Transaction，2004.

[8] 王楠楠，李桂苓. 符合人眼视觉特性的视频质量评价模型[J]. 中国图像图形学报，2001，6(6)：523-527.

[9] 谢正祥，王志芳，等. 基于视觉感知噪声模型的彩色图像质量评价和彩色图像质量最佳化[J]. 中国图像图形学报，2010，15(10)：1454-1464.

第三章　图像插值技术

图像缩放是对数字图像的尺寸进行调整的过程，也就是调节图像的分辨率，它在图像分析、编码等领域有着广泛的应用。图像缩放包括图像的放大和缩小，但是目前国内外研究的难点和重点都在图像的放大(图像插值)上，也称为图像的分辨率增强。本章重点是对图像放大技术进行介绍和讨论。

图像放大的过程是一个图像数据再生的过程，该过程利用已知采样点的灰度值估计未知采样点的灰度值。随着图像处理技术的广泛应用，图像作为信息载体在日常生活中充当着越来越重要的角色，越来越多的领域需要采用图像放大技术将低分辨率图像放大为高分辨率图像。例如，有时需要将拍摄的图像放大，制作成巨幅海报，使放大后图像的细节仍然清晰，便于广告的宣传；将视频图像进行放大处理以适应高清显示设备显示；分析外星球、大气或者是地面的情况时，有时需要对卫星拍摄的图像进行放大显示以便进行细节分析；在一些诊断的过程中，图像放大技术用于医学影像图的放大，可使医生对图像上的病变部分的具体情况、具体细节有更进一步的了解，这对于快速、精准地诊断非常有必要。技术水平的不断发展，使得人们对图像的显示也有了新的要求，为了达到高分辨率、高清显示的效果，采用图像放大技术来提高图像的分辨率和清晰度就具有十分重要的实用价值。图像放大的实现可采用多种技术，目前主要的图像放大技术包括图像插值和图像超分辨率重建。

本章主要介绍图像插值技术，主要内容包括图像插值放大原理、三种传统图像插值算法、三个经典的基于边缘的图像插值算法以及插值算法的实验和分析。

3.1　图像插值放大原理

图像插值的例子如图 3-1 所示，一幅图像由许多像素点组成，当图像放大两倍时，需要使用 N(低分辨率像素的数目)个已知像素值估计出 $3N$ 个未知像素值。如果图像插值算法性能不理想，将会使得放大后的图像模糊、失真，甚至难以分辨。为了解决这个问题，国内外研究者对图像插值技术进行了深入的分析和研究。目前图像插值技术可分为传统图像插值技术以及基于边缘的插值技术。

图 3-1 所示为图像插值的过程，图(a)表示一幅由许多像素点组成的低分辨率图像，图(b)表示由图(a)放大两倍后的高分辨率图像。图(a)和图(b)中黑点均表示低分辨率图像已知像素点，图(b)中白点表示高分辨率图像待插值点(即未知像素点)。

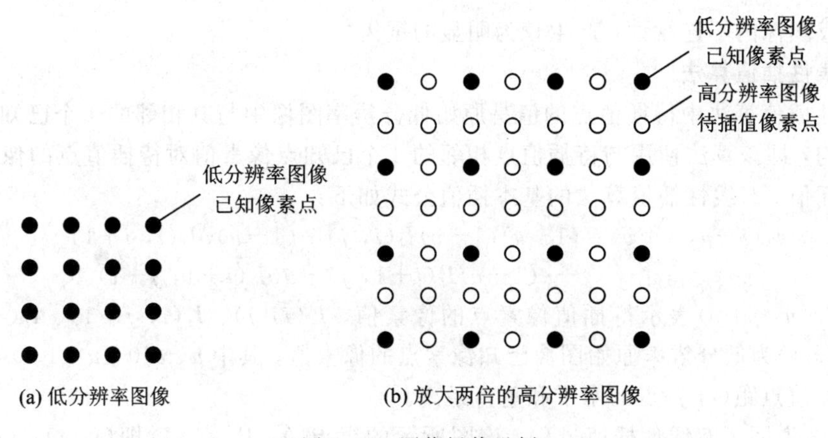

图 3-1　图像插值示例

3.2　传统图像插值算法及原理

图像的相邻像素之间具有较强的相关性，为了使得放大后的图像清晰、失真少，达到使人满意的视觉效果，在图像插值的过程中需要保持插值点与其周围点的相关性。插值过程是要使用已知点的(像素)值来估计放大过程中产生的未知点的值，不正确估计会造成放大后的图像模糊、失真等问题，因此如何准确估计插值点(未知点)的值成为了图像插值技术的核心问题。

1. 最近邻像素插值算法

最近邻像素插值算法又称为零阶插值算法，即令插值后的图像像素的值等于距它最近的输入像素的值，最近邻像素插值算法的基本插值公式如下：

$$I_h(i+u,\ j+v)=I_l(i,\ j) \tag{3-1}$$

式中，$I_h(i+u,\ j+v)$表示待插值点的像素值，$I_l(i,\ j)$表示距插值点最近的源图像已知像素点的值，u、v分别代表待插值点距$(i,\ j)$点的水平和垂直距离。

图 3-2 所示为最近邻像素插值算法的插值过程，其中黑色点为低分辨率图像已知像素点，白色点为高分辨率图像待插值像素点。进行插值时，高分辨率待插值点的像素值是其最近邻的已知像素点值的简单拷贝。

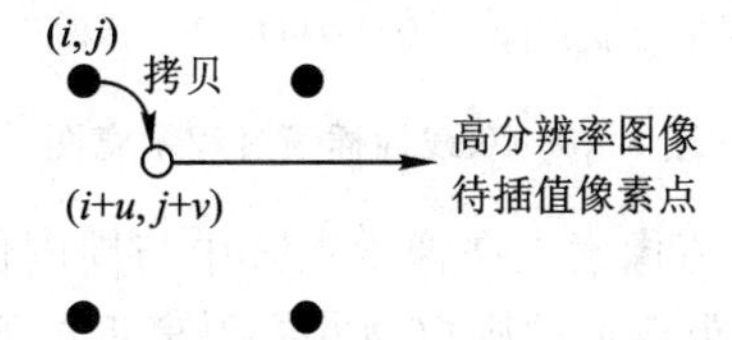

图 3-2　最近邻像素插值过程示意图

最近邻像素插值算法是最简单的一种插值算法，当图像采用该算法进行插值放大时，未知像素点的值由与之最接近的已知像素点的值决定。该算法能够保留原始低分辨率图像的全部信息，拥有算法简单、计算量少、运算速度快等优点，但是该算法并没有考虑到周围其它像素点(只考虑最近邻点)与插值像素点之间的关联性，因此使用该算法进行插值放大后会造成图像的不连续性，产生较为明显的锯齿。

2. 双线性插值算法

双线性插值算法中待插值点的值是原始低分辨率图像中与其相邻的 4 个已知点像素值的加权平均，即该算法使用与待插值点相邻的 4 个已知点像素值对待插值点的像素值进行线性估计插值。双线性插值算法的基本插值公式如下：

$$I_h(i+u,\ j+v)=(1-u)(1-v)I_l(i,\ j)+(1-u)vI_l(i,\ j+1)+u(1-v)I_l(i+1,\ j)+uvI_l(i+1,\ j+1) \tag{3-2}$$

式中，$I_h(i+u,\ j+v)$表示待插值像素点的像素值，$I_l(i,\ j)$、$I_l(i,\ j+1)$、$I_l(i+1,\ j)$、$I_l(i+1,\ j+1)$为低分辨率原始图像已知像素点的像素值，其中 u、v($0<u<1$、$0<v<1$)分别代表待插值点距$(i,\ j)$点的水平和垂直距离。

图 3-3 说明了双线性插值过程，该图所示的黑点 A、B、C、D 即$(i,\ j)$、$(i,\ j+1)$、$(i+1,\ j)$、$(i+1,\ j+1)$，为已知像素点，白色点 E、F、G 即$(i+u,\ j)$、$(i+u,\ j+v)$、$(i+u,\ j+1)$，为待插值点，需要求取 F 即$(i+u,\ j+v)$的像素值。首先根据 A、C、E 之间的线性关系求出 E 的像素值，然后再根据 B、D、G 之间的线性关系求出 G 的像素值，最后再根据 E、F、G 之间的线性关系求出 F。其中，E 点的灰度值求法如下：

$$I_h(i+u,\ j)=u(I_l(i+1,\ j)-I_l(i,\ j))+I_l(i,\ j) \tag{3-3}$$

G 点的灰度值求法与 E 点类似：

$$I_h(i+u,\ j+1)=u(I_l(i+1,\ j+1)-I_l(i,\ j+1))+I_l(i,\ j+1) \tag{3-4}$$

同理，F 点的灰度值为

$$I_h(i+u,\ j+v)=v(I_h(i+u,\ j+1)-I_h(i+u,\ j))+I_h(i+u,\ j) \tag{3-5}$$

将式(3-3)、(3-4)代入式(3-5)即可得到插值公式(3-2)。

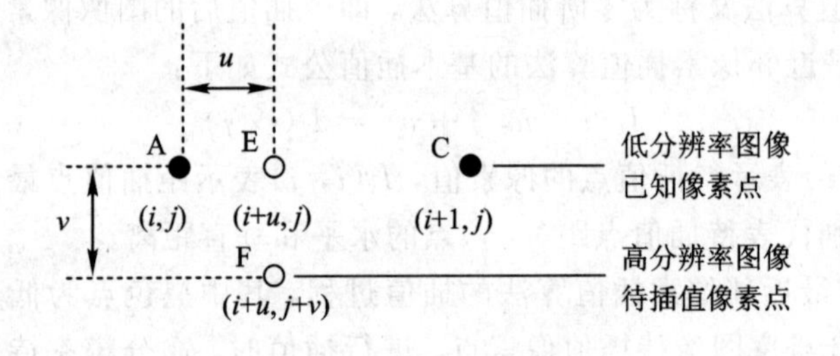

图 3-3　双线性插值过程示意图

双线性插值算法根据待插值像素点在像素点阵中与周围像素的距离的远近而采用不同的权值来计算待插值像素点，距离远的则权值小，距离近的则权值大。输出的图像的每个像素都是原始低分辨率图像中四个像素(2×2)运算的结果，这种算法考虑到其它相邻点的相关性，因此极大程度上消除了最近邻算法产生的严重的锯齿现象。但是该算法没有考虑边缘信息的方向性，不能较好地处理图像边缘及纹理信息，处理后的图像仍存在一定的锯齿现象，同时还会造成一定的细节模糊，使图像的对比度降低，造成整体图像变暗。

3. 双三次插值算法

双三次插值算法又叫双立方插值、立方卷积插值，是双线性插值算法的改进算法。它采用三次函数作为插值核，使待求像素点的像素值由它在输入图像中 4×4 邻域内的 16 个已知像素点的像素值加权内插得到。

双三次插值采用三次多项式 $S(x)$，来逼近理论上的最佳插值函数 $\frac{\sin(x)}{x}$，其数学表达式为

$$S(x)=\begin{cases}1-(A+3)\mid x\mid^{2}+(A+2)\mid x\mid^{3} & 0\leqslant\mid x\mid<1\\ A(8\mid x\mid-5\mid x\mid^{2}+\mid x\mid^{3}-4) & 1\leqslant\mid x\mid<2\\ 0 & 2\leqslant\mid x\mid<+\infty\end{cases}\tag{3-6}$$

式中，A 为自由变量，其取值范围为[−1，−1/2]，一般情况下取 A 为−1，将 $A=-1$ 代入式(3-6)，可得到下式：

$$S(x)=\begin{cases}1-2\mid x\mid^{2}+\mid x\mid^{3} & 0\leqslant\mid x\mid<1\\ 4-8\mid x\mid+5\mid x\mid^{2}-\mid x\mid^{3} & 1\leqslant\mid x\mid<2\\ 0 & 2\leqslant\mid x\mid<+\infty\end{cases}\tag{3-7}$$

双三次插值算法的基本插值公式为

$$I_h(i+u,\ j+v)=A\times B\times C\tag{3-8}$$

其中，

$$A=[S(1+u),\ S(u),\ S(1-u),\ S(2-u)]\tag{3-9}$$

$$B=\begin{bmatrix}I_l(i-1,\ j-1) & I_l(i-1,\ j) & I_l(i-1,\ j+1) & I_l(i-1,\ j+2)\\ I_l(i,\ j-1) & I_l(i,\ j) & I_l(i,\ j+1) & I_l(i,\ j+2)\\ I_l(i+1,\ j-1) & I_l(i+1,\ j) & I_l(i+1,\ j+1) & I_l(i+1,\ j+2)\\ I_l(i+2,\ j-1) & I_l(i+2,\ j) & I_l(i+2,\ j+1) & I_l(i+2,\ j+2)\end{bmatrix}\tag{3-10}$$

$$C=\begin{bmatrix}S(1+v)\\ S(v)\\ S(1-v)\\ S(2-v)\end{bmatrix}\tag{3-11}$$

图 3-4 说明了双三次插值过程，在进行插值时，用其 4×4 邻域内的 16 个已知低分辨率像素点的值，加权运算得出高分辨率像素点 $(i+u,\ j+v)$ 的像素值。双三次插值算法是双线性插值算法的改进，双三次插值算法考虑到待插值点与其周边的许多已知点的关联性，效果较好，但计算量较大。

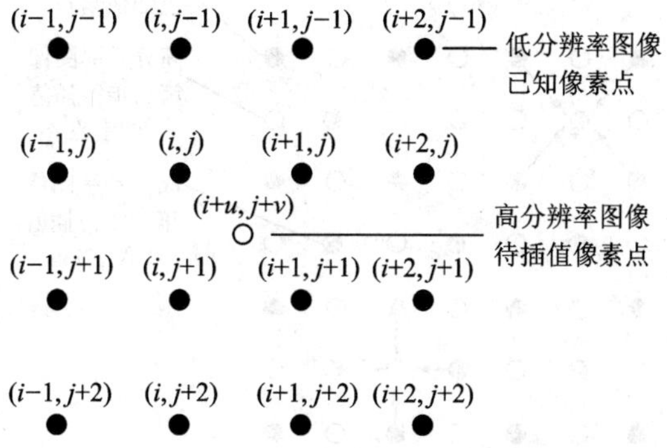

(i−1, j−1)　(i, j−1)　(i+1, j−1)　(i+2, j−1) —— 低分辨率图像已知像素点

(i−1, j)　(i, j)　(i+1, j)　(i+2, j)

(i+u, j+v) —— 高分辨率图像待插值像素点

(i−1, j+1)　(i, j+1)　(i+1, j+1)　(i+2, j+1)

(i−1, j+2)　(i, j+2)　(i+1, j+2)　(i+2, j+2)

图 3-4　双三次插值过程示意图

3.3 基于边缘的图像插值算法

由于传统的插值方法，如最近邻插值算法、双线性插值算法等，都是对整幅图像的不同部分做同一处理，无论待插点映射在灰度平坦区域还是边缘区域，它均是通过计算该点附近某一像素集合的加权平均来确定映射点的灰度值的。由于没有考虑边缘因素，导致插值效果图的图像边缘模糊或者出现阶梯状锯齿现象，不能很好地恢复图像细节，因此对于边缘细节和纹理特征十分丰富的图像的插值效果并不太理想，但对于较光滑图像还是比较适用的。

图像的边缘信息是影响视觉效果的重要因素，为了提升传统的插值方法的性能，近年来许多研究者提出基于边缘的图像插值算法。基于边缘的图像插值算法是一种自适应的插值方法，它对不同的区域采用不同的处理方法。基于边缘的图像插值算法克服了传统插值算法造成插值放大后的图像边缘模糊问题，插值后得到的图像能较好地保留原始图像的边缘信息，视觉效果更好，但它相比于传统的插值算法，计算量大，运算速度慢。

下面对一些经典的基于边缘的图像插值算法进行介绍。

1. 基于协方差的局部自适应算法

Li Xin 在其论文《New Edge-Directed Interpolation》中提出一种基于协方差的局部自适应算法，该算法不用直接检测图像的边缘，其核心思想是利用低分辨率图像块与高分辨率图像块之间的几何对偶性进行插值。该算法首先计算低分辨图像块的“协方差”，使此“协方差”作为待插值高分辨率图像“协方差”的一个估计，然后使用该估计的“协方差”对高分辨率未知点的像素值进行估计，最后得到高分辨率图像。该算法采用一个新的视角来解决图像插值问题，对后来的图像插值技术的发展产生了较大的影响。

图 3-5 为基于边缘的图像插值过程示意图，其中黑点代表原有的低分辨率图像已知像素点，灰点和白点为待插值的像素点。通常，基于边缘的图像插值算法分为两个步骤：第一步是对灰色点进行插值，其像素值通过其对角线上四个已知像素点(黑色点)的像素值加权得到；第二步是在估计出灰色点的像素值后，对白色点进行插值，插值点的像素值由其两个已知像素点和两个第一步插值点的像素值加权得到。

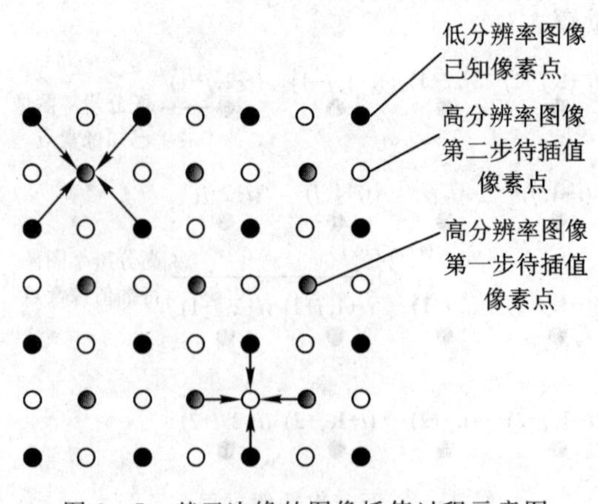

图 3-5 基于边缘的图像插值过程示意图

该算法认为待插值点像素值可表示为其周围四个已知点像素值的加权平均，插值公式如下：

$$I_h(2i+1, 2j+1) = \sum_{k=0}^{1}\sum_{l=0}^{1}\alpha_{2k+l} I_l(2(i+k), 2(j+l)) \tag{3-12}$$

其中，$I_h(2i+1, 2j+1)$ 为待插值点，$I_l(2(i+k), 2(j+l))$ 为待插值点对角线方向最近邻四个已知像素点，α_{2k+l} 为加权系数。如何获取加权系数 α_{2k+l} 的值是该算法的核心问题。

根据经典的维纳(Wiener)滤波理论，利用最小均方误差(MMSE)有：

$$\boldsymbol{\alpha} = \boldsymbol{R}^{-1}\boldsymbol{r} \tag{3-13}$$

其中，$\boldsymbol{\alpha} = \{\alpha_{2k+l}\}$ 为向量，$\boldsymbol{R}$、$\boldsymbol{r}$ 为高分辨率图像的“协方差”。它们可分别表示为

$$\boldsymbol{R} = [R_{kl}], (0 \leqslant k, l \leqslant 3)$$

即

$$\boldsymbol{R} = \begin{bmatrix} R_{00} R_{01} R_{02} R_{03} \\ R_{10} R_{11} R_{12} R_{13} \\ R_{20} R_{21} R_{22} R_{23} \\ R_{30} R_{31} R_{32} R_{33} \end{bmatrix}$$

$$\boldsymbol{r} = [r_k], (0 \leqslant k \leqslant 3)$$

即

$$\boldsymbol{r} = [r_0 r_1 r_2 r_3]$$

图 3-6 所示为高分辨率图像和低分辨率图像中“协方差”关系的示意图(第一步插值)，也给出了 $\boldsymbol{R}$、$\boldsymbol{r}$ 的计算示意。例如，其中 $r_0 = E[I_l(2i, 2j)I_h(2i+1, 2j+1)]$，$R_{03} = E[I_l(2i, 2j)I_l(2i, 2j+2)]$，矩阵中的其它值也是类似计算。根据低分辨率图像块与高分辨率图像块中“协方差”之间的几何对偶特性，在采样距离很小的情况下，高分辨率协方差 $\boldsymbol{R}$、$\boldsymbol{r}$ 可用低分辨率协方差 $\hat{\boldsymbol{R}}$、$\hat{\boldsymbol{r}}$ 代替，即 $\boldsymbol{R} = \hat{\boldsymbol{R}}$、$\boldsymbol{r} = \hat{\boldsymbol{r}}$。

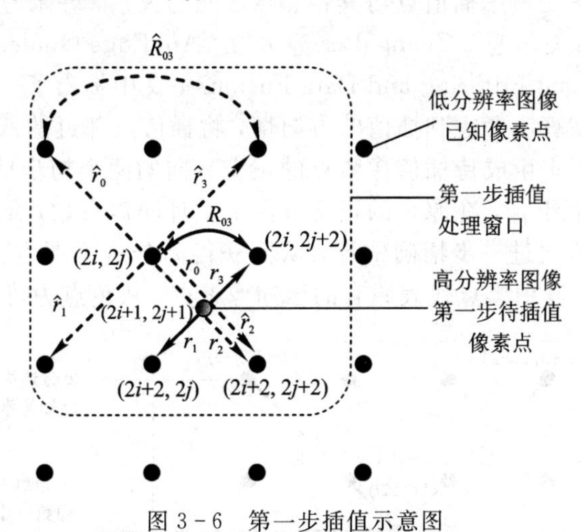

图 3-6　第一步插值示意图

计算出 $\boldsymbol{R}$、$\boldsymbol{r}$ 后，代入式(3-13)求出 $\boldsymbol{\alpha}$，最后将 $\boldsymbol{\alpha}$ 代入式(3-12)即可得出待插值点像素值。

在第一步的插值完成后，第二步需要对白色点插值(如图 3-5 所示)。使用与第一步插值同样的方法进行插值(利用其周围最近邻的两个已知像素点和两个由第一步插值过程插值的点)，将其逆时针旋转 45°后，插值过程完全与第一步插值过程一致，如图 3-7 所示。

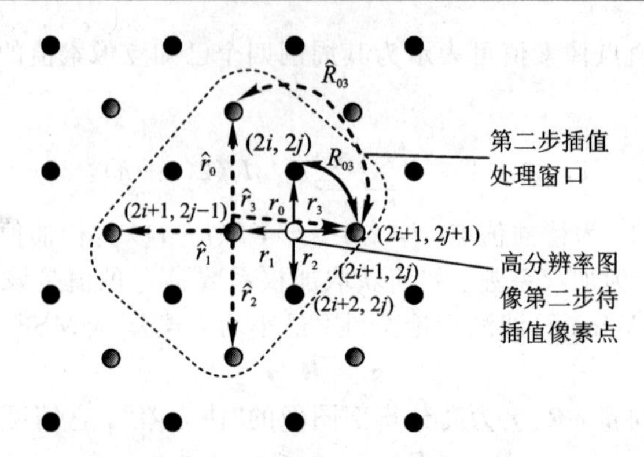

图 3-7　第二步插值示意图

由于该算法每估计一组加权系数都要解一个线性方程组，复杂度较高。为了减少运算量，该算法可应用在图像灰度阶跃较快的边界区域或纹理区域，在图像平坦区域采用简单的双线性插值算法即可，整个算法的流程图如图 3-8 所示。

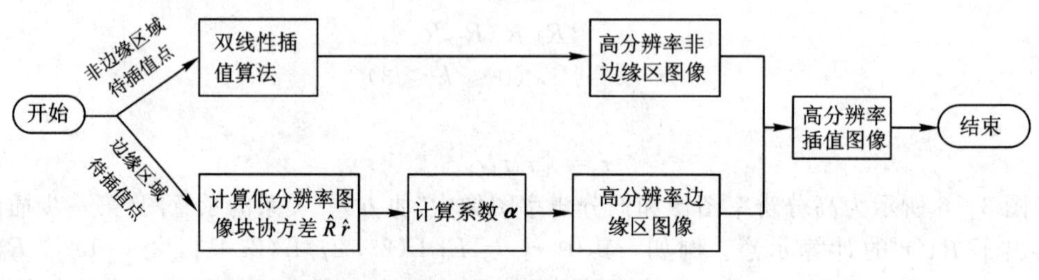

图 3-8　算法流程图

2. 基于方向滤波和数据融合的图像插值算法

常用的插值方法只是考虑插值点与其相邻点之间的关系，并未考虑插值点在多个方向上的已知像素点的相关信息。Zhang Lei 等人在《An Edge-Guided Image Interpolation Algorithm via Directional Filtering and Data Fusion》一文中提出了一种基于方向滤波和数据融合的插值算法。该算法考虑到插值的方向性，将插值点邻近的八个像素均分为两个正交方向上的观察组，用来生成待插值像素点的正交方向的两个初步估计，再将插值点的像素值与原始点的像素值组合，在原来的正交方向上估计噪声参数，最后融合噪声参数和两个初步估计对未知像素值进一步精确估计，从而获得高分辨率图像。图 3-9 为图像插值(第一步插值)示意图，其中黑点代表原有的已知像素点，灰色点为待插值像素点。

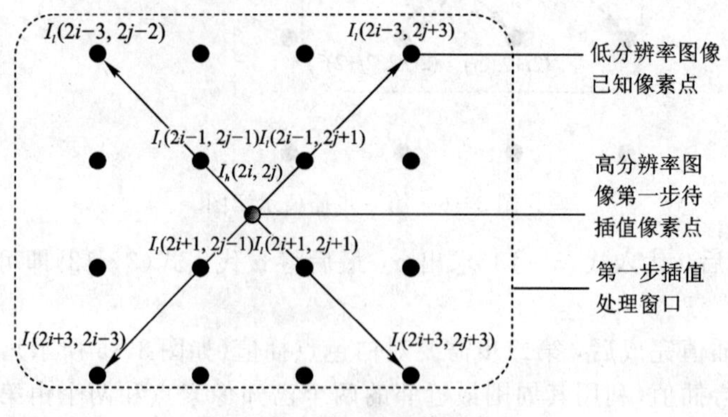

图 3-9　第一步插值示意图

设待插值像素点45°方向上和135°方向上估计分别为

$$\hat{I}_{45} = I_h + v_{45} \tag{3-14}$$

$$\hat{I}_{135} = I_h + v_{135} \tag{3-15}$$

式中，I_h 为高分辨率图像的像素值，v_{45}、v_{135} 分别为45°方向和135°方向的插值噪声系数。

将式(3-14)与式(3-15)合并为矩阵形式：

$$\boldsymbol{Y} = \boldsymbol{l} \cdot I_h + \boldsymbol{V} \tag{3-16}$$

其中

$$\boldsymbol{Y} = \begin{bmatrix} \hat{I}_{45} \\ \hat{I}_{135} \end{bmatrix}, \quad \boldsymbol{l} = \begin{bmatrix} 1 \\ 1 \end{bmatrix}, \quad \boldsymbol{V} = \begin{bmatrix} v_{45} \\ v_{135} \end{bmatrix}$$

问题转化为用 $\boldsymbol{Y}$ 来估计 I_h，由最小线性均方误差估计(LMMSE)，I_h 的预测值可以写为

$$\hat{I}_h(2i,\ 2j) = \boldsymbol{aY} + E[I_h(2i,\ 2j) - \boldsymbol{aY}] \tag{3-17}$$

式中，$I_h(2i,\ 2j)$ 为高分辨率图像像素值，$\boldsymbol{a} = \mathrm{Cov}(I_h, \boldsymbol{Y})(\mathrm{Var}(\boldsymbol{Y}))^{-1}$，将 $\boldsymbol{a}$ 代入即 $\hat{I}_h = \mu_h + \mathrm{Cov}(I_h, \boldsymbol{Y})(\mathrm{Var}(\boldsymbol{Y}))^{-1}(\boldsymbol{Y} - E[\boldsymbol{Y}])$，其中 $\mathrm{Cov}(I_h,\ \boldsymbol{Y})$ 为 I_h 和 $\boldsymbol{Y}$ 的协方差，$(\mathrm{Var}(\boldsymbol{Y}))^{-1}$ 为 $\boldsymbol{Y}$ 方差再求逆，$E[\boldsymbol{Y}]$ 为 Y 的均值。将式(3-16)代入式(3-17)，假设噪声系数均值为0，式(3-17)即可写成

$$\hat{I}_h(2i,\ 2j) = \mu_h + \sigma_h^2 \boldsymbol{l}^{\mathrm{T}}(\boldsymbol{l} \cdot \sigma_h^2 \cdot \boldsymbol{l}^{\mathrm{T}} + \boldsymbol{R}_V)^{-1}(\boldsymbol{Y} - \boldsymbol{l} \cdot \mu_h) \tag{3-18}$$

式(3-18)即为图像插值公式，其中 $\hat{I}_h(2i,\ 2j)$ 为当前插值点的估计，μ_h 为图3-10(a)中 $I_h(2i,\ 2j)$ 用圆圈表示的对角线方向上最近邻四个已知像素点像素值的均值；σ_h^2 为这四

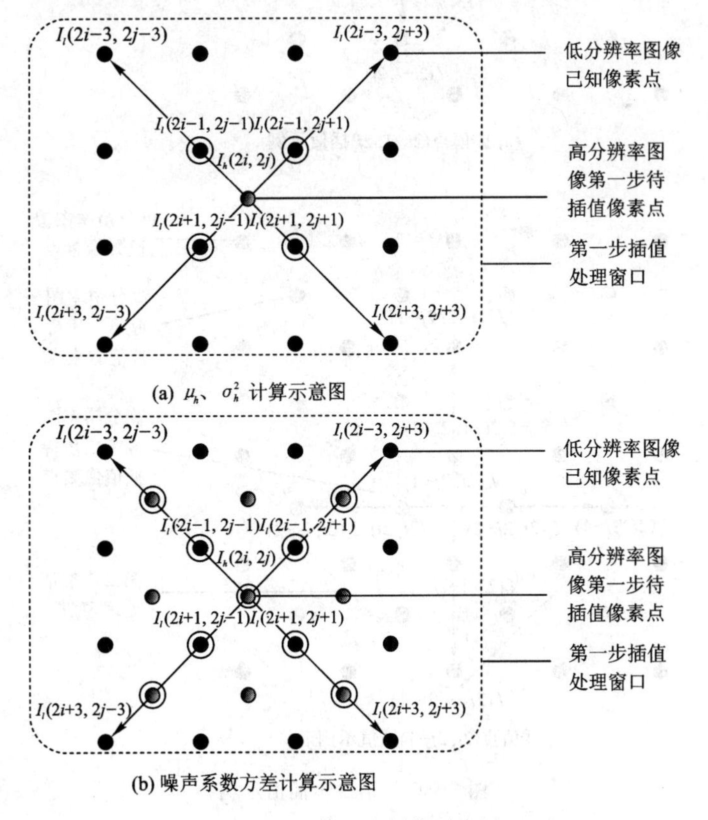

(a) μ_h、σ_h^2 计算示意图

(b) 噪声系数方差计算示意图

图3-10　第一步插值示意图

个近邻点已知像素值的方差；$\boldsymbol{R}_V$ 为一个 2 行 2 列的噪声方差对角矩阵，即主对角线数值为 $pv1$、$pv2$，其分别为 45°和 135°方向上的噪声方差。$pv1$、$pv2$ 分别由图 3-10(b)中正交方向包括第一步插值点在内的五个点的方差计算而来。

图 3-11(a)、(b)分别为插值点$(2i-1, 2j)$和$(2i, 2j-1)$插值示例。插值$(2i-1, 2j)$和$(2i, 2j-1)$点是在完成对$(2i, 2j)$点的插值后进行的。插值$(2i-1, 2j)$和$(2i, 2j-1)$点采用的方法与插值$(2i, 2j)$点的方法相同。插值$(2i, 2j)$点涉及 45°和 135°方向的点，而插值$(2i-1, 2j)$和$(2i, 2j-1)$点涉及垂直和水平方向上的点。算法的流程图如图 3-12 所示，其中插值的第一步是对$(2i, 2j)$点进行插值，流程图如图(a)所示；插值的第二步是对$(2i-1, 2j)$和$(2i, 2j-1)$点进行插值，流程图如图 (b)所示。

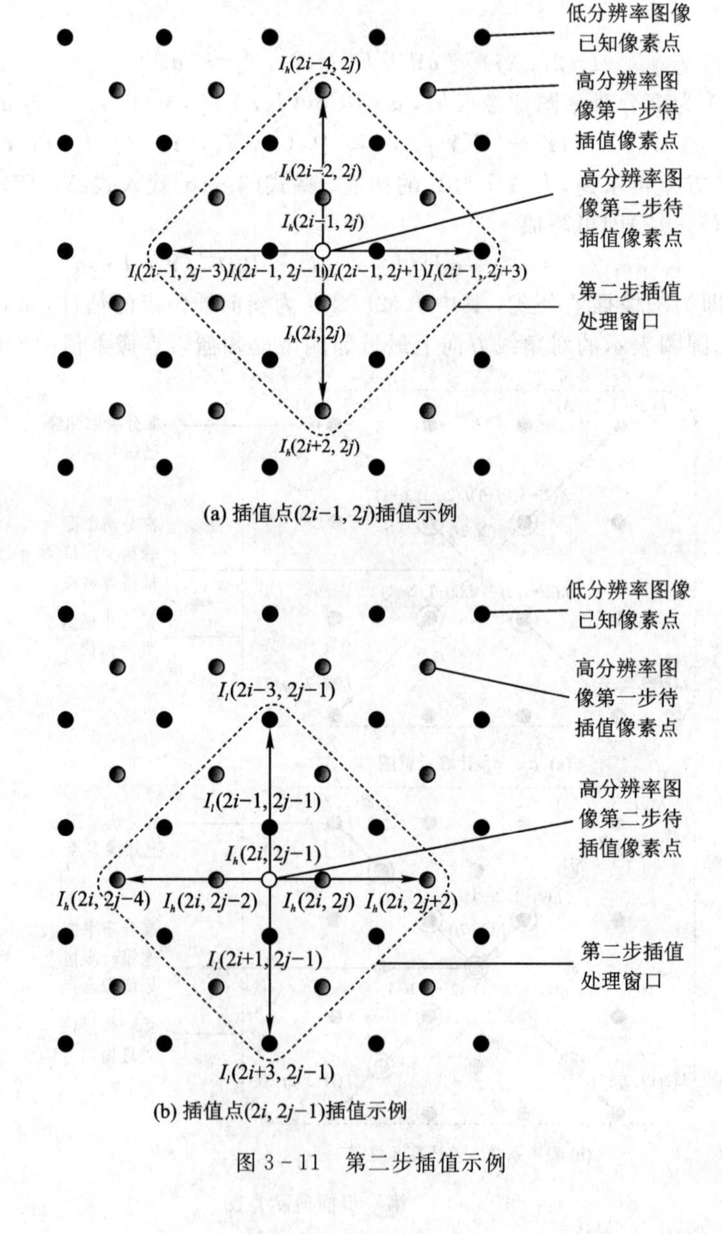

(a) 插值点$(2i-1, 2j)$插值示例

(b) 插值点$(2i, 2j-1)$插值示例

图 3-11　第二步插值示例

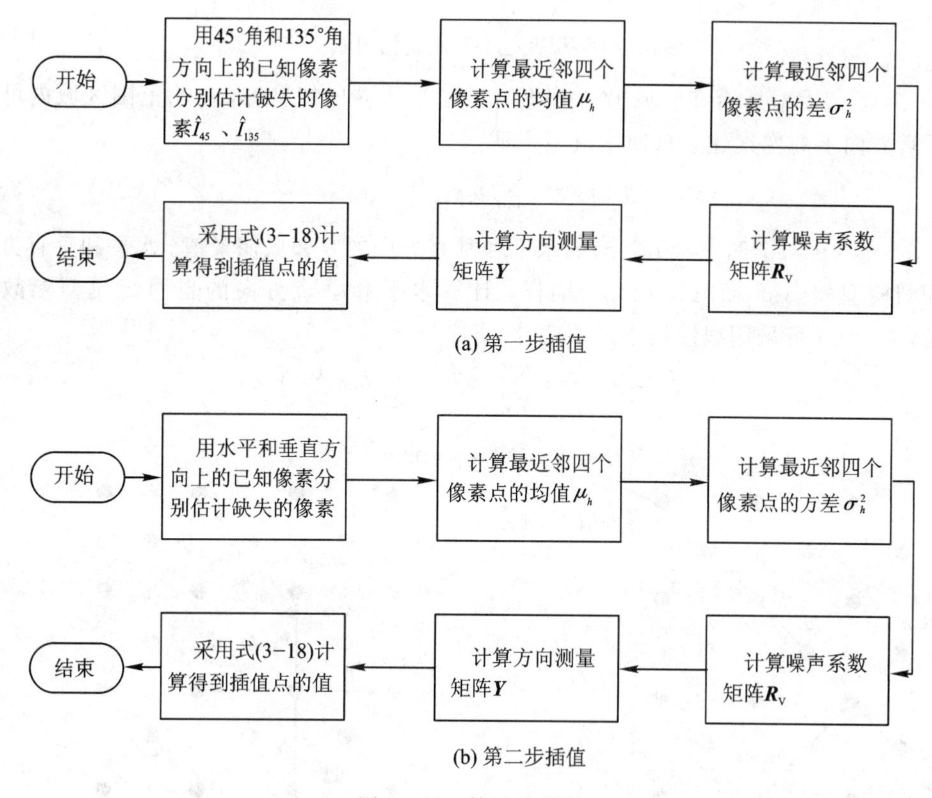

图 3-12　算法流程图

3. 基于自适应 2D 自回归模型和软决策估计的插值算法

Li Xin 等人提出的算法在处理具有边缘信息不太丰富的图像时，可以取得较好的效果，但在处理拥有较为复杂的边缘图像时效果不太理想。在该算法基础上，Zhang 等人在《Image interpolation by adaptive 2-D autogressive modeling and soft-decision estimation》文中提出基于自适应 2D 自回归模型和软决策估计的插值算法，该算法仍然根据高低分辨率图像块的几何对偶性来估计高分辨率图像中的未知点，算法包括两个部分，即参数估计和待插点值的估计，其新颖之处在于进行待插点值估计部分增添了反馈机制。该算法与自回归图像模型相结合，采用最小二乘法对自回归模型的参数进行优化。在估计未知像素值时，该算法采用双重约束，即不仅要求已知像素预测未知像素的误差尽可能地小，而且要求将估计出的未知像素和已知像素分别看成已知像素和未知像素，进行同样的预测，其估计误差应该同样尽可能地小。这样的软决策方法，最终使插值结果更精确。

该算法认为在小范围内区域 W 内(例如一个 16×16 的图像块内)，对角方向上的像素可建立自回归模型：

$$x_i = \sum_{1\leqslant t\leqslant 4} a_t x_i^{d(t)} + v_i \tag{3-19}$$

式中，$x_i^{d(t)}$，$(t=1, 2, 3, 4)$ 为像素值 x_i 对角线方向的 8 邻域像素值，v_i 表示残差(包括细节和噪声)。对角线方向上的自回归模型如图 3-13(a)所示。计算对角线方向上的自回归模型参数 $a=(a_1, a_2, a_3, a_4)$ 可采用线性最小二乘估计，即

$$\hat{a} = \arg\min_{\hat{a}} \sum_{i \in W} (x_i - \sum_{1 \leqslant t \leqslant 4} a_t x_i^{d(t)})^2 \tag{3-20}$$

其中，$i \in W$ 表示对所有在区域 W 内的像素点。采用同样的思想，在小范围区域内可对水平和垂直方向上的像素建立自回归模型，即

$$x_i = \sum_{1 \leqslant t \leqslant 4} b_t x_i^{v\,h(t)} + v_i \tag{3-21}$$

式中，$x_i^{v\,h(t)}$，$(t = 1, 2, 3, 4)$ 为 x_i 的水平和垂直方向的 8 邻域像素值。水平和垂直方向上的自回归模型如图 3-13(b)所示。同样，计算水平和垂直方向的自回归模型参数 $b = (b_1, b_2, b_3, b_4)$ 可采用线性最小二乘估计，即

$$\hat{b} = \arg\min_{b} \sum_{i \in W} (x_i - \sum_{1 \leqslant t \leqslant 4} b_t x_i^{v\,h(t)})^2 \tag{3-22}$$

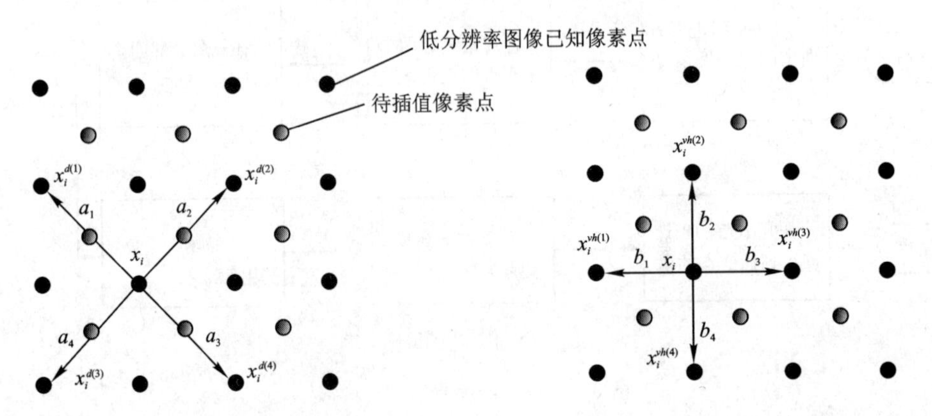

图 3-13　已知像素值之间的自回归模型

一般认为自回归模型在小区域范围内具有一定的尺度不变性。根据这一性质，自回归模型存在于已知像素值和待插的图像像素值之间，即采用该自回归模型，已知像素值可表示待插的图像像素值；保持该模型参数不变，待插的图像像素值同样可表示已知像素值，它们之间的关系如图 3-14 所示。

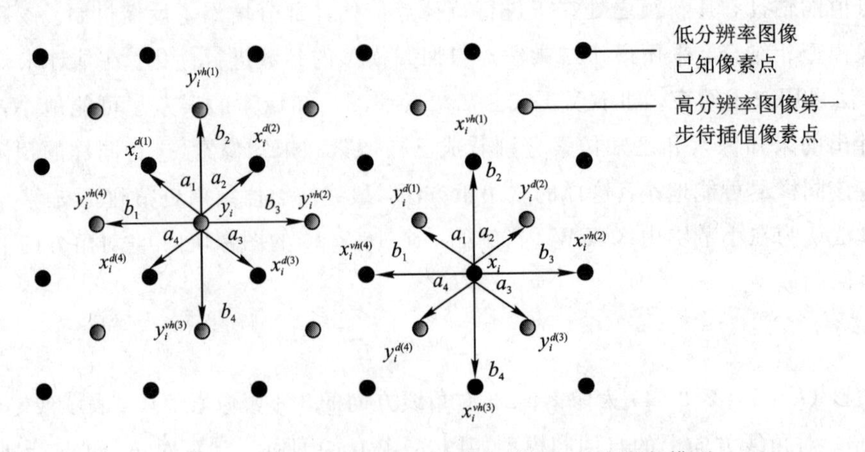

图 3-14　已知像素值和未知像素值之间的自回归模型

根据对角线方向上自回归模型的特性，可使用如下公式对未知像素值进行估计：

$$\hat{y} = \arg\min_{y}\left\{\sum_{i\in W}\left\| y_i - \sum_{1\leqslant t\leqslant 4} a_t x_i^{d(t)}\right\| + \sum_{i\in W}\left\| x_i - \sum_{1\leqslant t\leqslant 4} a_t y_i^{d(t)}\right\|\right\} \tag{3-23}$$

式中，y_i 表示未知像素值，第一项 $\sum_{i\in W}\left\| y_i - \sum_{1\leqslant t\leqslant 4} a_t x_i^{d(t)}\right\|$ 表示通过自回归模型使用已知像素值预测的未知像素值与实际预测的像素值之间的误差，第二项 $\sum_{i\in W}\left\| x_i - \sum_{1\leqslant t\leqslant 4} a_t y_i^{d(t)}\right\|$ 表示通过自回归模型使用实际预测的像素值估计已知像素值与真实的已知像素值之间的误差。该公式实质上是求取满足第一项和第二项之和最小的未知像素值。换句话说，未知像素值使用自回归模型进行预测，应该使得误差尽可能地小；另外，预测的像素值通过自回归模型预测可以估计出已知的像素值，同样应该使得误差尽可能地小。

同样根据自回归模型，在水平和垂直方向上存在如下公式：

$$\hat{y} = \arg\min_{y}\left\{\sum_{i\in W}\left\| y_i - \sum_{1\leqslant t\leqslant 4} b_t y_i^{v\,h(t)}\right\|\right\} \tag{3-24}$$

最后将式(3－23)和式(3－24)合并得：

$$\hat{y} = \min_{y}\left\{\sum_{i\in W}\left\| y_i - \sum_{1\leqslant t\leqslant 4} a_t x_i^{d(t)}\right\| + \sum_{i\in W}\left\| x_i - \sum_{1\leqslant t\leqslant 4} a_t y_i^{d(t)}\right\| + \lambda\sum_{i\in W}\left\| y_i - \sum_{1\leqslant t\leqslant 4} b_t y_i^{v\,h(t)}\right\|\right\} \tag{3-25}$$

式中，$\sum_{i\in W}\left\| y_i - \sum_{1\leqslant t\leqslant 4} b_t y_i^{v\,h(t)}\right\| \approx \sum_{i\in W}\left\| x_i - \sum_{1\leqslant t\leqslant 4} b_t x_i^{v\,h(t)}\right\|$，$\lambda$ 一般情况下取 0.5 。通过一个可移动窗口 W，利用式(3－25)可估计出所有待插值点的像素值。

利用第一步插值的点和原始的已知像素点即可完成第二步的插值，方法与第一步类似。基于自适应 2D 自回归模型和软决策估计的插值算法的算法流程图如图 3－15 所示。

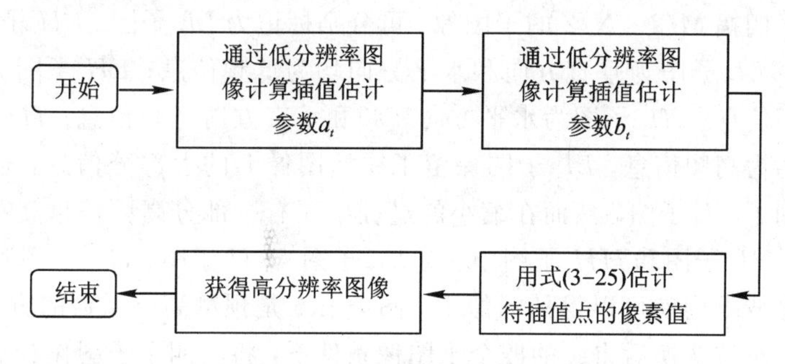

图 3－15　算法流程图

4. 基于变换域的插值算法

前面介绍的插值算法都是基于空间域的插值方法。与空间域插值算法对应的一类插值算法是基于变换域的插值算法。基于变换域的插值算法是在图像的变换域进行图像的放大，变换域包括小波域、Contourlet 域等。小波、Contourlet 等变换都是将图像分解为多尺度、多分辨率的变换系数。基于这些变换的图像插值算法都是试图通过在变换域处理来增强图像的高频特征，以提高图像的分辨率，因此，该类算法的研究焦点是如何构建插值图像的高频系数。

目前基于变换域的插值算法主要有两类：一类是预测高频系数的方法，该类方法是将图像本身作为放大图像的低频成分，利用某种手段构造其高频成分后再进行反变换实现图像放大，一个该类方法的基于小波插值的实例如图 3－16 所示；另外一类是系数插值方法，该类方法通过插值技术对各个分辨率频段进行插值放大，然后进行反变换实现图像放大，图 3－17 所示为该类方法基于小波插值的一个实例。

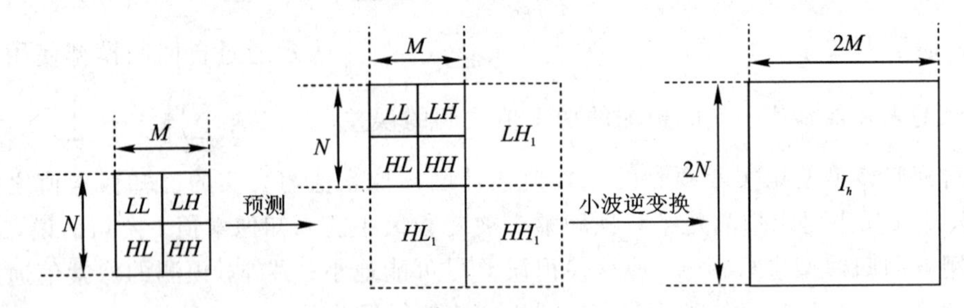

图 3－16　预测高频系数的方法(基于小波插值的一个实例)

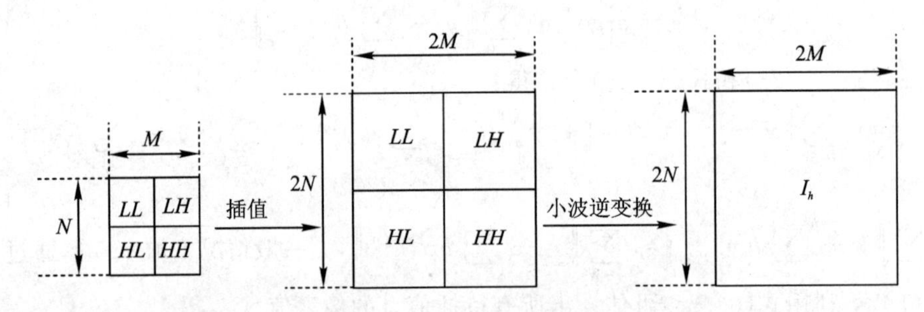

图 3－17　系数插值方法(基于小波插值的一个实例)

一幅已知宽度和高度分别为 M 和 N 的低分辨率原始图像 I_l，将 I_l 进行一次小波变换，即将其分解成了四幅 $M/2\times N/2$ 的子图像，可分别标记为 LL 子图、LH 子图、HL 子图和 HH 子图。其中 LL 子图为垂直方向和水平方向均为低频信息；LH 子图为水平方向低频和垂直方向高频信息；HL 子图为水平方向高频和垂直方向低频信息；HH 子图为水平方向和垂直方向均为高频信息。LL 子图保留了原始图像 I_l 的大部分信息，也可以理解为将原图像缩小得到了 LL 子图，然而在缩小的过程中还有一部分高频信息就存在其余三个子图即 LH 子图、HL 子图和 HH 子图中。对 LL 子图、LH 子图、HL 子图和 HH 子图进行小波逆变换即小波重构就可以得到图像 I_l。图 3－16 是预测高频系数的方法示意图，即在已知原始图像经小波变换后得到的四个子图像条件下，将其四个子图作为放大的高分辨率图像的低频子图 LL_1，再使用某种算法来估计其余三个子图 LH_1、HL_1 和 HH_1，再进行小波逆变换得到放大的高分辨率图像 I_h。图 3－17 是系数插值方法，即将原始低分辨率图像经过小波变换得到的四个子图即 LL 子图、LH 子图、HL 子图和 HH 子图分别进行插值放大，再进行逆变换即可得到高分辨率图像。

多种实验证明，小波插值算法使得放大后的高分辨率图像 I_h 含有原始低分辨率图像尽可能多的图像信息。此外，由于图像边缘包含着图像的许多高频信息，小波插值的方法很好地保留了图像高频信息，使得经插值处理后的图像边缘较为清晰，具有符合人眼观察的很好的视觉效果，克服了传统的插值方法致使图像高频部分损失、感兴趣的细节被模糊的缺点。

3.4　实验结果与分析

在对插值算法性能的评价方面，论插值算法效果质量好坏时有两个主要的评判标准：第一个为主观上的评价，主要是通过观察处理后的图像边缘是否出现锯齿、方块等，以及是否过于平滑、是否有干扰条纹、细节是否清晰等，也就是判断处理后的图像是否适合人眼观察，这种评价方法虽然直观、简单，但是容易受观察者自身条件及其观察条件等因素的影响；第二种为客观上的评价，即通过一些数学统计的方法来评价处理得到的高分辨率图像的质量，比较常用的是计算峰值信噪比(PSNR)，一般情况下，PSNR 越大则表示处理得到的高分辨率图像的质量越高。

选取经典的 Barbara、Baboon 和 Lena 图像作为测试图像，它们均是 512×512 的灰度图像，如图 3-18 所示。在测试时，将每幅原始图像隔行隔列进行采样，生成 256×256 的低分辨率图像，再通过插值算法将低分辨率图像插值放大 2 倍，获得 512×512 的插值图像。

(a) Barbara图像

(b) Baboon图像

(c) Lena图像

图 3-18　测试图像

图 3-19、3-20 和 3-21 分别为算法插值对 Barbara、Baboon 和 Lena 图像的实验效果图，为了体现插值效果，截取部分显示。从各种算法效果图可看出，最近邻像素插值算法处理结果最差，插值后的图像产生了明显的锯齿和模糊；双线性插值算法处理过后的图像明显地消除了最近邻像素插值算法导致的锯齿、块效应现象，但是其处理后的图像仍存在锯齿现象，一些细节模糊，降低了图像的对比度，使得整体图像变暗；经双三次插值算法处理后的图像，由于考虑到插值点周围更多的相关点，插值效果比前两种方法要好；基于边缘的插值算法相比于上述三种传统的插值算法在提高图像的质量方面有较大的改善，插值后的图像视觉效果较好；基于协方差的局部自适应算法在图像结构比较单一的情况下，视觉效果非常好，但是在图像结构比较复杂的情况下，例如边界、纹理方向比较乱的时候，得到的效果则会出现涡流现象；基于方向滤波和数据融合的图像插值算法将不同方向的插值结果与对应方向的噪声系数进行融合，使得插值结果更为准确；因此实验结果证明，使用基于方向滤波和数据融合的图像插值算法可以保留图像边缘的清晰度和减少振铃效应；基于自适应 2D 自回归模型和软决策估计的插值算法效果最好，具有最好的视觉效果，它是所述几种算法中插值效果最好的算法。

(a) 原始高分辨率图像

(b) 最近邻像素插值的结果图像

(c) 双线性插值的结果图像

(d) 双三次插值的结果图像

(e) 基于协方差的局部自适应算法的结果

(f) 基于方向滤波和数据融合的图像插值算法的结果图像

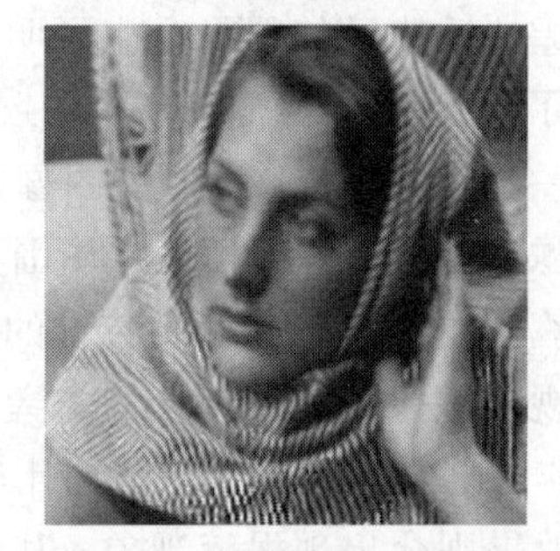

(g) 基于自适应2D自回归模型和软决策估计的插值算法的结果图像

图 3－19　算法插值对 Barbara 图像的实验效果图(截取部分显示)

(a) 原始高分辨率图像

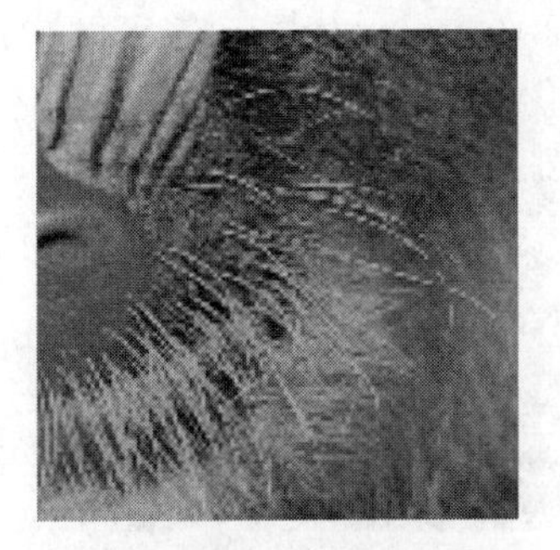
(b) 最近邻像素插值的结果图像

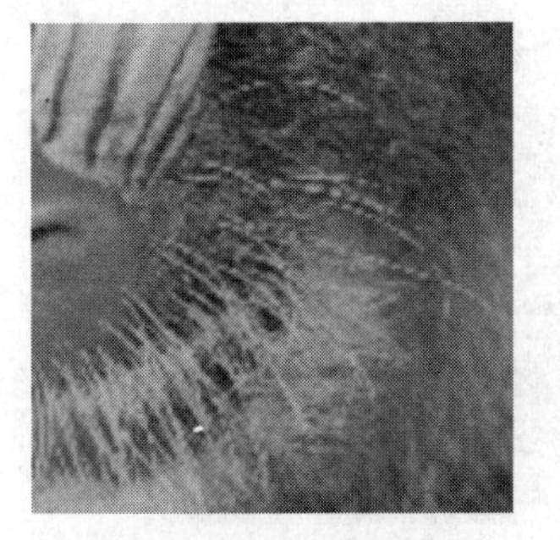
(c) 双线性插值的结果图像

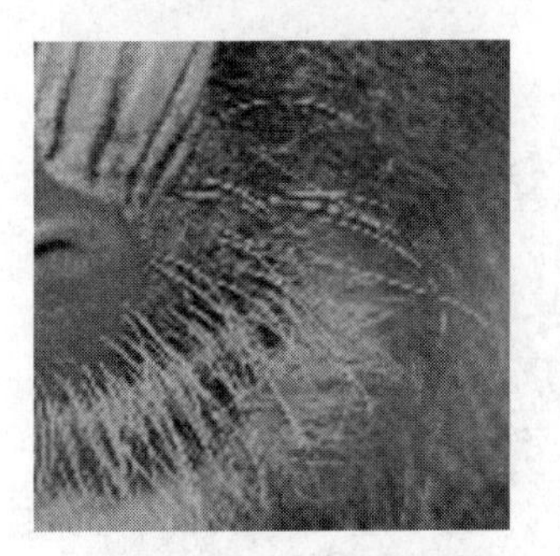
(d) 双三次插值的结果图像

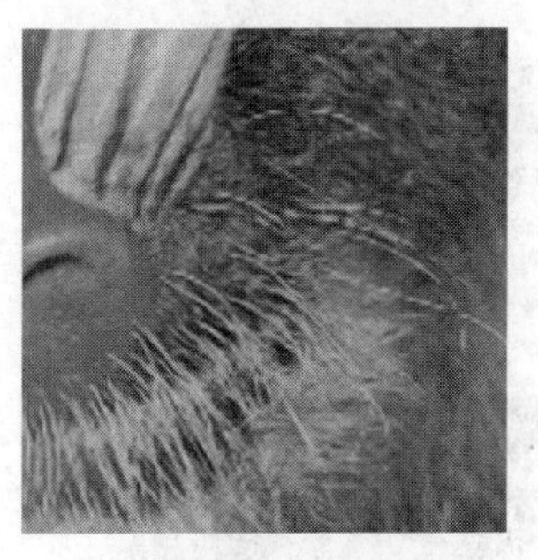
(e) 基于协方差的局部自适应算法的结果

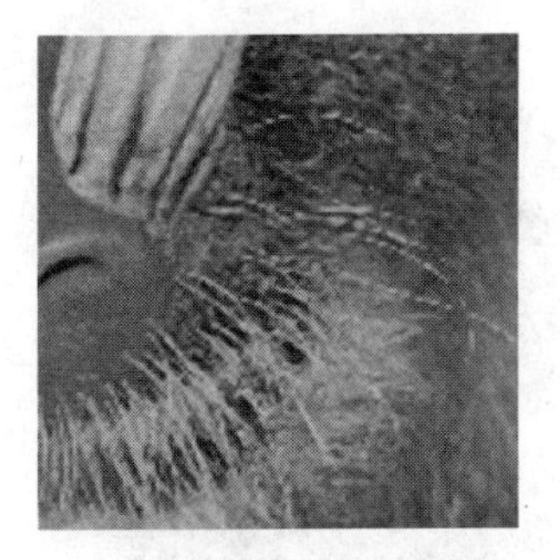
(f) 基于方向滤波和数据融合的图像插值算法的结果图像

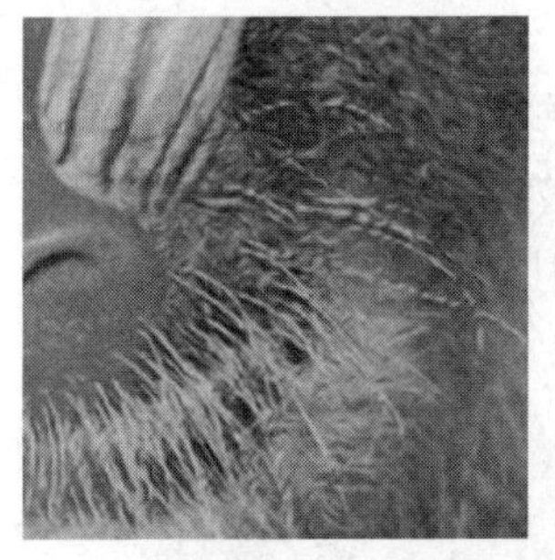
(g) 基于自适应2D自回归模型和软决策估计的插值算法的结果图像

图 3-20　算法插值对 Baboon 图像的实验效果图(截取部分显示)

(a) 原始高分辨率图像

(b) 最近邻像素插值的结果图像

(c) 双线性插值的结果图像

(d) 双三次插值的结果图像

(e) 基于协方差的局部自适应算法的结果

(f) 基于方向滤波和数据融合的图像插值算法的结果图像

(g) 基于自适应2D自回归模型和软决策估计的插值算法的结果图像

图 3-21　算法插值对 Lena 图像的实验效果图(截取部分显示)

表 3-1 为各种插值算法的插值图像 PSNR，从该表中也可以看出，PSNR 的结果与人的主观视觉效果基本一致，基于边缘的插值算法明显优于传统的插值算法。在对测试图像 Barbara 的实验中可以看出，基于协方差的局部自适应算法不适合处理边缘较复杂的图像，而基于自适应 2D 自回归模型和软决策估计的插值算法总体效果较好。在进行图像放大处理时，应根据实际情况对算法做出选择，既要对图像质量进行考虑，又要尽可能保证时间方面的可行性，这样才能获得较为理想的高分辨率图像插值技术。

表 3-1 各种插值算法的插值图像 PSNR

算法 测试图	最近邻像素插值	双线性插值	双三次插值	新的基于边缘的插值	通过方向滤波和数据融合的基于边缘的插值	基于自适应 2D 自回归模型和软决策估计的插值
Barbara	22.22	23.88	23.34	21.85	24.47	23.40
Baboon	20.36	21.68	21.34	23.29	22.74	23.10
Lena	28.30	30.22	30.14	33.81	34.04	34.29

3.5 本章小结

随着信息科学的飞速发展，人们对图像质量的要求也越来越高，高分辨率图像在人们日常生活中的使用也越来越频繁，因此如何得到高质量、符合人眼观察的高分辨率图像成为研究的热点。本章首先介绍了图像插值放大的基本原理，然后就三种传统的插值算法、经典的基于边缘的插值算法进行了详细解析，最后通过对所介绍的各算法进行实验分析，从主观与客观的角度说明了各插值算法的优劣。

最近邻插值法的优点是计算量小、算法简单、插值速度较快，但它仅使用待插值点最近的像素点的值作为该待插值点的像素值，而没考虑其它相邻像素点的影响，忽略了待估计点与其它原始像素点之间的关联性，导致插值后得到的图像的像素不连续，造成较大图像质量损失，也导致图像出现明显的马赛克和严重的锯齿现象。双线性插值法考虑了待插值点周围四个邻点对该插值点的影响，插值效果优于最近邻插值，但是双线性插值法计算量相比最近邻插值法稍大一些，算法计算也更复杂，相应的程序运行时间也较长，而经此算法插值后的图像的质量有所提高，改进了最近邻插值导致的各点像素值不连续的问题。然而，双线性插值未考虑到邻点间像素值变化的影响，造成插值后的图像边缘仍然较为模糊。双三次插值是双线性插值算法的改进，其考虑到周围十六个相邻像素点像素值变化的影响，因此克服了前两种方法的不足，能够产生比双线性插值更清晰的边缘，处理后的图像效果较前两种方法理想。

虽然传统的插值方法在提高图像的分辨率方面的运算量较小，较容易实现，程序运行速度也较快，但是使用传统的线性插值方法插值得到的图像往往存在块效应或边缘模糊等问题，而图像的边缘等细节是图像的重要特征，由于人眼可以很快辨认出明显的边缘和平滑部分，因此插值图像的边缘细节对图像质量影响很大。采用基于图像边缘的插值方法对图像进行插值放大能获得适应人眼的高质量图像，但由于其对边缘点和非边缘点分别采用不同的插值方法，这增加了算法的复杂度，使得计算量增大，程序运行速度也较慢。

总的来说，传统图像插值算法，插值过程较为简单，计算量较小，处理速度较快，应用比较广泛，但是插值效果不是很理想。基于边缘的插值算法随着硬件性能的提高，其运算时间方面的代价随之降低，渐渐地成为图像插值的主流方法。因此，在进行图像放大处理时，应根据实际情况对算法做出选择，既要考虑时间方面的可行性，又要对图像质量进行考虑，这样才能得到较为理想的高分辨率图像。

参考文献

[1] 邓彩. 图像插值算法研究[D]. 重庆：重庆大学，2011.

[2] 王立国，张晔，谷延锋. 基于自适应边缘保持算法的图像插值[J]. 哈尔滨工业大学学报，2005(1)：18-21.

[3] 王效灵，陈涛，汪颖，等. 基于边缘检测的图像缩放算法[J]. 科技通报，2005，9(5)：584-588.

[4] Xin Li，Orchard M T. New edge-directed interpolation[J]. IEEE Transaction on Image Processing，2001，10(10)：1521-1527.

[5] Wing-Shan Tam，Chi-Wah Kok，Wan-Chi Siu. Modified edge-directed interpolation for images. ournal of Electronic Imaging 19(1)，013011 (Jan-Mar 2010)

[6] L Zhang，X Wu. An Edge-Guided Image Interpolation Algorithm via Directional Filtering and Data Fusion[J]. IEEE Transaction on Image Processing，2006，15(8)：2226-2238.

[7] N Jayant and P Noll. Digital Coding of Waveforms：Principles and Applications to Speech and Video [M]. Englewood Cliffs，NJ：Prentice-Hall，1984.

[8] X Zhang，X Wu. Image interpolation by adaptive 2-D autogressive modeling and soft-decision estimation[J]. IEEE Transaction Image Processing，2008，17(4)：887-896.

[9] E W Karmen and J K Su. Introduction to Optimal Estimation. London，U K：Springer-Verlag，1999.

[10] 张明. 图像超分辨率重建和插值算法研究[D]. 中国科学技术大学，2010.

[11] 冈萨雷斯. 数字图像处理[M]. 北京：电子工业出版社，2008.

[12] 翁志娟. 利用小波变换进行图像插值[D]. 哈尔滨：哈尔滨工程大学，2009.

[13] 刘卫国. MATLAB 程序设计与应用[M]. 北京：高等教育出版社，2006.

[14] 丁宇胜. 数字图像处理中的插值算法研究[N]. 电脑知识与技术学术交流报，2010.

[15] S Grace Chang，Zoran Cvetkovic，Martin Vetterli. Locally Adaptive Wavelet-Based Image Interpolation[J]. IEEE Transactions on Image Processing，2006，15(6)：1471-1485.

[16] Mueller N，Y Lu，M N Do. Image interpolation using multiscale geometric representations[C]. Proc. SPIE Conf. on Electronic Imaging，San Jose，USA，2007.

第四章　超分辨率技术综述

在图像领域，图像的分辨率一直是表征图像观测水平的主要技术指标之一。图像的分辨率通常是指图像处理中的空间分辨率。描述分辨率的单位主要有 dpi(点每英寸)和 ppi(像素每英寸)。dpi 与 ppi 非常相似，经常会出现混用现象，但是从技术上来说，它们是有区别的。ppi (像素)主要用于电脑显示领域，而 dpi(点)主要用于打印或印刷领域。“分辨率”通常被表示成每一个方向上的像素数量，如一幅图像为 1920×1080 表示该图像的像素组成为 1920 列、1080 行。另外在某些情况下，它也可以同时表示成 ppi(像素每英寸)以及图形的长度和宽度。比如 200ppi 和 3×4 英寸。无论使用 dpi 还是 ppi 作为分辨率的单位，图像分辨率越高，一定数量的图像像素所代表的实际场景的面积就越小，图像能够反映的场景细节也就越精细，越能提供丰富的信息。图 4－1 为一个典型的测试图像系统分辨率的实验图。

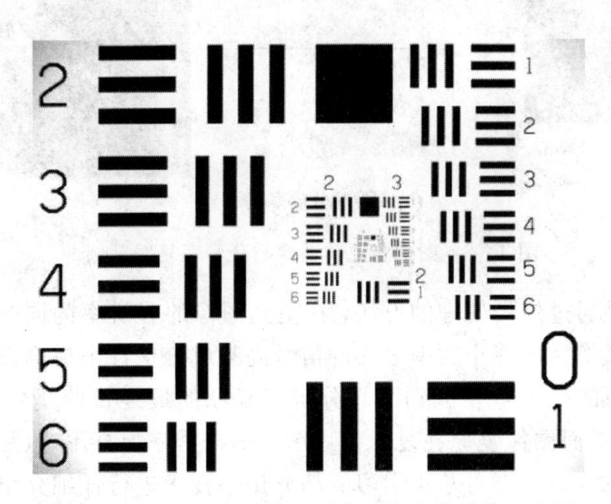

图 4－1　一个典型的测试图像系统分辨率的实验图

目前提高图像分辨率的方法主要有：① 提高工艺水平，减少像素尺寸，以提高单位面积上的像素数量；② 改变成像系统探测元排列方式(应用一种梅花形的采样网格，可提高采集的分辨率)；③ 增加成像芯片的尺寸，以增加成像的总像素数；④ 采用超分辨率技术。

前三种提高成像分辨率的方法都是通过硬件技术进行的，相对而言成本较高，并且开发及安装的周期较长。通常在图像采集条件一定的情况下，获取的图像分辨率就固定下来了，但是随着应用的发展，先前的图像分辨率不一定能够满足需求。如何通过软件方法提高现有图像的分辨率一直是图像领域研究的热点之一。超分辨率技术是通过软件方式从单幅或者多幅低分辨率图像中复原出高分辨率图像的方法，其主要优点是可利用现有的成像系统，在不改变原有系统硬件设备的前提下，提高图像的分辨率。它是一种快速、低成本的提高图像分辨率的技术，近年来已成为国际上图像复原领域最为活跃的研究课题之一。

一种与图像超分辨率关系较为紧密的技术是图像复原。图像复原也是改善图像质量的一种技术。图像复原是根据图像退化的先验知识建立一个退化模型，然后以此模型为基础，采用各种逆退化处理方法逐步进行恢复，从而达到改善图像质量的目的。图像复原的一个示例如图 4-2(a)所示。图像复原的好坏主要取决于对图像退化过程的先验知识所掌握的精确程度。

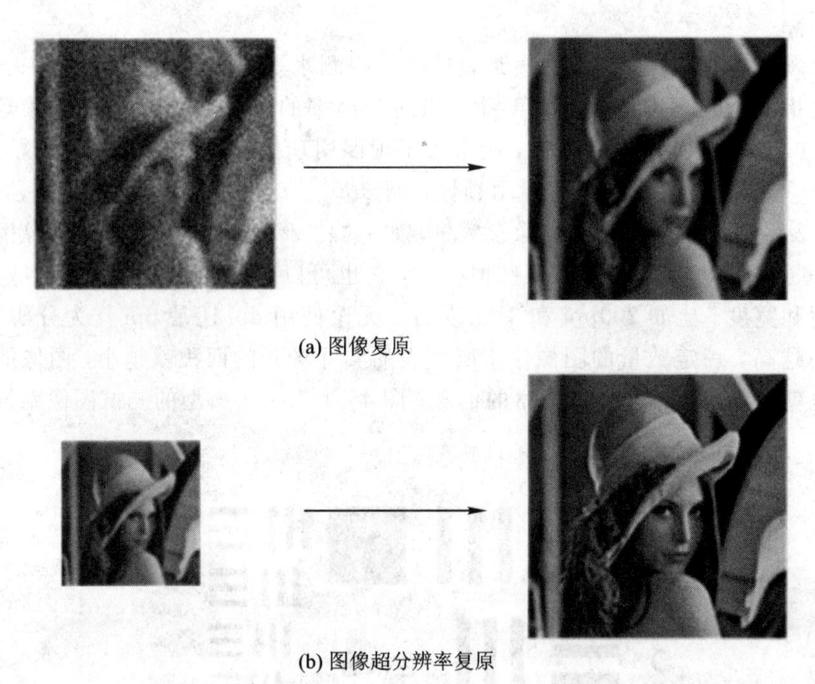

(a) 图像复原

(b) 图像超分辨率复原

图 4-2　图像复原和图像超分辨率复原示例

超分辨率复原是通过信号处理的方法，在提高图像的分辨率的同时改善图像质量，其核心思想是通过对成像系统截止频率之外的信号高频成分估计来提高图像的分辨率。超分辨率复原与图像复原的一个重要区别是超分辨率复原的最终目的是要提高图像的分辨率(如图 4-2(b)所示)，而图像复原在复原前后图像的分辨率保持不变(如图 4-2 (a)所示)。从本章开始到第十三章将主要对基于学习的超分辨率技术进行详细介绍。

本章将对超分辨率技术进行概括性的介绍。目前超分辨率技术主要分为两大类：基于重建的超分辨率方法和基于学习的超分辨率方法。基于学习的超分辨率方法是从基于重建的超分辨率技术发展而来的，因此本章首先简要地介绍基于重建的超分辨率算法，然后再介绍基于学习的超分辨率技术。

4.1　超分辨率的含义及应用

早期的研究人员把估计一幅图像在衍射极限之上的频谱信息的方法称为超分辨率技术，这是由于图像获取系统的退化传递函数通常都是低通滤波器，使得获取的图像频谱在截止频率以上的值为零，而传统的图像恢复技术只能将图像复原到截止频率处，对于截止频率以上的信息则无能为力。早期的超分辨率技术是以解析延拓理论、信息叠加理论等作为理论支撑，试图恢复截止频率以上的信息。在这方面的工作主要是线性解卷积以及盲解卷积。

近年来，“超分辨率”一词实际已经延拓了其早期的含义，目前它已经被较多地定义为将一幅或者多幅低分辨率图像复原为一幅或者多幅高分辨率图像的技术。它的根本目的是在不改变传感器物理结构的前提下，通过单幅图像或者一系列彼此间有亚像素偏移的连续图像，利用图像的先验知识增加图像的分辨率，最终实现以低成本获取分辨率增强的图像。超分辨率技术在医学、遥感、视频转换和安全监控等领域都有着十分重要的应用，主要表现在：

1）医学成像(CT、超声波成像等)领域

利用超分辨率技术可判断出病体(如肿瘤)的详细情况和精确位置。病体的大小及位置等是医学检测中需要解决的核心问题。由于硬件设备及现有的成像技术限制，在某些方面还不能够获取足够清晰的图像，因此可以采用超分辨率技术来提高图像质量，便于后续分析。

2）军事遥感侦察领域

由于受到成像系统分辨率以及成像条件的限制，在采集军事与气象等遥感图像时，很难获取高清晰度的图像。在不改变卫星图像探测系统的前提下，可利用超分辨率技术，获得高于系统实际分辨率的图像观测，提高对(军事)目标的识别能力。

3）安全监控领域

通常在视频监控等情况下获取的人脸图像分辨率较低，不能直接使用。为了更好地识别这些图像，可以先采用基于学习的超分辨率技术对它们进行超分辨率放大，然后再进行人脸识别以及人脸表情分析等。

在某些敏感部门的安全监控系统中，在发生异常事件后，可对监控录像中的可疑目标进行超分辨率复原，提高目标图像的分辨率，从而为异常事件的处理提供重要线索，以利于计算机自动识别或者相关人员进行辨识。

4）视频转换领域

利用超分辨率技术可以将DTV(PAL)信号转化为与HDTV分辨率一致的信号，提高电视节目的清晰度和兼容性。

4.2　超分辨率技术的分类

图像超分辨率复原的目的就是通过一定的技术对退化图像进行处理，获得图像更多的细节和信息，从而复原出退化前的理想图像。目前超分辨率技术主要分为两大类：基于重建的超分辨率方法和基于学习的超分辨率方法。

传统的基于重建的超分辨率方法是利用多帧(幅)图像进行超分辨率重建。由于多帧图像能够提供比单帧更多的信息，因此其逐渐成为研究热点之一。多帧图像复原(也称为基于重建的超分辨率复原)充分利用这些不同帧之间类似而又相异的信息以及图像的先验知识，提高图像的空间分辨率，其超分辨率复原能力明显好于单幅图像插值放大方法。

基于重建的超分辨率方法主要的可用信息都从输入的多幅(帧)图像中得到，基本没有任何附加的背景知识，整个解决过程相当于一个信息提取和信息融合的过程。虽然基于重建的超分辨率方法取得了一定的复原效果，但是它有三大明显缺点：① 需要提供多帧低分辨率图像，主要信息只能从输入的图像序列中获得；② 需要图像配准，而目前图像配准技术远未成熟；③ 随着分辨率放大系数的增加，需要提供的输入图像样本数量也随之急剧增加，而达到放大系数的上限后，无论增加多少输入图像样本，都无法再改善复原效果。

基于学习的超分辨率方法依靠一个事先建立的图像训练库对待复原的单幅低分辨率图像进行复原。它是在基于重建的方法遇到困难的情况下发展起来的，虽然起步较晚，但是能够弥补基于重建方法的很多不足。结合智能技术的发展，这种方法能极大地提高图像的超分辨率复原性能，是一个值得进一步研究的方向。

4.3 成像模型

图像采集设备获取图像的离散模型如图 4-3 所示。

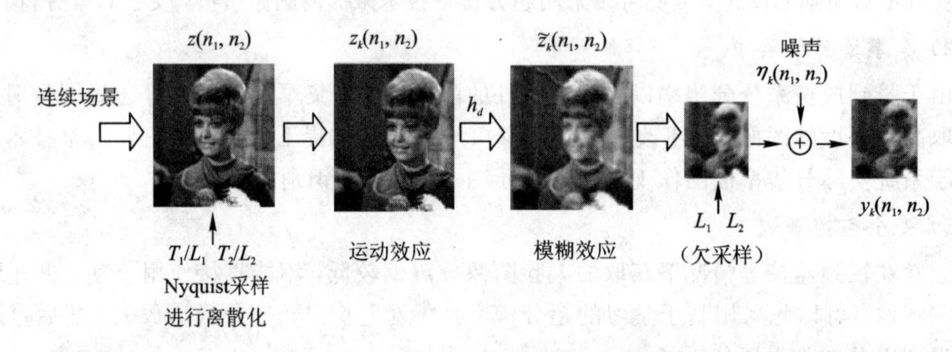

图 4-3 采集设备获取图像的离散模型

首先对景物目标以高于 Nyquist 采样频率进行采样，获取高分辨率图像。图 4-3 中 L_1 和 L_2 是正整数，采样后获取的高分辨率图像的尺寸为 $L_1 N_1 \times L_2 N_2$，获取的图像可表示为 $z(n_1, n_2)$。由于景物目标可能存在运动，令第 k 帧图像为 $z_k(n_1, n_2)$。考虑到系统点扩散函数 h_d 的影响，高分辨率图像可表示为

$$\tilde{z}_k(n_1, n_2) = z_k(n_1, n_2) * h_d(n_1, n_2) \tag{4-1}$$

其中，$*$ 表示卷积，$h_d(n_1, n_2)$ 是系统的离散点扩展函数。对高分辨率图像 $\tilde{z}_k(n_1, n_2)$ 进行采样，可获取第 k 帧低分辨率图像 $y_k(n_1, n_2)$，它可表示为

$$y_k(n_1, n_2) = \tilde{z}_k(n_1 L_1, n_2 L_2) \tag{4-2}$$

由于在采集过程中存在噪声，因此式(4-2)改写为

$$y_k(n_1, n_2) = \tilde{z}_k(n_1 L_1, n_2 L_2) + \eta_k(n_1, n_2) \tag{4-3}$$

其中，$\eta_k(n_1, n_2)$ 表示噪声。这样最终获得 $N_1 \times N_2$ 的低分辨率图像 $y_k(n_1, n_2)$。

在对超分辨率问题的分析和计算时，常常使用矩阵-向量方式表示离散成像模型。在离散模型中，低分辨率图像是原始高分辨率图像运动(包括平移和旋转)、模糊和下采样并且还伴随着噪声处理后的图像。由于这些过程都可表示为线性过程，所以可以写成矩阵-向量形式。

$$\boldsymbol{Y}_i = \boldsymbol{D}\boldsymbol{B}_i\boldsymbol{G}_i\boldsymbol{X} + \boldsymbol{N}_i, \quad i = 1, 2, \cdots, r \tag{4-4}$$

其中，$\boldsymbol{Y}_i$ 表示第 i 帧低分辨率图像(它是将二维图像矩阵按照顺序排列成的 $N \times 1$ 的列向

量)，$\boldsymbol{N}_i$ 是第 i 帧中的噪声，是一个 $N\times1$ 的列向量；$\boldsymbol{B}_i$ 和 $\boldsymbol{G}_i$ 分别是模糊和几何运动矩阵，其大小都为 $L_1L_2N\times L_1L_2N$；$\boldsymbol{X}$ 为高分辨率图像按照顺序排列成的 $L_1L_2N\times1$ 的列向量；$\boldsymbol{D}$ 为采样矩阵，其大小为 $N\times L_1L_2N$ 。

令 $\boldsymbol{H}_i=\boldsymbol{DB}_i\boldsymbol{G}_i$ 表示观测通道矩阵，那么将 r(设有 r 帧)个矩阵-向量等式通过矩阵乘的方式合并为一个等式，得

$$\begin{bmatrix}\boldsymbol{Y}_1\\\boldsymbol{Y}_2\\\vdots\\\boldsymbol{Y}_{r-1}\\\boldsymbol{Y}_r\end{bmatrix}=\begin{bmatrix}\boldsymbol{H}_1\\\boldsymbol{H}_2\\\vdots\\\boldsymbol{H}_{r-1}\\\boldsymbol{H}_r\end{bmatrix}X+\begin{bmatrix}\boldsymbol{N}_1\\\boldsymbol{N}_2\\\vdots\\\boldsymbol{N}_{r-1}\\\boldsymbol{N}_r\end{bmatrix}\tag{4-5}$$

即

$$\boldsymbol{Y}=\boldsymbol{HX}+\boldsymbol{Z}\tag{4-6}$$

其中

$$\boldsymbol{Y}=[\boldsymbol{Y}_1^{\mathrm{T}},\boldsymbol{Y}_2^{\mathrm{T}},\cdots,\boldsymbol{Y}_r^{\mathrm{T}}]^{\mathrm{T}}\tag{4-7}$$

$$\boldsymbol{H}=[(\boldsymbol{DB}_1\boldsymbol{G}_1),(\boldsymbol{DB}_2\boldsymbol{G}_2),\cdots,(\boldsymbol{DB}_r\boldsymbol{G}_r)]^{\mathrm{T}}\tag{4-8}$$

$$\boldsymbol{Z}=[\boldsymbol{N}_1^{\mathrm{T}},\boldsymbol{N}_2^{\mathrm{T}},\cdots,\boldsymbol{N}_r^{\mathrm{T}}]^{\mathrm{T}}\tag{4-9}$$

4.4　基于重建的超分辨率

基于重建的超分辨率(基于多帧图像的超分辨率)是依赖多幅低分辨率图像复原出单幅或多幅高分辨率图像。基于多帧图像的超分辨率框架如图 4-4 所示，它输入多幅低分辨率

图 4-4　基于重建的超分辨率示意图

图像，充分利用这些不同低分辨率图像之间类似而又相异的信息以及图像的先验统计知识，采用超分辨率算法，输出高分辨率图像。图 4-5 所示为超分辨率的前提条件示意图。实现超分辨率的前提条件是不同的低分辨率图像必须存在着子像素的偏移，而这个条件通常在实际环境中基本都是满足的。

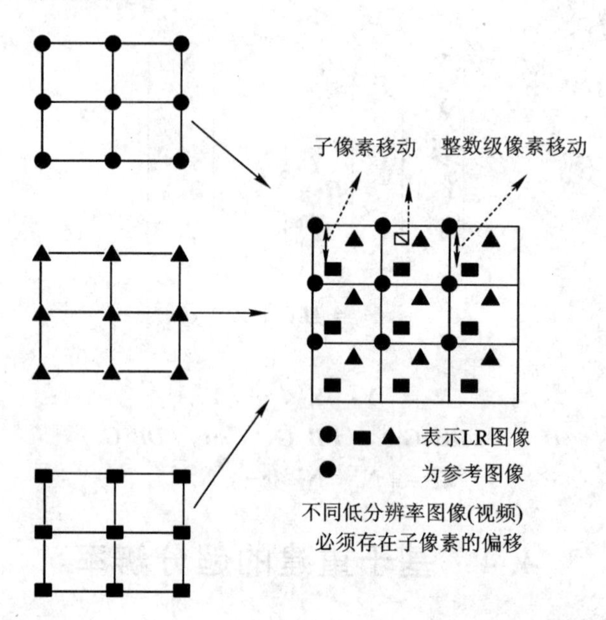

图 4-5　基于重建的超分辨率的前提条件示意图

基于重建的超分辨率算法主要分为频域算法和空域算法。下面将分别对这两类算法进行阐述。

4.4.1　频域算法

频域算法的复原思想是：低分辨率图像的形成是由于欠采样造成了频谱混叠，复原就是还原被混叠的频谱信息，也即表示图像细节的高频信息。该算法主要利用连续频谱和离散频谱之间的关系，以及图像空间域的全局平移参数与图像频域上相位的对应关系来复原原始高分辨率图像的频谱。

频域超分辨率重构算法是在频域内解决图像内插问题，其观察模型是基于傅立叶变换的移位特性。频域算法理论简单，运算复杂度低，很容易实现并行处理。但这类方法的缺点是所基于的理论前提过于理想化，不能有效地应用于多数场合，只能局限于全局平移运动和线性空间不变退化模型，包含空域先验知识的能力有限。

4.4.2　空域算法

在空域类算法中，其线性空域观测模型涉及全局和局部运动、光学模糊、运动模糊、空间可变点扩展函数、非理想采样等。空域方法具有很强的包含空域先验约束的能力，例如马尔可夫随机场和凸集等先验约束，这样在超分辨率复原过程中可以产生带宽外推。

空域方法主要包括迭代反投影法(IBP)、凸集投影法(POCS)、基于概率的最大后验方法(MAP)、最大似然方法(ML)、混合 MAP/POCS 等。

1. 迭代反投影法

迭代反投影法(Iterative Back Projection, IBP)的思想是：如果复原的超分辨率图像接近于原始的高分辨率图像，那么对复原的超分辨率图像进行降质(退化)得到的低分辨率图像将与输入的低分辨率图像一致，将两者之间的误差投影到高分辨率图像上，随着误差收敛，最终得到相应的超分辨率图像。

设低分辨率图像为 $\boldsymbol{y}_i$，$i=1, 2\cdots, r$，其中 r 为低分辨率图像的数量。设第 n 次迭代得到的超分辨率图像为 $\boldsymbol{x}_n$，将 $\boldsymbol{x}_n$ 按降晰过程退化到低分辨率图像空间，得到 $\boldsymbol{y}_i^n=\boldsymbol{H}_i\boldsymbol{x}_n$ 其中，$\boldsymbol{H}_i$ 表示降质矩阵。然后计算低分辨率的图像 $\boldsymbol{y}_i$ 与 $\boldsymbol{y}_i^n$ 之差，并将差值按照一定的投影算子映射到高分辨率图像空间中，作为对 $\boldsymbol{x}_n$ 的修正值，即反向投影。重复进行上述过程，直至对 $\boldsymbol{x}$ 的估计 $\boldsymbol{x}_n$ 满足一定要求，整个 IBP 过程可表示为

$$\boldsymbol{x}_{n+1} = \boldsymbol{x}_n + \sum_{i=1}^{r} \boldsymbol{H}_i^{BP}(\boldsymbol{y}_i - \boldsymbol{H}_i\boldsymbol{x}_n) \tag{4-10}$$

其中，$\boldsymbol{H}_i^{BP}$ 为反向投影操作数，不同的背投影算子对算法收敛性以及收敛速度存在影响，同时背投影算子还需要满足一定的约束条件。可以通过对 $\boldsymbol{H}_i^{BP}$ 引入附加的先验知识限制，对解的收敛性质进行约束。

迭代反投影法比较直观，容易理解，但是这种方法需要通过观测方程使超分辨率重构与观测数据匹配，且由于超分辨率逆问题的病态性质，重构结果不唯一，而且选择 $\boldsymbol{B}_i^{BP}$ 及引入先验约束也不是容易的事情。另外，IBP 法对于问题的病态性没有进行相应的规准化处理，迭代过程不一定收敛。

2. 凸集投影法

凸集投影法(Projection Onto Convex Set, POCS)是基于集合理论解决超分辨率图像复原问题的算法。超分辨率图像解空间与一组凸约束集相交叉，而这组凸约束集代表预期的超分辨率图像的一些特性，如正定、能量有界、数据可靠、光滑等，通过这些约束集就可以得到简化的解空间。

POCS 是一种依次将解的先验并入复原过程的迭代算法。根据 POCS，将先验知识与解相结合意味着将解限制到一组满足解的某种特性(如正定、能量有界、数据可靠、平滑等)的凸的闭集 C_j 上。如果高分辨率图像解空间与一组凸的约束集合有非空的交集 $C_s=\bigcap_{j=1}^{m}C_j$，通过这些约束集合就可以得到简化的解空间。POCS 是一个循环过程，在给定高分辨率图像空间中任意一个点的前提下，可以定位一个能满足所有凸约束集合条件的收敛解：

$$\boldsymbol{x}_{l+1} = \boldsymbol{P}_m\boldsymbol{P}_{m-1}\cdots\boldsymbol{P}_2\boldsymbol{P}_1\boldsymbol{x}_n \tag{4-11}$$

式中，$\boldsymbol{P}_j$，$j=1, 2, \cdots, m$ 是投影算子，将解投影到一系列的凸集 $C_j(j=1, 2, \cdots, m)$ 上。

POCS 的优点是简单，可以方便地加入先验信息，能够很好地保持高分辨率图像上的边缘和细节；缺点是解不唯一，且依赖于初始估计，收敛慢、运算量大等。为了提高凸集投影算法的收敛稳定性，可以采用松弛投影算子，但松弛投影算子不利于保持图像的边缘和细节。

3. 基于概率的方法

统计信号处理在图像的超分辨率技术中占有重要地位，该方法不仅能够利用图像的先验知识(如图像的马尔可夫随机场特性、高斯模型或者 Huber-MRF 模型等)，而且也是对病态问题进行规整化的一种有效方法。基于概率的方法主要包括最大后验概率方法(Maximum a Posterior，MAP)和最大似然方法(Maximum Likelihood，ML)。

最大后验概率方法和最大似然方法分别求取满足最大后验概率和最大似然函数的高分辨率图像。由于基于学习的超分辨率中会涉及到最大后验概率方法，因此在此不作更多详细的介绍。

基于概率方法的优点是在解中可以直接加入先验约束，能确保解的存在和唯一，降噪能力强和收敛稳定性高等。假设噪声是高斯白噪声，具有凸的先验能量函数的 MAP 算法能确保得到唯一解。统计估计方法为同时估计运动信息和高分辨率图像提供了一种可能。

4. 混合 MAP/POCS 方法

混合 MAP/POCS 方法的主要思想是:在最大后验概率方法的迭代优化过程中用凸集投影的方式对解加入一些先验约束。

这种方法的特点是综合利用了凸集投影和概率方法复原这两类算法的优点，与单独使用 MAP 方法相比，进一步提高了对解空间进行约束的能力，能够保证有一个最优解，且将数学的严格性、解的唯一性与先验约束描述的方便性有机地结合在了一起。其不足之处是：必须采用梯度下降最优化方法才能保证收敛到全局最优解，收敛慢且运算量大，故该算法不适合图像放大倍数较高的情况。

4.5 基于学习的超分辨率

由于基于重建的超分辨率方法主要的可用信息基本上都从输入图像中得到，先验知识较少，整个解决过程相当于一个信息提取和信息融合的过程，其算法的主要缺点是没有充分利用图像的先验信息，随着分辨率放大系数的增加，需要提供的输入图像样本数量急剧增加，直到达到放大系数的上限后，无论增加多少输入图像样本，都无法再改善重建效果。另外，这种方法还存在不同图像帧之间的配准问题，而对于存在局部区域运动的图像间的配准仍然是一项艰巨的工作。针对基于重建算法的局限性，基于学习的超分辨率技术作为一个前沿的研究领域应运而生。

基于学习的超分辨率算法充分利用了图像本身的先验知识，在不增加输入图像样本数量的情况下(可只输入单幅图像)，仍能产生新的高频细节，获得比基于重建的算法更好的复原结果。在基于学习的超分辨率中，一个重要的特点就是特定的图像训练库。如果没有图像训练库，想要生成正确的高分辨率图像是不可能的。图像训练库中包括多个高低分辨率图像对。基于学习的超分辨率方法的示意图如 4 - 6 所示。基于学习的超分辨率方法最具潜力的优势就是适用于具有相对固定特征的图像，比如人脸图像和字符图像。例如，由于不同的人脸具有基本相同的全局特征，只是细节上存在个体差异，因此较适合建立学习模型。

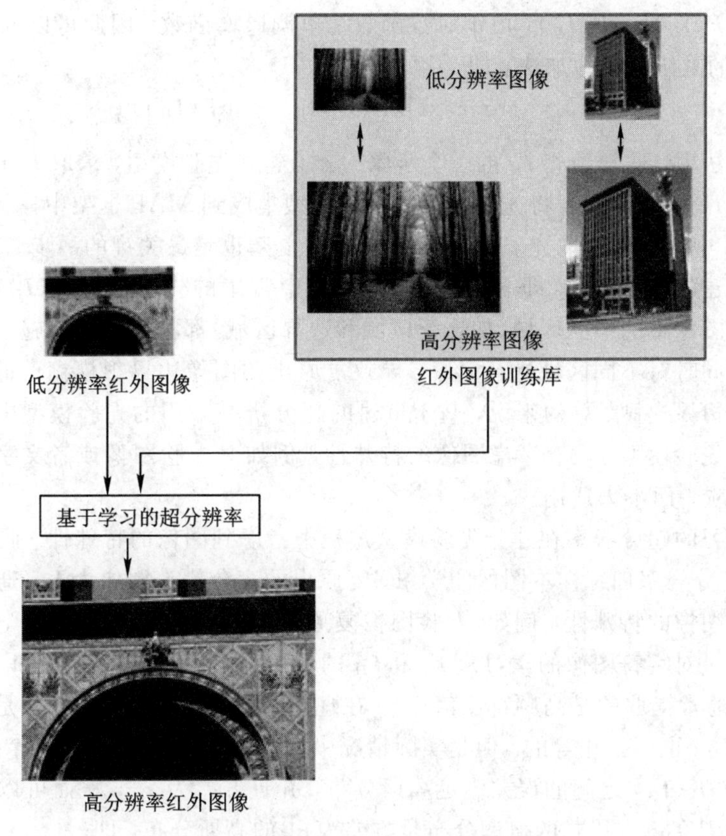

图 4-6　基于学习的超分辨率示意图

4.5.1　最大后验概率(MAP)框架下的基于学习的超分辨率理论

设低分辨率图像为 $\boldsymbol{I}_L$，需要估计其对应的高分辨率图像为 $\boldsymbol{I}_H$。超分辨率复原需要解决的问题是在已知 $\boldsymbol{I}_L$ 的条件下，求出最优的 $\boldsymbol{I}_H$。虽然许多研究者提出各自不同的基于学习的超分辨率算法，但这些算法(包括部分基于重建的超分辨率算法)都基本可以融入到 MAP 框架内。MAP 是求取使得概率 $P(\boldsymbol{I}_H/\boldsymbol{I}_L)$ 最大的 $\boldsymbol{I}_H$。根据贝叶斯估计理论，即后验概率由下式生成：

$$\begin{aligned}\boldsymbol{I}_H &= \arg\max_{I_H} P(\boldsymbol{I}_H/\boldsymbol{I}_L) = \arg\max_{I_H} \frac{P(\boldsymbol{I}_L/\boldsymbol{I}_H)P(\boldsymbol{I}_H)}{P(\boldsymbol{I}_L)} \\ &= \arg\max_{I_H} \frac{P(\boldsymbol{I}_L,\boldsymbol{I}_H)}{P(\boldsymbol{I}_L)}\end{aligned} \tag{4-12}$$

其中，$P(\boldsymbol{I}_H)$ 和 $P(\boldsymbol{I}_L)$ 分别为高分辨率图像 $\boldsymbol{I}_H$ 和低分辨率图像 $\boldsymbol{I}_L$ 的先验概率；$P(\boldsymbol{I}_L/\boldsymbol{I}_H)$ 为当实际场景的高分辨率图像为 $\boldsymbol{I}_H$ 时，观测到的低分辨率图像为 $\boldsymbol{I}_L$ 的条件概率；$P(\boldsymbol{I}_L,\boldsymbol{I}_H)$ 为 $\boldsymbol{I}_L$ 和 $\boldsymbol{I}_H$ 的联合概率。由于 $\boldsymbol{I}_L$ 是已知的，可以认为 $P(\boldsymbol{I}_L)$ 是常数，与求解最优的 $\boldsymbol{I}_H$ 无关。因此式(4-12)可改写为

$$\boldsymbol{I}_H = \arg\max_{I_H} P(\boldsymbol{I}_L/\boldsymbol{I}_H)P(\boldsymbol{I}_H) = \arg\max_{I_H} P(\boldsymbol{I}_L,\boldsymbol{I}_H) \tag{4-13}$$

目前对式(4-13)的求解方法主要有两类：

(1) 求取联合概率 $P(\boldsymbol{I}_L,\boldsymbol{I}_H)$。这类算法的代表是使用马尔可夫随机场方法。

(2) 求取 $P(\boldsymbol{I}_L/\boldsymbol{I}_H)P(\boldsymbol{I}_H)$。由于对数函数是单调递增函数，因此可以利用对数运算将式(4－13) 中的乘法转换为加法，即

$$\boldsymbol{I}_H = \arg\max_{I_H}(\ln P(\boldsymbol{I}_L/\boldsymbol{I}_H) + \ln P(\boldsymbol{I}_H)) \tag{4-14}$$

在这种方法中，通常预测 $\boldsymbol{I}_H$ 的三个步骤为：①建立先验模型，求取 $P(\boldsymbol{I}_H)$；②建立观测模型，求取 $P(\boldsymbol{I}_L/\boldsymbol{I}_H)$；③将先验模型和观测模型集成到 MAP 框架中，求得最优的高分辨图像 $\boldsymbol{I}_H$ 。其中第①步求取先验模型 $P(\boldsymbol{I}_H)$ 是最复杂也是最关键的一步。

在基于重建的超分辨率(即多帧复原的方法)中常用的先验模型 $P(\boldsymbol{I}_H)$ 中，Gaussian(高斯)模型对图像中的不同区域(如连续区域和边界区域)都不加区别地施以平方惩罚，因而不能很好地同时对不同区域进行复原，导致复原出的图像边界很模糊；而 Gibbs 模型也会产生类似的边界模糊。总的来说，基于重建的超分辨率采用的先验模型中，只是对图像的一般性建立先验模型，没有考虑图像的特殊性。例如对人脸图像或者文字图像来说，这种描述过于粗糙，而不太适用。

而基于学习的超分辨率在建立先验模型过程中考虑到图像的特殊性。假设低分辨率图像 $\boldsymbol{I}_L$ 通过对高分辨率训练样本图像的学习，复原出的高分辨率图像为 $\hat{\boldsymbol{I}}_H$(通过训练样本学习就是考虑到图像的特殊性，例如，人脸图像复原最好通过人脸图像库的学习，而字符图像复原最好通过对字符图像的学习)。$\hat{\boldsymbol{I}}_H$ 和 $\boldsymbol{I}_H$ 的特征分别表示为 $K(\hat{\boldsymbol{I}}_H)$ 和 $K(\boldsymbol{I}_H)$(K 为特征提取算子，通常提取的是高频特征信息)。在理想情况下，$\hat{\boldsymbol{I}}_H$ 和 $\boldsymbol{I}_H$ 应该是相等的，这样 $K(\hat{\boldsymbol{I}}_H)$ 和 $K(\boldsymbol{I}_H)$ 也应该相等的。但是实际情况中，$K(\hat{\boldsymbol{I}}_H)$ 和 $K(\boldsymbol{I}_H)$ 之间存在一定的误差。假设 $K(\hat{\boldsymbol{I}}_H)$ 和 $K(\boldsymbol{I}_H)$ 之间的误差满足高斯分布，并且方差为 σ_p ，从而可以建立如下公式求取先验模型 $P(\boldsymbol{I}_H)$ ，该式的概率分布是方差为 σ_p 的高斯分布，即

$$P(\boldsymbol{I}_H) = P(\boldsymbol{\eta}_p)\big|_{\eta_p = K(\hat{I}_H) - K(I_H)} = \exp\left(-\frac{\boldsymbol{\eta}_p^{\,2}}{2\sigma_p^2}\right) \tag{4-15}$$

对先验模型 $P(\boldsymbol{I}_H)$ 的求取，$\hat{\boldsymbol{I}}_H$ 起着关键性的作用。从这点意义上来说，基于学习的超分辨率中先验模型 $P(\boldsymbol{I}_H)$ 充分考虑了图像的特殊性。

观测模型就是求取条件概率 $P(\boldsymbol{I}_L/\boldsymbol{I}_H)$ 的值，与先验模型相比，求取观测模型相对来说较为简单。假设待求高分辨率图像 $\boldsymbol{I}_H$ 所对应的低分辨率图像 $D(\boldsymbol{I}_H)$ 可以用平滑和下采样过程得到(D 表示降采样算子)，输入的低分辨率图像 $\boldsymbol{I}_L$ 应该与 $D(\boldsymbol{I}_H)$ 是相同的。但是通常来说，$\boldsymbol{I}_L$ 和 $D(\boldsymbol{I}_H)$ 之间存在一定的误差，假设 $\boldsymbol{I}_L$ 和 $D(\boldsymbol{I}_H)$ 之间的误差满足高斯分布，并且方差为 σ_m 。可以建立如下公式，该式的概率分布为方差为 σ_m 的高斯分布。

$$P(\boldsymbol{I}_L/\boldsymbol{I}_H) = P(\boldsymbol{\eta}_m)\big|_{\eta_m = D(I_H) - I_L} = \exp\left(-\frac{\boldsymbol{\eta}_m^{\,2}}{2\sigma_m^2}\right) \tag{4-16}$$

这样把观测模型 $P(\boldsymbol{I}_L/\boldsymbol{I}_H)$ 转化为高斯分布函数。将式(4－15)、(4－16)代入式(4－14)，并且进行简化得到

$$\boldsymbol{I}_H = \arg\min_{I_H}(\|D(\boldsymbol{I}_H) - \boldsymbol{I}_L\|^2 + \lambda\|K(\boldsymbol{I}_H) - K(\hat{\boldsymbol{I}}_H)\|^2) \tag{4-17}$$

在式(4－17)中，$\|D(\boldsymbol{I}_H) - \boldsymbol{I}_L\|$ 主要是保证复原的高分辨率图像降质后与低分辨率图像相似，同样，$\|K(\boldsymbol{I}_H) - K(\hat{\boldsymbol{I}}_H)\|$ 主要是保证 $\boldsymbol{I}_H$ 的高频信息尽可能地与 $\hat{\boldsymbol{I}}_H$ 的高频信息相似。也就是 $\boldsymbol{I}_H$ 应尽可能地与 $\hat{\boldsymbol{I}}_H$ 相似，同时要使得 $\boldsymbol{I}_H$ 的降质图像应与 $\boldsymbol{I}_L$ 相似。先验(信息)知识的获取，全体现在 $\hat{\boldsymbol{I}}_H$ 中。$\hat{\boldsymbol{I}}_H$ 的预测对求解 $\boldsymbol{I}_H$ 是关键因素，复原图像质量的高低，对 $\hat{\boldsymbol{I}}_H$ 的依赖程度很高，如何准确地预测 $\hat{\boldsymbol{I}}_H$ 是基于学习的超分辨率研究的难点和重点。λ 是系

数，用于调节式(4-17)第一项和第二项权重的参数。如果 $\lambda \Rightarrow 0$，式(4-17)退化为

$$\boldsymbol{I}_H = \arg\min_{I_H}(\| D(\boldsymbol{I}_H) - \boldsymbol{I}_L \|^2) \tag{4-18}$$

式(4-18)是基于重建的超分辨率算法中的最大似然(ML)算法，它是一个病态问题，求解它需要加入正则化条件。它完全没有考虑 $\hat{\boldsymbol{I}}_H$，也就是忽略了图像库中的先验知识，退化为基于重建的超分辨率算法。

如果 $\lambda \Rightarrow \infty$，式(4-17)退化为

$$\boldsymbol{I}_H = \arg\min_{I_H}(\| K(\boldsymbol{I}_H) - K(\hat{\boldsymbol{I}}_H) \|^2) \tag{4-19}$$

这样求解式(4-19)，得到 $\boldsymbol{I}_H = \hat{\boldsymbol{I}}_H$。也就是说在 $\lambda \Rightarrow \infty$ 时，通过训练样本学习复原出的高分辨率图像 $\hat{\boldsymbol{I}}_H$ 就是最终的复原图像 $\boldsymbol{I}_H$。在许多基于学习的超分辨率著作中，作者都默认 $\lambda \Rightarrow \infty$，认为通过训练样本学习复原出的高分辨率图像 $\hat{\boldsymbol{I}}_H$ 就是最终的复原图像 $\boldsymbol{I}_H$。如果不做特殊说明，通常基于学习的超分辨率算法都默认为 $\lambda \Rightarrow \infty$。

当 $\lambda \neq 0$ 以及 $\lambda \neq \infty$ 时对式(4-17)的求解，通常采用最速下降法。由于误差函数是一个二次型，因此算法能够收敛于一个全局最小值，最后求解得到 $\boldsymbol{I}_H$。

4.5.2 基于学习的超分辨率算法的类别

基于学习的超分辨率算法主要包括如下步骤(如图 4-7 所示)：

(1) 提取训练库中的高分辨率图像和低分辨率图像的特征；

(2) 提取待复原的低分辨率图像的特征；

(3) 使用前两步提取的特征建立学习模型；

(4) 使用学习模型获得高分辨率图像。

其中特征提取和学习模型的建立是基于学习的超分辨率的两个关键技术。国内外研究者提出各种各样的特征提取和建立学习模型的方法。

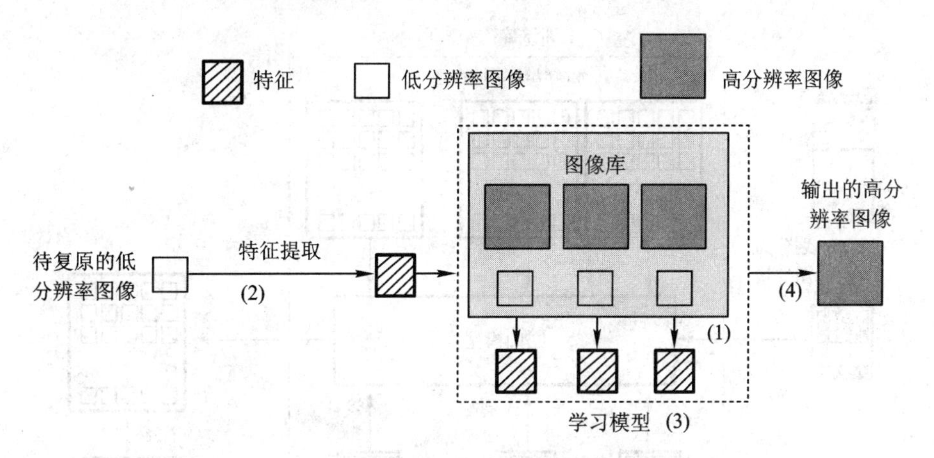

图 4-7 基于学习的超分辨率算法的流程图

按照学习模型分类，可将基于学习的超分辨率算法分为三大类：基于分类的方法、基于重构的方法和基于回归的方法。图 4-8、图 4-9 和图 4-10 所示分别为这三类方法的示意图。为了方便处理，图像通常划分为图像块。在极端的情况下图像块可能是像素(当图像块为(1×1)像素时)，也可能是整幅图像(当图像块为 $M \times N$ 时，其中 M 和 N 分别是图像

的宽和高)。

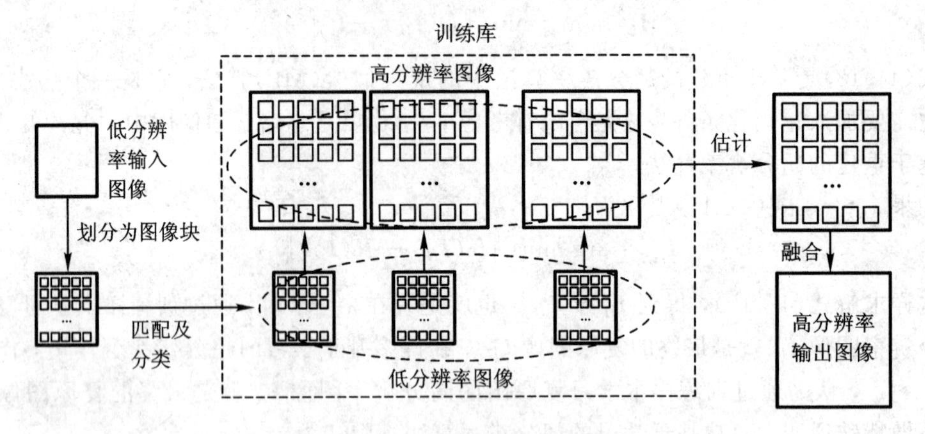

图 4-8　分类方法的超分辨率示意图

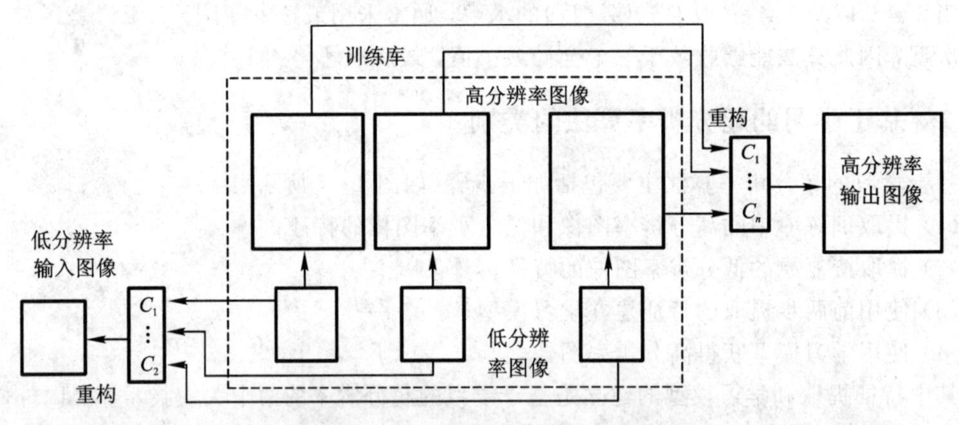

图 4-9　重构方法的超分辨率示意图

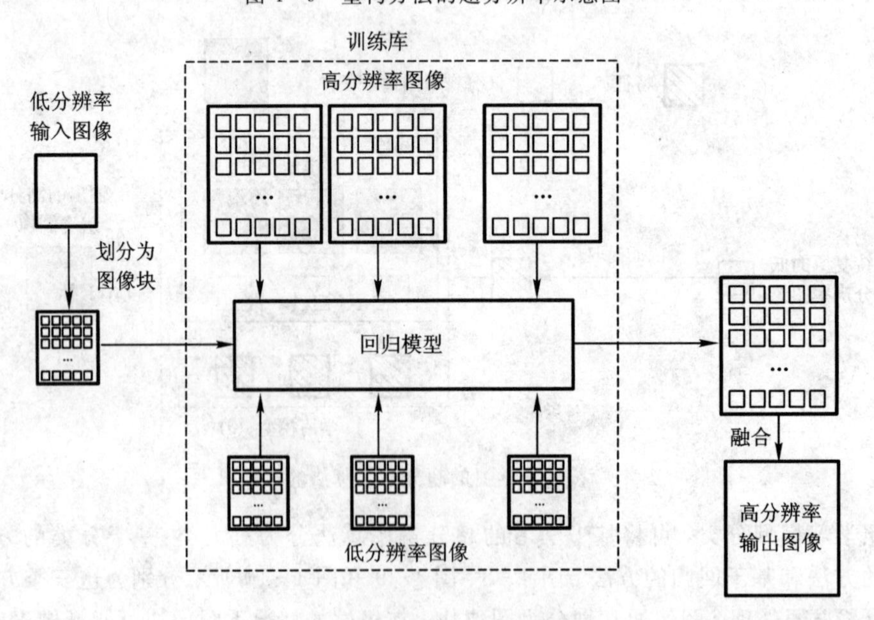

图 4-10　回归方法的超分辨率示意图

基于分类的方法是通过一个分类过程，在图像训练库中寻找与输入的图像块相似的块(见图 4－8)。超分辨率图像块通过使用分类算法(最近邻算法)估计出来，然后将这些预测得到的超分辨率图像块整合为一个完整的超分辨率图像。该类方法的缺点是需要一个分类算法从训练库中寻找与待复原图像最相似的块，这不可避免地造成“量化误差”。为了解决这个问题，该类方法往往依赖于复杂的统计模型，而统计模型通常需要明确的降质函数，但是该函数在实际应用中通常很难获取。

一般来说，基于分类的方法需要对低分辨率的待复原图像和训练库中的图像分别提取特征(例如，建立图像金字塔模型或者类图像金字塔模型提取特征)，然后通过模式识别的方法在训练库中识别出与其最相近的特征，再将该特征对应的训练库中的高分辨率图像的高频部分拷贝到待复原图像中，并最终融合获得 $\hat{I}_H$ 。基于分类的方法的典型算法包括 Baker 等人提出的基于拉普拉斯金字塔的超分辨率复原算法，Jiji 等人提出的基于小波变换以及基于 Contourlet 变换的超分辨率复原算法等。

基于重构的方法采用主分量分析(Principal Component Analysis，PCA)或者类似的方法对训练库进行处理，然后使用从训练库中获取的主分量对待复原的低分辨率图像进行重建，获得表示系数，最后保持系数不变，使用从训练库中的高分辨率图像获得的主分量代替低分辨率图像的主分量，最终重建以获得超分辨率图像。基于重构的方法的示意图如图 4－9 所示。在重构方法中典型的算法有 Wang 等人以及 Ayan Chakrabarti 等人提出的基于特征脸的人脸超分辨率复原算法，Chang 等人提出的采用局部线性嵌入(LLE)的基于学习的超分辨率算法，Yan 等人提出的基于 ICA 的人脸图像超分辨率算法。

与前述两种方法不同，基于回归的方法的示意图如图 4－10 所示。设低分辨率图像对应的特征为 y_i ，高分辨率图像块对应的(高频信息)特征为 x_i ，高、低分辨率图像之间的关系可以表示成 $(y_1;x_1)$，$(y_2;x_2)$，…，$(y_n;x_n)$ 。首先，回归方法依据高、低分辨率图像块的关系建立回归模型；其次，输入待复原的低分辨率对应的特征，利用已经建立的模型进行回归，获得待复原图像需要的高频信息；最后，将图像块融合为完整的高分辨率图像。在回归方法中典型的算法是 Ni. K. S. 等人提出的基于支撑向量回归(SVR)的超分辨率复原算法。

除了以上几种典型的学习方法外，还存在一些混合方法。例如 Liu 等人提出的结合 PCA 重构和马尔可夫随机场的超分辨率学习算法，Zhuang 等人提出的基于 RBF 回归和局部线性嵌入(LLE)的超分辨率算法等。

4.6　本章小结

本章首先介绍了图像获取过程中的成像模型，为了便于对超分辨率问题的分析，引入成像的矩阵-向量模型；接着对基于重建的超分辨率算法进行了简单介绍；最后对基于学习的超分辨率进行了详细的分析和讨论，将目前的基于学习的超分辨率技术分为三类：基于分类的方法、基于重构的方法和基于回归的方法。

本书主要是对基于学习的图像增强技术进行研究，为了表述方便，除非特别说明，从下一章开始超分辨率均指的是基于学习的超分辨率。

参考文献

[1] J D van Ouwerkerk. Image super-resolution survey[J]. Image and Vision Computing. 2006, 24(10): 1039-1052.

[2] Sung Cheol Park, Min Kyn Park, Moon Gi Kang. Super-Resolution Image Reconstruction: A technical Overview[J]. IEEE Signal Processing Magazine, 2003, 20(3): 21-36.

[3] 袁小华，欧阳晓丽，夏德深. 超分辨率图像恢复研究综述[J]. 地理与地理信息科学，2006，22(3): 43-47.

[4] 王勇，郑辉，胡德文. 视频的超分辨率增强技术综述[J]. 计算机应用研究，2005(1): 4-7.

[5] 郑丽贤，何小海，吴炜，等. 基于学习的超分辨率技术[J]. 计算机工程，2008，34(5): 193-195.

[6] 王素玉，沈兰荪. 智能视觉监控技术研究进展[J]. 中国图像图形学报，2007，112(9): 1505-1514.

[7] Tsai R Y, Huang A K. Multiframe image restoration and registration [J]. In Advanced in Computer Vision and Image Processing, 1984 (1): 317-339.

[8] Irani M, Peleg S. Improving Resolution by Image Registration[J]. Journal of Computer Vision, Graphics, and Image Processing, 1991, 53(3): 231-239.

[9] Irani M, Peleg S. Motion Analysis for Image Enhancement: Resolution, Occlusion, and Transparency[J]. Journal of Visual Communication and Image Representation, 1993, 4(4): 324-335.

[10] 韩华，文伟，彭思龙. 多核重复背投影图像超分辨率方法[J]. 计算机辅助设计与图形学学报: 2005, 17(7): 1510-1516.

[11] Stern A Kemper E, Shukrun A, et al. Restoration and resolution enhancement of a single image from a vibration-distorted image sequence[J]. Optical Engineering, 2000, 39(9): 2451-2456.

[12] 邵文泽，韦志辉. 基于广义 Huber-MRF 图像建模的超分辨率复原算法[J]. 软件学报，2007，18(10): 2434-2444.

[13] 韩玉兵，陈小蕾，吴乐南. 一种视频序列的超分辨率重建算法[J]. 电子学报，2005，33(1): 126-130.

[14] Elad M, FeuerA. Restoration of a Single Super-Resolution Image from Several Blurred, Noisyand Undersampled Measured Images [J]. IEEE Transactionson Image Processing, 1997, 6 (12): 1646-1658.

[15] Baker S, Kanade T. Limits on super-resolution and how to break them[J]. IEEE Conf Computer Vision and Pattern Recognition, 2000, 9(2): 372-379.

[16] Jiji C V, Chaudhuri S. Single Frame Super-resolution using learned wavelet coefficients[J]. International Journal of Imageing Systems and Technology, 2004, 14(3):105-112.

[17] Jiji C V, Chaudhuri S. Single-Frame Images Super-resolution through Contourlet Learning[J]. EURASIP Journal on Applied Signal Processing, 2006, 2006: 1-11.

[18] 黄丽，庄越挺，苏从勇，等. 基于多尺度和多方向特征的人脸超分辨率算法[J]. 计算机辅助设计与图形学学报，2004，16(7):953-960.

[19] Freeman W T, Pasztor E C, Carmichael O T. Learning Low-Level Vision[J]. Int'l J Computer Vision, 2000, 40(10): 25-47.

[20] Chang H, Yeung D Y, Xiong Y. Super-resolution through neighbor embedding[C]. Frances Titsworth. Proc. IEEE Computer Society Conference on Computer Vision and Pattern Recognition (CVPR). Los Alamitos, USA: IEEE Computer Society, 2004(1): 275-282.

[21] Wang X, Tang X. Hallucinating face by eigentransformation[J]. IEEE Transactions on Systems, Man and Cybernetics, Part C. 2005, 35(3): 425-434.

[22] Ayan Chakrabarti, A N Rajagopalan. Super-Resolution of Face Images Using Kernel PCA-based Prior[J]. IEEE Transactions on Multimedia. 2007, 9(4): 888-892.

[23] Hua Yan, Ju Liu, Jiande Sun, et at. ICA Based Super-Resolution Face Hallucination and Recognition[J]. Lecture Notes in Computer Science, NUMB 4492. 2007: 1065-1071.

[24] Ni K S Ni, Truong Q Nguyen. Image Superresolution Using Support Vector Regression[J]. IEEE Transactions on Image processing, 2007, 16(6): 1596-1610.

[25] C Liu, Heung-Yeung Shum, William T Freeman. Face Hallucination: Theory and Practice[J]. International Journal of Computer Vision, 2007, 75(10): 115-134.

[26] Yueting Zhuang, Jian Zhang, Fei Wu. Hallucinating faces: LPH super-resolution and neighbor reconstruction for residue compensation[J]. Pattern Recognition, 2007, 40(11): 3178-3194.

[27] Wei-Long Chen, Xiaohai He, Hai-Ying Song, et at. An Improved Sequence-to-sequence Alignment Method Combined with Feature-based Image Registration Algorithm[J]. Journal of Information Science and Engineering, 2012, 28(3): 617-630.

第五章　基于多分辨率塔式结构的人脸图像超分辨率技术

人脸一直是模式识别、计算机视觉和计算机图形学中的一个重要研究对象。在视频监控、影视片段或证件照上提供的人脸图像通常分辨率较低，这给后续的人脸检测、人脸跟踪、人脸识别以及人脸表情分析等工作带来了很大的阻碍。因此，如何提高人脸图像分辨率也就成为计算机人脸研究中一个亟待解决的关键问题。

基于学习的超分辨率技术特别适用于具有固定特征的模型。由于不同的人脸具有基本相同的全局特征，只是细节上存在个体差异，因此对其较适合于建立学习模型。将基于学习的超分辨率技术应用到人脸图像的超分辨率复原中，就是通常所说的幻觉脸(Face Hallucination)技术。

本章将介绍一种基于多分辨率塔式结构的人脸图像超分辨率算法。针对 Baker 方法建立的图像金字塔提取高频细节不够丰富的缺点，将多分辨率塔式结构算法应用于拉普拉斯金字塔的建立中，得到的学习模型能在多尺度、多分辨率上训练出更丰富有效的先验知识。另外在匹配复原过程中引入新思路，先搜索出拉普拉斯金字塔中最匹配的四个高频细节，再将这四个高频细节进行加权平均后的结果作为估计的人脸图像高频细节。与单独使用一个最匹配的高分辨率块进行复原的方法相比较，这种方法能够获得更完备的高频信息。实验结果表明，本章介绍的算法复原出的超分辨率人脸图像更加平滑，减小了一定的噪声干扰，具有更好的视觉效果。

5.1　基于学习的人脸超分辨率系统

基于学习的人脸超分辨率系统的基本框图如图 5－1 所示。系统由如下五大模块组成：

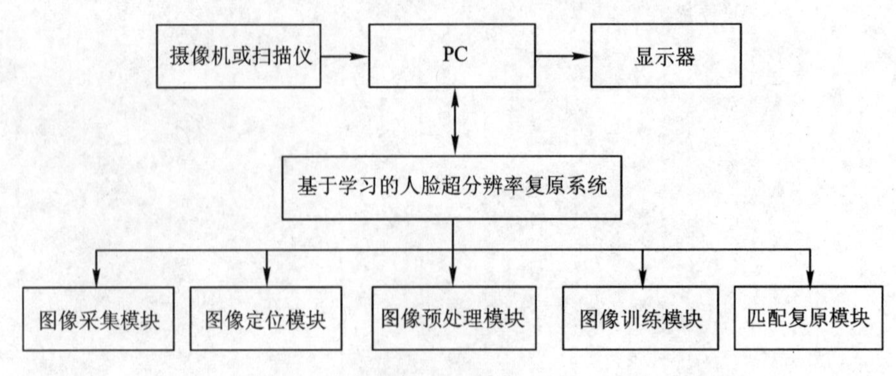

图 5－1　基于学习的人脸超分辨率系统的基本框图

(1) 图像采集模块：通过摄像机或扫描仪等设备采集大量不同光照条件、不同相机特性、不同姿态和面部表情等情况下的人脸图像，然后以这些图像信息作为训练样本。这是建立训练库的前提条件。

(2) 图像定位模块:处理分析输入的图像，判断输入图像中是否包含人脸，如果包含人脸则确定完整人脸的位置及大小，并将人脸从背景中分割出来。输入的图像可能是彩色的也可能是灰度的，可能是静态的也可能是动态的，可能有一个也可能有多个人脸，背景可能简单也可能复杂，所以要根据不同情况和需要进行相应处理完成人脸定位。

(3) 图像预处理模块:训练之前要对人脸图像进行预处理，比如消除噪声、灰度归一化和几何归一化等处理，使不同的人脸图像亮度、大小和五官位置统一，以便在同一条件下完成训练。灰度归一化是指对图像进行光照补偿等。几何归一化是指根据人脸定位结果将图像中人脸变换到同一位置和同样大小，也叫人脸对齐。

(4) 图像训练模块:采用一定的学习模型对预处理后的人脸图像样本进行训练，建立一个标准人脸图像训练库，以提供先验知识作为超分辨率复原的依据。

(5) 匹配复原模块:以输入的待复原低分辨率人脸图像为依据，通过最优匹配在建立好的人脸训练库中搜索出(估计出)人脸图像细节，对输入图像的信息进行补充，最终得到人脸超分辨率图像。

其中,图像训练模块和匹配复原模块是基于学习的人脸超分辨率技术的核心问题。

5.2　幻觉脸技术的复原框架

幻觉脸(基于学习的人脸超分辨率)算法的基本思想是:利用一个标准人脸图像训练集来产生一个学习模型，再运用这个模型结合待复原低分辨率人脸图像的信息来预测出丢失的高频细节，从而复原出超分辨率人脸图像。幻觉脸技术的复原框架如图 5-2 所示。

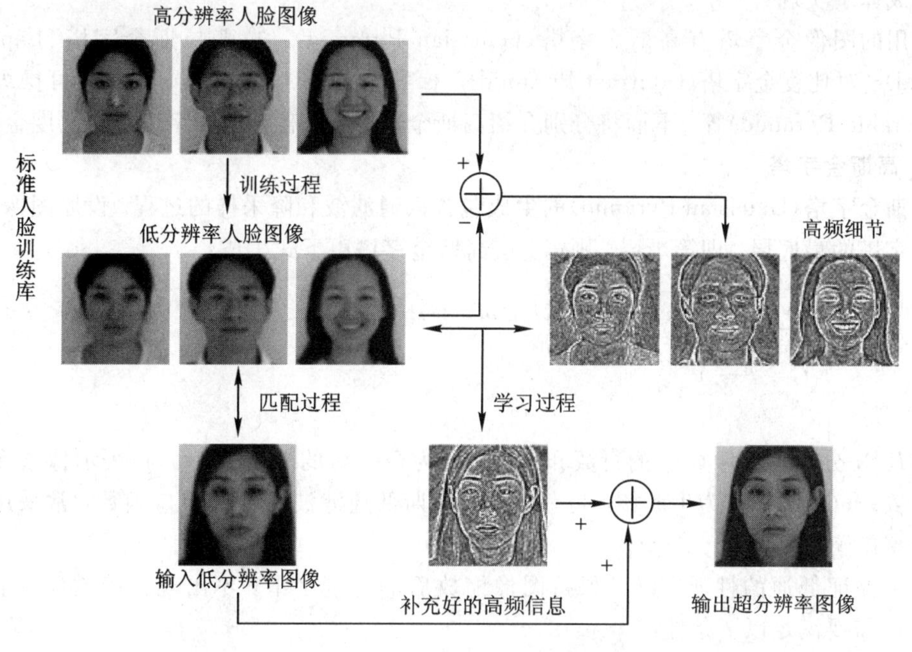

图 5-2　幻觉脸技术的复原框架

其具体步骤如下：

(1) 将作为训练样本的高分辨率图像按照退化模型进行退化，根据高低分辨率块的对应关系，通过一定算法进行训练学习，建立一个标准人脸图像训练库作为学习模型。

(2) 输入一幅待复原低分辨率人脸图像，分别提取它的低频信息和高频信息，以这些信息为依据到标准人脸图像训练库中进行最优匹配。

(3) 搜索出最匹配的高分辨率块，利用学习过程中获得的先验知识对输入图像中的信息进行补充，估计出丢失的人脸图像的高频细节，最终复原出最优的人脸超分辨率图像。

5.3 图像金字塔模型

人脸图像特征的提取有多种方法，本章选择人脸图像的高斯金字塔(Gaussian Pyramid)、改进的拉普拉斯金字塔(Laplacian Pyramid)和特征金字塔(Feature Pyramid)，作为人脸图像的特征空间，从而构成一个较为完整的学习特征，作为超分辨率复原的依据。另外，本章对 Baker 方法建立的图像金字塔模型进行了一定的改进，将多分辨率塔式结构算法应用于建立拉普拉斯金字塔的过程中，能在多尺度、多分辨率上进行特征分解，设计出的学习模型能够训练出更有效的先验知识，克服了 Baker 方法提取高频细节不够丰富的缺点。下面将介绍图像金字塔算法。

图像金字塔算法来源于计算机视觉中对人眼感知过程的模拟。Eichmann 和 Goutsias 给出了金字塔的一般定义：

(1) 金字塔由一系列有限或无限级组成，越高级信息量越少；

(2) 每一步向更高级变换用信息缩减的分析算子实现，而每一步向低级变换用保留信息的合成算子实现。

常用的图像金字塔有高斯金字塔(Gaussian Pyramid)、拉普拉斯金字塔(Laplacian Pyramid)、对比度金字塔(Contrast Pyramid)、梯度金字塔(Grads Pyramid)和可操纵金字塔(Steerable Pyramid)等。下面将分别介绍高斯金字塔、拉普拉斯金字塔和对比度金字塔。

1. 高斯金字塔

高斯金字塔(Gaussian Pyramid)的生成包含低通滤波和降采样的过程。设原图像 G_1 为高斯金字塔的最底层，即第 1 层，则第 l 层高斯金字塔由下式生成：

$$G_l(i,\ j) = \begin{cases} \sum_{m=-2}^{2}\sum_{n=-2}^{2} w(m,\ n)G_{l-1}(2i+m,\ 2j+n), & i \leqslant \frac{M}{2},\ j \leqslant \frac{N}{2}, \quad 1 < l \leqslant K \\ G_1,\ l = 1 \end{cases} \tag{5-1}$$

其中，M、N 分别为图像 G_{l-1} 的行数和列数；K 为金字塔的总层数；(i,j)表示像素在图像中的位置；$w(m,\ n)$ 称为生成核，是一个具有高斯低通滤波特性的窗口函数，常采用的是 5×5的窗口函数。

为了保证低通的性质，以及保持图像缩放后的亮度平滑，不出现接缝效应，生成核 $w(m,\ n)$ 需要满足以下条件：

(1) 可分离性：$w(m,\ n)=w'(m)w'(n)$；

(2) 对称性：$w'(m) = w'(-m)$；

(3) 归一化：$\sum w'(m) = \sum w'(n) = 1$；

(4) 奇数项和偶数项等贡献：$w'(-2)+w'(2)+w'(0) = w'(-1)+w'(1)$。

满足上述约束的一个典型的 5×5 子窗口为

$$w(m, n) = \frac{1}{256}\begin{bmatrix} 1 & 4 & 6 & 4 & 1 \\ 4 & 16 & 24 & 16 & 4 \\ 6 & 24 & 36 & 24 & 6 \\ 1 & 4 & 6 & 4 & 1 \end{bmatrix} \tag{5-2}$$

这与归一化高斯分布近似，所以生成核近似为高斯低通滤波器。可见一幅图像的高斯金字塔是对下一层进行低通滤波，然后作隔行和隔列的降采样而生成的。这一系列上一级比下一级缩小两倍的图像从低到高排列就形成了图像的高斯金字塔。图像金字塔由原始图像数据开始，建立一系列图像，各幅图像反映不同的详尽程度，不同层具有不同分辨率的特点。以一幅高分辨率人脸图像为例，建立 5 层高斯金字塔，如图 5-3 所示。

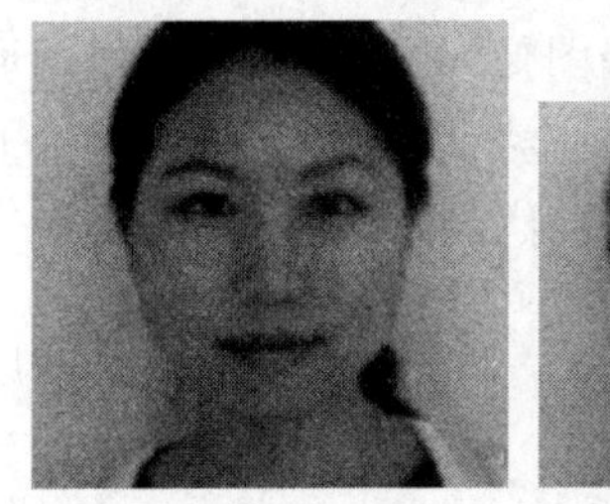

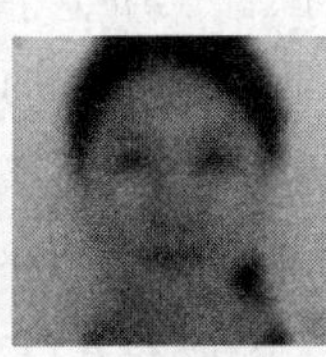
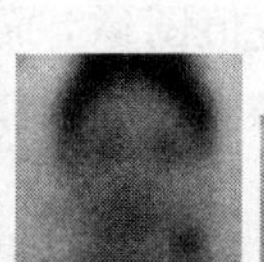

图 5-3　高分辨率图像的高斯金字塔

2. 拉普拉斯金字塔

拉普拉斯金字塔(Laplacian Pyramid)是一种多尺度分解方法。拉普拉斯金字塔最开始是应用于图像编码。拉普拉斯金字塔的基本思想是：先采用低通滤波器和下采样产生原始图像的低频逼近，然后将低频逼近通过上采样和高通分析(合成)滤波器得到原始图像的预测图像，并计算原始图像与预测图像的差值，作为预测误差。恢复时，将低频逼近通过上采样和高通分析(合成)滤波器预测出预测图像，再将其同预测误差相加。

原始图像经过拉普拉斯分解，生成低频和带通两个子带图像，带通图像是原始信号与预测信号的差值，其分解和综合的框图如图 5-4 所示。其中 H 和 G 分别表示低通和高通分析(合成)滤波器，M 表示采样矩阵。上述这个过程在各级低频逼近图像上进行迭代，最后得到一个低频逼近和多级预测误差的分解结果。按照图 5-4 的结构，一级分解的公式可写为

$$c[n] = \sum_{k \in Z^d} x[k]h[Mn-k] \tag{5-3}$$

其中，x 为原信号，h 为低通滤波器，c 为通过低通滤波器并且下采样后的低频逼近，d 表示维数。

预测信号 p 是低频逼近通过上采样和预测滤波的输出，即

$$p[n] = \sum_{k \in Z^d} c[k]g[n-Mk] \tag{5-4}$$

其中，g 为高通分析滤波器。

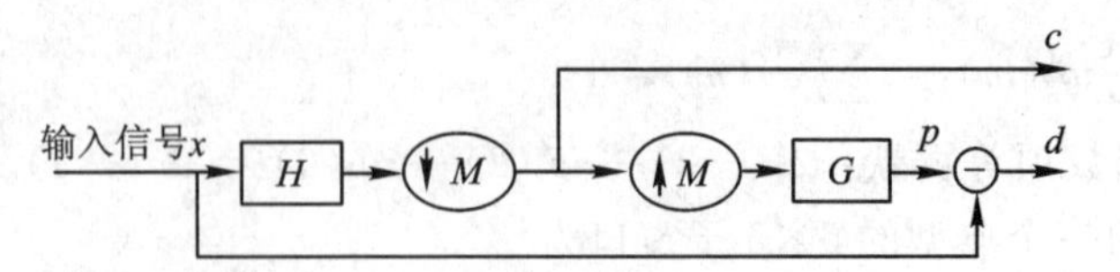

(a) 分解示意图（将输入信号x分解为低频逼近c和预测误差d，对于低频逼近c可以重复进行分解）

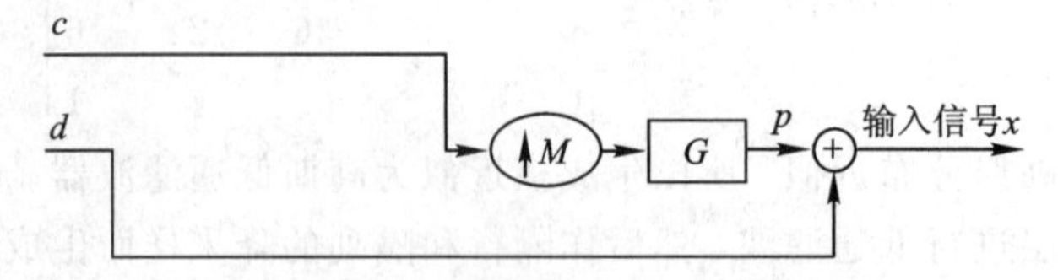

(b) 重构示意图（使用低频逼近c和预测误差d重构分解的信号x）

图 5-4　拉普拉斯金字塔的分解和重构框图

通过对图像进行拉普拉斯金字塔变换将产生一系列的低频逼近，即生成一系列不同分辨率的图像。通过迭代将获得一系列差值图像(预测误差图像)，从低到高排列就形成了所谓图像的拉普拉斯金字塔。拉普拉斯金字塔其实就是高斯金字塔与其上一层通过上采样和预测滤波器的差值图像，而最底层对应的是高斯金字塔本身。

完整的拉普拉斯金字塔定义由下式生成：

$$L_l(\boldsymbol{I}) = \begin{cases} G_l(\boldsymbol{I}) - \text{Expand}\{G_{l+1}(\boldsymbol{I})\}, & 1 \leqslant l < K \\ G_K(\boldsymbol{I}), \quad l = K \end{cases} \tag{5-5}$$

其中，$\boldsymbol{I}$ 表示处理图像，Expand{ * }为图像的扩大算子，对第 $l+1$ 层图像 $G_{l+1}(\boldsymbol{I})$ 进行插值放大，扩大到与第 l 层图像 $G_l(\boldsymbol{I})$ 同样尺寸，K 为金字塔的总层数，具体运算过程为

$$\text{Expand}\{G_{l+1}(\boldsymbol{I})\} = \begin{cases} 4\sum_{m=-2}^{2}\sum_{n=-2}^{2} w(m,\ n) G_{l+1}\left(\dfrac{i+m}{2},\ \dfrac{j+n}{2}\right) & \text{当}\dfrac{i+m}{2},\ \dfrac{j+n}{2}\text{为整数时} \\ 0 & \text{其他} \end{cases} \tag{5-6}$$

式中，$i \leqslant C$，$j \leqslant R$，C 和 R 分别为第 $l+1$ 层图像的行数和列数。

图 5-5 为人脸图像拉普拉斯金字塔的一个例子。除了最底层外，拉普拉斯金塔字实际上可以看做同级高斯金字塔的高频分量，即图像的细节部分。

图 5-5　人脸图像的拉普拉斯金字塔

高斯金字塔是通过对图像进行高斯平滑和下采样得到的，包含图像的低频信息。而拉普拉斯金字塔是高斯金字塔中相邻层的差值，包含图像的高频信息。图 5-6 显示了一幅普

通图像的高斯金字塔和拉普拉斯金字塔的区别。

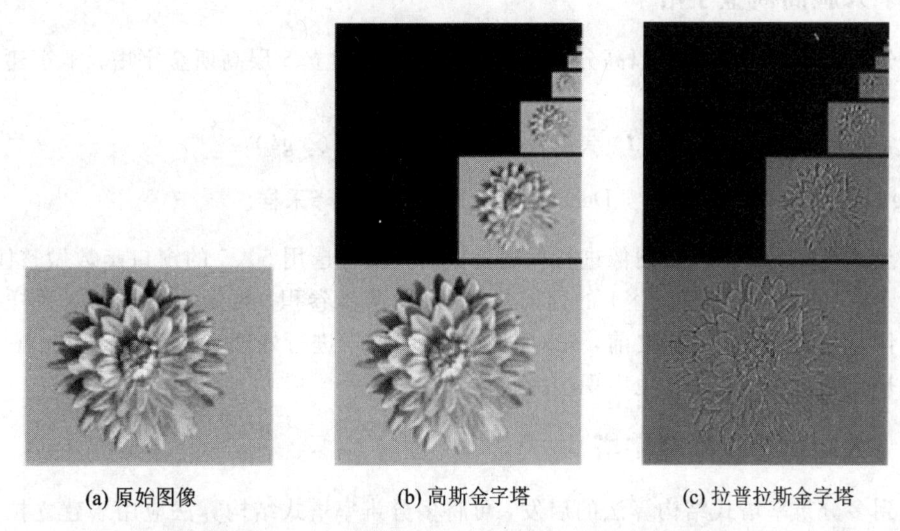

图 5-6　高斯金字塔和拉普拉斯金字塔的区别

3. 对比度金字塔

对比度金字塔(Contrast Pyramid)的构造类似于拉普拉斯金字塔，同样来源于高斯金字塔的分解，定义为

$$C_l(I)=\begin{cases}G_l(I)/\text{Expand}\{G_{l+1}(I)\}, & 1\leqslant l<K\\ G_K(I), & l=K\end{cases}\tag{5-7}$$

可见，最高层的对比度金字塔是高斯金字塔本身，其他各层对比度金字塔是本层高斯金字塔与其上一层通过插值扩大后的图像之比，即上一层扩大后的图像被看做背景，比值含有对比度的意义，所以称为对比度金字塔。图 5-7 显示了一幅人脸图像的 5 层对比度金字塔。

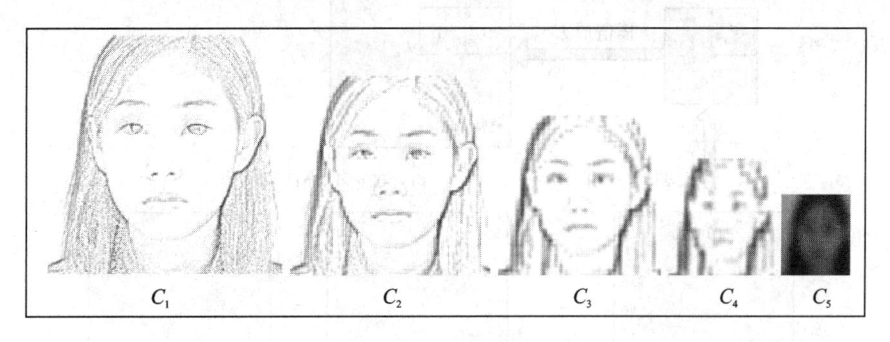

图 5-7　对比度金字塔

5.4　多分辨率塔式结构算法

为了表示人脸图像的特征，本章将人脸图像的高斯金字塔(Gaussian Pyramid)、拉普拉斯金字塔(Laplacian Pyramid)和特征金字塔(Feature Pyramid)，作为人脸图像的特征空间，从而构成一个较为完整的学习特征向量，作为超分辨率复原的依据。

5.4.1　人脸高斯金字塔

首先对训练库中的每一幅高分辨率人脸图像分别建立5层高斯金字塔，本章建立的人脸高斯金字塔根据下式产生：

$$G_l(\boldsymbol{I}) = \mathrm{Decent}(G_{l-1}(\boldsymbol{I}) \otimes \boldsymbol{g} \otimes \boldsymbol{g}^{\mathrm{T}}) \tag{5-8}$$

其中，$\boldsymbol{g} = \frac{1}{16}[1, 4, 6, 4, 1]$，Decent(*)为隔行隔列降采样。

由上式可知，对下一层图像进行低通滤波时，没有选用5×5的窗口函数做整体卷积，而是用1×5的行向量 $\boldsymbol{g}$ 和5×1的列向量 $\boldsymbol{g}^{\mathrm{T}}$ 进行两步卷积，再做隔行隔列降采样获得上一层图像。本章在高斯滤波之前，先对图像边缘的像素进行处理，在上、下、左、右四个边缘分别扩充两排像素，以避免出现边缘越界的问题。

5.4.2　人脸拉普拉斯金字塔

受到多分辨率塔式结构算法的启发，可将多分辨率塔式结构算法应用于建立拉普拉斯金字塔的过程中。由于人脸图像的区别主要通过人脸边缘、形状、轮廓等细节差异来体现，因此采用多分辨率塔式融合算法对每一层图像进行特征提取，对这些细节差异进一步增强，能够在多尺度、多分辨率上训练出更丰富、更具代表性的先验知识，而建立的每一层拉普拉斯金字塔的高频信息也更为丰富，将更有利于人脸图像的超分辨率复原。

图5-8为采用本章方法改进的人脸拉普拉斯金字塔的建立过程：先对上一层图像 $G_{l+1}(\boldsymbol{I})$ 做插值放大（放大后的未知像素值采用零填充）；再与 $\mathbf{2g}=[1, 4, 6, 4, 1]/8$ 和 $(\mathbf{2g})^{\mathrm{T}} = [1, 4, 6, 4, 1]^{\mathrm{T}}/8$ 依次进行卷积，中间结果为 $M_l(\boldsymbol{I})$；最后得到差值图像 $L_l(\boldsymbol{I}) = G_l(\boldsymbol{I}) - M_l(\boldsymbol{I})$，即第 l 层拉普拉斯金字塔。

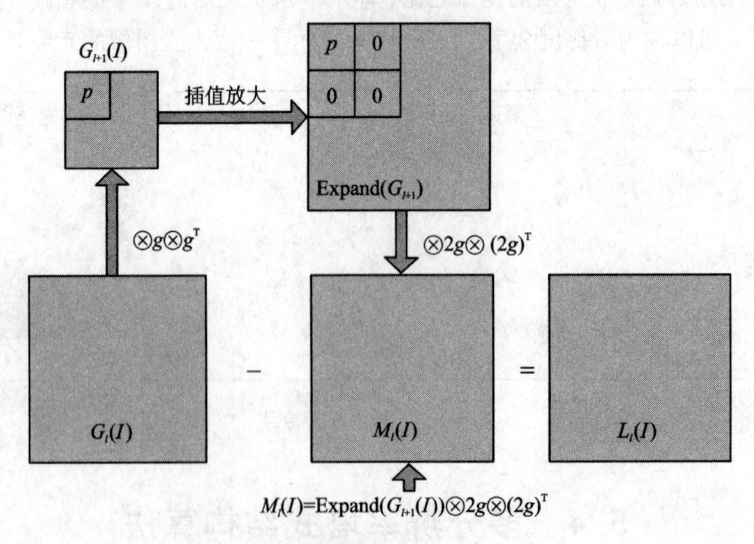

图5-8　提取高频细节的过程示意图

5.4.3　人脸特征金字塔

特征金字塔是对高斯金字塔的对应层进行特征滤波，提取相应的方向性信息。这里参考 Baker 的方法，分别选取高斯金字塔的水平与垂直方向的一阶导数与二阶导数，建立四种人脸特征金字塔。

（1）水平方向一阶导数特征金字塔。其定义为

$$H_l(\boldsymbol{I}) = G_l(\boldsymbol{I}) \otimes \boldsymbol{h} = \sum_{m=-2}^{2}\sum_{n=-2}^{2} h(m, n)G_l(i+m, j+n), \quad 1 \leqslant l \leqslant K \quad (5-9)$$

（2）水平方向二阶导数特征金字塔。其定义为

$$H_l(\boldsymbol{I}) = G_l(\boldsymbol{I}) \otimes h_1 \otimes h_2, \quad 1 \leqslant l \leqslant K \quad (5-10)$$

选取 $\boldsymbol{h} = \boldsymbol{h}_1 = [-1, 8, 0, -8, 1]/16$，$\boldsymbol{h}_2 = [-1, -2, 6, -2, -1]/12$，建立水平方向一阶导数和二阶导数特征金字塔，分别如图 5-9 和图 5-10 所示。

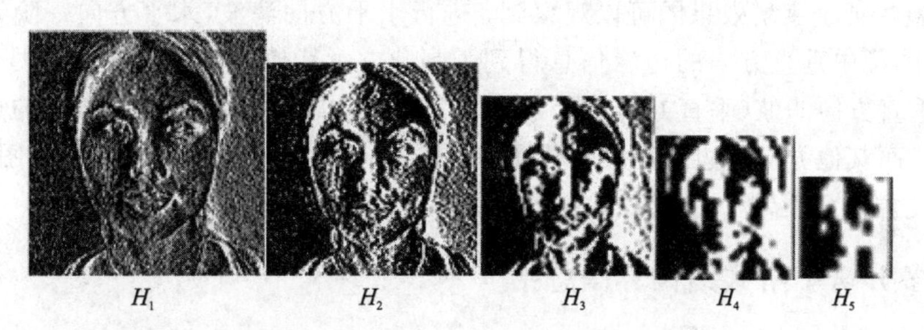

图 5-9　水平方向一阶导数特征金字塔

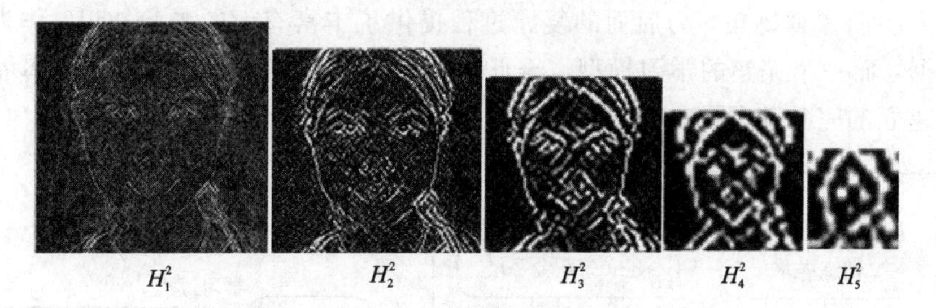

图 5-10　水平方向二阶导数特征金字塔

（3）垂直方向一阶导数特征金字塔。其定义为

$$V_l(\boldsymbol{I}) = G_l(\boldsymbol{I}) \otimes \boldsymbol{v} = \sum_{m=-2}^{2}\sum_{n=-2}^{2} v(m, n)G_l(i+m, j+n), \quad 1 \leqslant l \leqslant K \quad (5-11)$$

（4）垂直方向二阶导数特征金字塔。其定义为

$$V_l(\boldsymbol{I}) = G_l(\boldsymbol{I}) \otimes \boldsymbol{v}_1 \otimes \boldsymbol{v}_2, \quad 1 \leqslant l \leqslant K \quad (5-12)$$

取 $\boldsymbol{v} = \boldsymbol{v}_1 = [-1, 8, 0, -8, 1]^{\mathrm{T}}/16$，$\boldsymbol{v}_2 = [-1, -2, 6, -2, -1]^{\mathrm{T}}/12$，建立垂直方向一阶导数和二阶导数特征金字塔，分别如图 5-11 和图 5-12 所示。

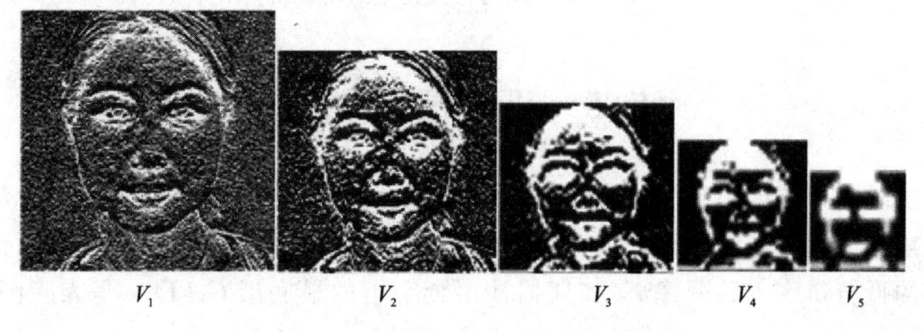

图 5-11　垂直方向一阶导数特征金字塔

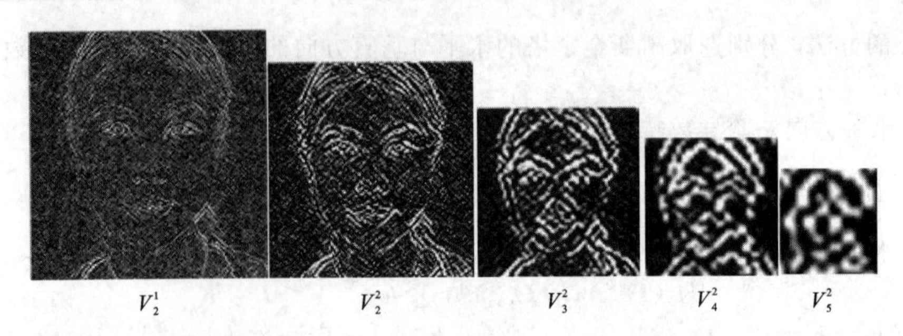

图 5-12 垂直方向二阶导数特征金字塔

由人脸特征金字塔效果图可以观察到，进行水平方向滤波(水平方向一阶导数与二阶导数)时，图像中垂直方向的边缘信息得到了强化，而其他方向的边缘相应弱化了。相反地，进行垂直方向滤波(垂直方向一阶导数与二阶导数)时，图像中水平方向的边缘信息得到了强化，而其他方向的边缘相应弱化了。通过方向滤波有效地提取了人脸图像的特征，为下一步复原过程奠定了基础。

5.4.4 多分辨率塔式结构算法总结

本章利用特征金字塔提取的这些方向性信息以及拉普拉斯金字塔提取的高频细节信息组成标准人脸图像训练集，为后面的复原过程提供了丰富有效的先验知识，作为超分辨率复原的依据，而一个完整的学习模型也至此建成了。图 5-13 所示为多分辨率塔式算法中学习模型建立的完整流程图。

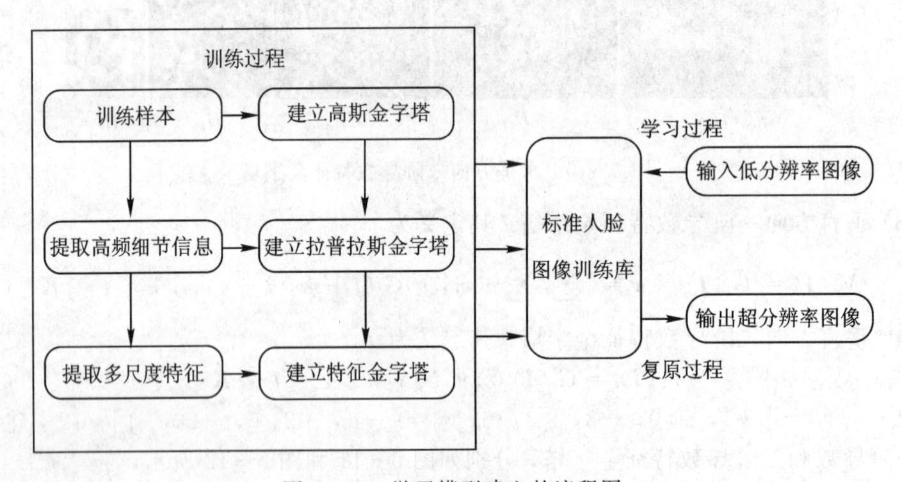

图 5-13 学习模型建立的流程图

5.5 匹配复原过程

本章实验的训练库中高分辨率人脸图像大小为 256×256，构建的金字塔均为 5 层，待复原低分辨率人脸图像大小为 64×64，相当于金字塔的第 3 层。如图 5-14 所示，输入一幅待复原的低分辨率人脸图像 $\boldsymbol{I}$，如何估计出金字塔的最底层 $G_1(\boldsymbol{I})$，是人脸图像超分辨率复原的目标。

根据前面建立的拉普拉斯金字塔，最底层图像即 $G_1(\boldsymbol{I})$ 的复原公式为

$$\begin{aligned}G_1(\boldsymbol{I}) &= M_1(\boldsymbol{I}) + L_1(\boldsymbol{I}) \\ &= \text{Expand}[G_2(\boldsymbol{I})] \otimes \boldsymbol{2g} \otimes (\boldsymbol{2g})^{\mathrm{T}} + L_1(\boldsymbol{I}) \\ &= \text{Expand}[M_2(\boldsymbol{I}) + L_2(\boldsymbol{I})] \otimes \boldsymbol{2g} \otimes (\boldsymbol{2g})^{\mathrm{T}} + L_1(\boldsymbol{I}) \\ &= \text{Expand}\{\text{Expand}[G_3(\boldsymbol{I})] \otimes \boldsymbol{2g} \otimes (\boldsymbol{2g})^{\mathrm{T}} + L_2(\boldsymbol{I})\} \otimes \boldsymbol{2g} \otimes (\boldsymbol{2g})^{\mathrm{T}} + L_1(\boldsymbol{I})\end{aligned} \tag{5-13}$$

其中，$\boldsymbol{2g}=[1, 4, 6, 4, 1]/8$；$G_3(\boldsymbol{I})$ 已知，即输入的待复原低分辨率图像；$M_1(\boldsymbol{I})$ 和 $M_2(\boldsymbol{I})$ 表示对上一层图像进行插值放大的结果；$L_1(\boldsymbol{I})$ 和 $L_2(\boldsymbol{I})$ 是丢失的人脸图像的高频细节，正是需要用学习算法去估计的信息。本章采用塔状父结构进行预测。

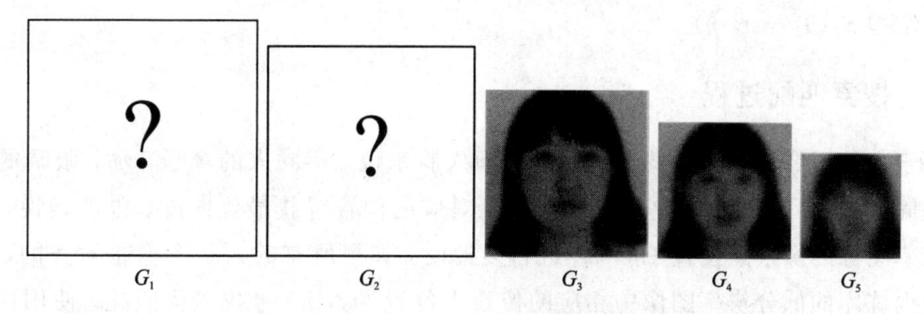

图 5-14　低分辨率人脸图像的高斯金字塔

5.5.1　塔状父结构

输入的低分辨率人脸图像 $\boldsymbol{I}$，它的拉普拉斯金字塔和特征金字塔都从第 3 层开始构建，这里定义 $\boldsymbol{I}$ 中的任一像素点 p 的父结构为从第 3 层到第 5 层中与 p 对应的一组像素的特征向量，如图 5-15 所示。

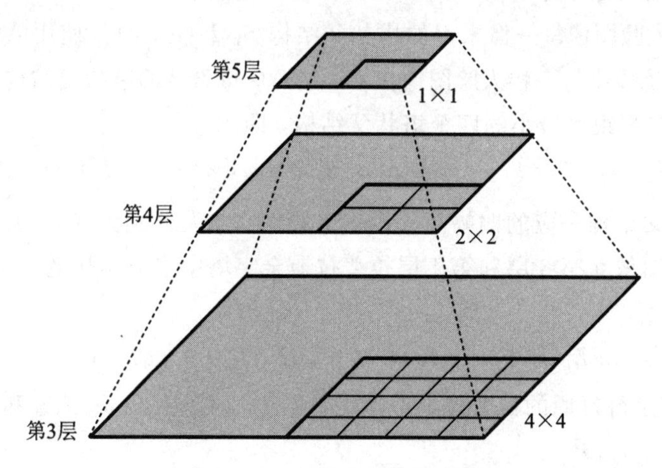

图 5-15　塔状父结构示意图

每一层对应像素的特征向量均由拉普拉斯金字塔和特征金字塔的特征信息组成，该特征向量形成一个塔状结构，因此又称塔状父结构。$\boldsymbol{I}$ 中的任一像素点 p 的塔状父结构可用一个 3×5 维的特征向量表示出来，即

$$S_3(\boldsymbol{I})(m,n)=\begin{bmatrix} L_3(\boldsymbol{I})(m,n),\ H_3(\boldsymbol{I})(m,n),\ H_3^2(\boldsymbol{I})(m,n),\ V_3(\boldsymbol{I})(m,n),\ V_3^2(\boldsymbol{I})(m,n) \\ L_4(\boldsymbol{I})(\frac{m}{2},\frac{n}{2}),\ H_4(\boldsymbol{I})\left(\frac{m}{2},\frac{n}{2}\right),\ H_4^2(\boldsymbol{I})\left(\frac{m}{2},\frac{n}{2}\right),\ V_4(\boldsymbol{I})\left(\frac{m}{2},\frac{n}{2}\right),V_4^2(\boldsymbol{I})\left(\frac{m}{2},\frac{n}{2}\right) \\ L_5(\boldsymbol{I})\left(\frac{m}{4},\frac{n}{4}\right),\ H_5(\boldsymbol{I})\left(\frac{m}{4},\frac{n}{4}\right),\ H_5^2(\boldsymbol{I})\left(\frac{m}{4},\frac{n}{4}\right),\ V_5(\boldsymbol{I})\left(\frac{m}{4},\frac{n}{4}\right),\ V_5^2(\boldsymbol{I})\left(\frac{m}{4},\frac{n}{4}\right) \end{bmatrix} \tag{5-14}$$

其中，$L(\boldsymbol{I})(m,\ n)$ 表示位置为 $(m,\ n)$ 的拉普拉斯细节特征；$H_i(\boldsymbol{I})$ 和 $V_i(\boldsymbol{I})$ 分别表示一阶灰度的水平方向和垂直方向的特征；$H_i^2(\boldsymbol{I})$ 和 $V_i^2(\boldsymbol{I})$ 分别表示二阶灰度的水平方向和垂直方向的特征。

采用同样的方法，对训练库中所有高分辨率人脸图像训练样本 $\boldsymbol{T}_i$ ，分别在第 3 层构建塔状父结构 $S_3(\boldsymbol{T}_i)(m,\ n)$ 。

5.5.2 搜索匹配过程

由于人脸图像具有全局约束，对于正面人脸来说，不同人的鼻子、嘴、眼睛的位置基本上是固定的，因此可利用这种性质，只在对应的位置寻找最优匹配。也就是说，待复原低分辨率图像的像素点位置 $(m,\ n)$ 进行复原时，如果所有的人脸图像是对齐的，只需要在人脸训练库的低分辨率图像中相应的像素点位置 $(m,\ n)$ 寻找最优匹配。使用这样的方法，可以大大地减少计算时间，提高运算效率。

塔状父结构 $S_3(\boldsymbol{I})(m,\ n)$ 里包含了待复原低分辨率人脸图像的特征信息，以这些信息为依据，到标准人脸图像训练库中进行最优匹配。考虑到从训练库中寻找的最优匹配可能与真实情况存在较大的误差，这将导致复原图像的质量较差。因此在匹配复原过程中引入一种新的思路，即先搜索出拉普拉斯金字塔中最匹配的四个高频细节，再将这四个高频细节进行加权平均后的结果作为丢失的人脸图像的高频细节。

输入待复原人脸图像每一像素点的塔状父结构 $S_3(\boldsymbol{I})(m,\ n)$ ，使用欧氏距离(欧几里得距离)度量，与训练库中每一幅人脸图像在第 3 层对应像素点的塔状父结构 $S_3(\boldsymbol{T}_i)(m,\ n)$ 进行对比，搜索出与之距离最小的四个塔状父结构，即

$$[k_1,\ k_2,\ k_3,\ k_4]=\arg\min_i \| S_3(\boldsymbol{I})(m,\ n)-S_3(\boldsymbol{T}_i)(m,\ n)\| \tag{5-15}$$

找出这四个父结构对应的四幅高分辨率人脸图像，设分别为 $\boldsymbol{T}_{k_1}$ 、$\boldsymbol{T}_{k_2}$ 、$\boldsymbol{T}_{k_3}$ 和 $\boldsymbol{T}_{k_4}$ 。将这四幅高分辨率图像在第 2 层和第 1 层拉普拉斯金字塔中对应小块的高频细节进行加权平均，即

$$L_i(\boldsymbol{I})=w_1L_i(\boldsymbol{I}_{k_1})+w_2L_i(\boldsymbol{I}_{k_2})+w_3L_i(\boldsymbol{I}_{k_3})+w_4L_i(\boldsymbol{I}_{k_4})\quad i=1,\ 2 \tag{5-16}$$

其中，$i=1,\ 2$ 表示待复原的拉普拉斯金字塔的第 1、2 层；w_1、w_2、w_3 和 w_4 表示四个权值系数。

按照式(5－15)找出的四幅最佳匹配图像，欧氏距离越小的图像也就与待复原人脸图像越相似，于是加权平均的原则为：距离越小，设定的权值系数越大，且满足 $w_1+w_2+w_3+w_4=1$ 。在实际测试对比实验中得到：当 $w_1=0.55$、$w_2=0.25$、$w_3=0.15$、$w_4=0.05$ 时，复原出的最底层拉普拉斯金字塔的高频细节最完整、丰富。与单独使用一个最匹配的

高分辨率块进行复原的方法比起来，不仅获得的高频信息更加完整、丰富，而且直接影响了复原图像的视觉效果，显得更加平滑。

得到的结果直接复制给待复原人脸图像在第 2 层和第 1 层拉普拉斯金字塔中的对应小块。依次处理完每一个像素后，也就获得了完整的 $L_2(\boldsymbol{I})$ 和 $L_1(\boldsymbol{I})$ 。再根据复原公式(5－13)估计出金字塔的最底层 $G_1(\boldsymbol{I})$，最终获得超分辨率人脸图像。最底层高斯金字塔复原的中间过程如图 5－16 所示。

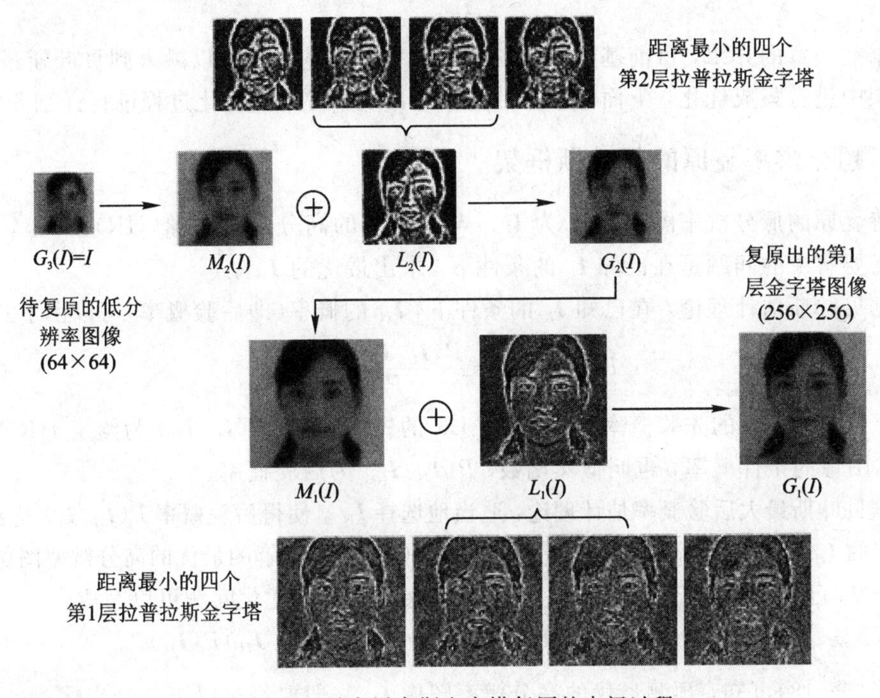

图 5－16　最底层高斯金字塔复原的中间过程

5.6　算法描述

多分辨率塔式结构的幻觉脸算法分为两个部分，即训练部分和学习部分。其具体步骤如下：

1. 训练过程

(1) 在标准人脸图像训练库中，对每一个高分辨率图像训练样本 T_i 建立高斯金字塔、拉普拉斯金字塔和特征金字塔。

(2) 在拉普拉斯金字塔和特征金字塔的基础上，从第 3 层开始，为每一个训练样本分别构建一个塔状父结构 $S(\boldsymbol{T}_i)$ 。

2. 学习过程

(1) 输入一幅待复原的低分辨率人脸图像 $\boldsymbol{I}$，并建立塔状父结构 $S_3(\boldsymbol{I})$。

(2) 将 I 中的每一像素点的塔状父结构 $S_3(\boldsymbol{I})(m, n)$ ，使用欧氏距离度量，与训练库中每一幅人脸图像在第 3 层对应像素点的塔状父结构 $S_3(\boldsymbol{T}_i)(m, n)$ 进行对比，搜索出与之距离最小的四个塔状父结构。

(3) 找出这四个父结构对应的四幅高分辨率人脸图像(分别为 $\boldsymbol{T}_{k_1}$、$\boldsymbol{T}_{k_2}$、$\boldsymbol{T}_{k_3}$ 和 $\boldsymbol{T}_{k_4}$)。将这

四幅高分辨率图像在第 2 层和第 1 层拉普拉斯金字塔中对应小块的高频细节进行加权平均。

(4) 将加权平均的结果直接复制给待复原人脸图像在第 2 层和第 1 层拉普拉斯金字塔中的对应小块，然后依次处理每一个像素，获得完整的 $L_2(\boldsymbol{I})$ 和 $L_1(\boldsymbol{I})$ 。

(5) 根据复原公式(5-13)估计出金字塔的最底层 $G_1(\boldsymbol{I})$ ，获得超分辨率人脸图像。

5.7 基于学习的超分辨率图像的集成优化

根据前一章的介绍，目前基于学习的超分辨率算法基本都可以融入到贝叶斯最大后验概率框架中进行集成优化。下面就从贝叶斯框架出发，对集成优化过程进行详细介绍。

5.7.1 超分辨率复原的贝叶斯框架

设待复原的低分辨率图像(LR)为 $\boldsymbol{I}_L$ ，与其对应的高分辨率图像(HR)为 $\boldsymbol{I}_H$ ，超分辨率复原需要解决的问题是在已知 $\boldsymbol{I}_L$ 的条件下，求出最优的 $\boldsymbol{I}_H$ 。

根据贝叶斯估计理论，在已知 $\boldsymbol{I}_L$ 的条件下，$\boldsymbol{I}_H$ 的概率(即后验概率)可以由下式表示

$$P(\boldsymbol{I}_H/\boldsymbol{I}_L)=\frac{P(\boldsymbol{I}_L/\boldsymbol{I}_H)P(\boldsymbol{I}_H)}{P(\boldsymbol{I}_L)} \tag{5-17}$$

其中，$P(\boldsymbol{I}_H)$ 为 HR 的先验概率；$P(\boldsymbol{I}_L)$ 为 LR 的先验概率；$P(\boldsymbol{I}_L/\boldsymbol{I}_H)$ 为给定 HR 图像时，观测 LR 图像的条件概率，也叫似然函数；$P(\boldsymbol{I}_H/\boldsymbol{I}_L)$ 为后验概率。

根据贝叶斯最大后验概率估计理论，适当地选择 $\boldsymbol{I}_H$ ，使得后验概率 $P(\boldsymbol{I}_H/\boldsymbol{I}_L)$ 达到最大，这时对应的 $\hat{\boldsymbol{I}}_H$ 就是超分辨率复原的最优估计，也就是所要求解的最优的高分辨率图像。

由于 $\boldsymbol{I}_L$ 已知，可将 $P(\boldsymbol{I}_L)$ 视为一个已知常量，因此最优化问题可以写成：

$$\hat{\boldsymbol{I}}_H=\arg\max_{I_H}P(\boldsymbol{I}_H/\boldsymbol{I}_L)=\arg\max_{I_H}P(\boldsymbol{I}_L/\boldsymbol{I}_H)P(\boldsymbol{I}_H) \tag{5-18}$$

由式(5-18)可知，预测最优的高分辨率图像 $\hat{\boldsymbol{I}}_H$ 一般要经过以下三个步骤：

(1) 建立观测模型，求取 $P(\boldsymbol{I}_L/\boldsymbol{I}_H)$。

(2) 建立先验模型，求取 $P(\boldsymbol{I}_H)$ 。

(3) 将先验模型和观测模型集成到贝叶斯最大后验概率框架中，求取最优的高分辨图像 $\hat{\boldsymbol{I}}_H$。

前面几节中，本文采用多分辨率塔式结构的幻觉脸技术对人脸图像进行了超分辨率复原，得到的结果图需要经过上述的三个步骤进行集成优化。

1. 观测模型的建立

假设待求的高分辨率图像 I_H 所对应的低分辨率图像为 $U(\boldsymbol{I}_H)$。$U(\boldsymbol{I}_H)$ 是 $\boldsymbol{I}_H$ 通过高斯滤波降采样过程得到的，相当于创建第 3 层高斯金字塔。

理想状态下，输入的低分辨率图像 $\boldsymbol{I}_L$ 应该等同于 $U(\boldsymbol{I}_H)$ 。但实际情况中，低分辨率人脸图像 $\boldsymbol{I}_L$ 的获取过程存在 CCD 等成像设备热噪声的影响，因此一般假设 $U(\boldsymbol{I}_H)$ 与 $\boldsymbol{I}_L$ 之间的误差满足高斯白噪声分布，从而条件概率分布可表示为

$$P(\boldsymbol{I}_L/\boldsymbol{I}_H)=P(\boldsymbol{\eta}_m)\big|_{\eta_m=U(\boldsymbol{I}_H)-\boldsymbol{I}_L}=(2\pi\sigma_m^2)^{-M\times N/2}\exp\left(\frac{-\|U(\boldsymbol{I}_H)-\boldsymbol{I}_L\|^2}{2\sigma_m^2}\right) \tag{5-19}$$

其中，M 和 N 分别为 $\boldsymbol{I}_H$ 的行数和列数；σ_m^2 为噪声方差。这样就把观测模型 $P(\boldsymbol{I}_L/\boldsymbol{I}_H)$ 转化成了高斯分布函数。

2. 先验模型的建立

建立先验模型求取 $P(\boldsymbol{I}_H)$ 的过程就是要解决如何加入约束条件，获取更多先验知识的问题。这是超分辨率复原过程中最复杂也最关键的一步。在基于学习的超分辨率技术中，先验模型的建立相当于学习模型的设计。在本章中，可根据多分辨率塔式结构算法设计出的图像金字塔模型，来求取先验概率 $P(\boldsymbol{I}_H)$。

设低分辨率人脸图像 $\boldsymbol{I}_L$ 通过本文多分辨率塔式结构算法复原出的高分辨率图像是 $\bar{\boldsymbol{I}}_H$，它的第 i 层金字塔的特征向量定义为

$$K_i(\bar{\boldsymbol{I}}_H) = [L_i(\bar{\boldsymbol{I}}_H), H_i(\bar{\boldsymbol{I}}_H), H_i^2(\bar{\boldsymbol{I}}_H), V_i(\bar{\boldsymbol{I}}_H), V_i^2(\bar{\boldsymbol{I}}_H)] \tag{5-20}$$

$K_i(\bar{\boldsymbol{I}}_H)$ 包含图像 $\bar{\boldsymbol{I}}_H$ 的拉普拉斯细节特征以及一阶、二阶灰度的水平和垂直方向特征，表征着图像 $\hat{\boldsymbol{I}}_H$ 的高频细节信息。

用同样的方式，定义真实的高分辨率人脸图像 $\boldsymbol{I}_H$ 的第 i 层金字塔的特征向量为 $K_i(\boldsymbol{I}_H)$。

由图像金字塔模型的构造原理可知，最底层(即第1层)的特征向量 $K_1(\bar{\boldsymbol{I}}_H)$ 包含的高频细节信息最丰富。当 $K_1(\bar{\boldsymbol{I}}_H)$ 和 $K_1(\boldsymbol{I}_H)$ 所包含的高频细节信息达到完全一致时，是最理想的状态，复原过程所采用的算法自然就是最理想的算法。但在实际情况中，不论是基于重建的方法还是基于学习的方法都不可能达到这种理想状态。$K_1(\boldsymbol{I}_H)$ 与 $K_1(\bar{\boldsymbol{I}}_H)$ 之间的差为 $\boldsymbol{\eta}_n$，假设 $\boldsymbol{\eta}_n$ 中每一个元素都是服从独立同分布的高斯噪声，从而先验概率 $P(\boldsymbol{I}_H)$ 的分布可表示为

$$\begin{aligned} P(\boldsymbol{I}_H) &= P(\boldsymbol{\eta}_n)\big|_{\eta_n = K_1(\boldsymbol{I}_H) - K_1(\bar{\boldsymbol{I}}_H)} \\ &= (2\pi\sigma_n^2)^{-M\times N/2}\exp\left(\frac{-\|K_1(\boldsymbol{I}_H) - K_1(\bar{\boldsymbol{I}}_H)\|^2}{2\sigma_n^2}\right) \end{aligned} \tag{5-21}$$

其中，M 和 N 分别为 $\boldsymbol{I}_H$ 的行数和列数；σ_n^2 为噪声方差。对先验模型 $P(\boldsymbol{I}_H)$ 的求取，$\bar{\boldsymbol{I}}_H$ 起着决定性的作用，可以认为 $P(\boldsymbol{I}_H)$ 是以 $K_1(\bar{\boldsymbol{I}}_H)$ 为中心的高斯分布。由于先验模型的建立对复原效果的影响程度远远大于观测模型的建立，可认为 $\sigma_n^2 \gg \sigma_m^2$，例如假设 $\sigma_n^2 = 20\sigma_m^2$，本文采取这个假设。

3. MAP 框架集成

将式(5-18)取对数后，贝叶斯最大后验概率框架转化为

$$\hat{\boldsymbol{I}}_H = \arg\min_{I_H}[-\ln P(\boldsymbol{I}_L/\boldsymbol{I}_H) - \ln P(\boldsymbol{I}_H)] \tag{5-22}$$

再将式(5-19)中的条件概率和式(5-21)中的先验概率代入上式的最大后验概率框架中，进一步化简得到：

$$\hat{\boldsymbol{I}}_H = \arg\min_{I_H}\left(\frac{1}{2\sigma_m^2}\|U(\boldsymbol{I}_H) - \boldsymbol{I}_L\|^2 + \frac{1}{2\sigma_n^2}\|K_1(\boldsymbol{I}_H) - K_1(\bar{\boldsymbol{I}}_H)\|^2\right) \tag{5-23}$$

为了求取最优的超分辨率人脸图像，需要最小化 $K_1(\boldsymbol{I}_H)$ 与 $K_1(\bar{\boldsymbol{I}}_H)$ 之间以及 $U(\boldsymbol{I}_H)$ 与 $\boldsymbol{I}_L$ 之间的差值，通过最小化式(5-23)中的欧氏距离来取得最优结果。

式(5-23)中 $\boldsymbol{I}_H$ 是待求的未知量，该式为关于 $\boldsymbol{I}_H$ 的二次型函数，收敛于一个全局的最小值，利用二次型函数的约束优化可寻找最优的高分辨率人脸图像 $\hat{\boldsymbol{I}}_H$，也就将超分辨率复原的最后环节转化成了单目标优化问题。

5.7.2　单目标优化算法

1. 目标函数的确定

根据式(5-23)，本文选取目标函数为

$$M(\boldsymbol{I}_H)=\frac{1}{2\sigma_m^2}\|U(\boldsymbol{I}_H)-\boldsymbol{I}_L\|^2+\frac{1}{2\sigma_n^2}\|K_1(\boldsymbol{I}_H)-K_1(\bar{\boldsymbol{I}}_H)\|^2 \tag{5-24}$$

其中，K_1 是表征待复原图像的高频细节信息的向量。按照本文多分辨率塔式结构算法建立的图像金字塔模型，K_1 包含有五个特征分量 $\boldsymbol{L}_1$、$\boldsymbol{H}_1$、$\boldsymbol{H}_1^2$、$\boldsymbol{V}_1$ 和 $\boldsymbol{V}_1^2$，为了后续表达的方便，这里只选取其中的一阶灰度水平方向特征 $\boldsymbol{H}_1$ 进行推导说明，其他分量做类似处理：

$$\begin{aligned}M(\boldsymbol{I}_H)&=\frac{1}{2\sigma_m^2}\|U(\boldsymbol{I}_H)-\boldsymbol{I}_L\|^2+\frac{1}{2\sigma_n^2}\|H_1(\boldsymbol{I}_H)-H_1(\bar{\boldsymbol{I}}_H)\|^2\\&=\frac{1}{2\sigma_m^2}\|\boldsymbol{QI}_H-\boldsymbol{I}_L\|^2+\frac{1}{2\sigma_n^2}\|\boldsymbol{HI}_H-\boldsymbol{H}\bar{\boldsymbol{I}}_H\|^2\end{aligned} \tag{5-25}$$

其中，$H_1(\bar{\boldsymbol{I}}_H)$ 为预测得到的高分辨率图像的水平特征向量；$\boldsymbol{Q}$ 为退化矩阵，包含高斯滤波降采样过程（高斯滤波算子 $\boldsymbol{g}=[1,4,6,4,1]/16$）；$\boldsymbol{H}$ 为一阶灰度水平方向滤波矩阵（水平滤波算子 $\boldsymbol{h}=[-1,8,0,-8,1]/16$）。

令未知量 $\boldsymbol{I}_H=\boldsymbol{X}$，已知常量 $\boldsymbol{I}_L=\boldsymbol{A}$，$\boldsymbol{H}\bar{\boldsymbol{I}}_H=\boldsymbol{H}_1(\bar{\boldsymbol{I}}_H)=\boldsymbol{B}$，$1/2\sigma_m^2=\alpha$，$1/2\sigma_n^2=\beta$，将目标函数简化成：

$$M(\boldsymbol{X})=\alpha\|\boldsymbol{QX}-\boldsymbol{A}\|^2+\beta\|\boldsymbol{HX}-\boldsymbol{B}\|^2 \tag{5-26}$$

2. 目标优化——最速下降法

各种不同的无约束优化算法主要的区别在于搜索方向的选择上，本文选用最速下降法来估计最优的高分辨率人脸图像 $\hat{I}_H$。

最速下降法又称梯度法（Steepest Descent，SD），其基本思想是：函数沿梯度方向具有最大变化率，即函数沿梯度方向增加得最快，而函数值下降最快的方向是负梯度方向。因此总希望从某一点出发，选择一个使目标函数值下降最快的方向，以便尽快到达极小点。这个方向就是该点处的负梯度方向，即最速下降方向。

对正定二次函数 $M(\boldsymbol{X})$，给定一个初始解 $\boldsymbol{X}_0$，假设已经迭代了 k 次，第 k 次迭代点为 $\boldsymbol{X}_k$，且 $\nabla M(\boldsymbol{X}_k)\neq 0$，取搜索方向 $\boldsymbol{P}_k=-\nabla M(\boldsymbol{X}_k)$。为使目标函数值在点 $\boldsymbol{X}_k$ 处获得最快的下降，可沿 $\boldsymbol{P}_k$ 进行一维搜索，并计算沿此方向前进的步长 λ_k，使得

$$M(\boldsymbol{X}_k+\lambda_k\boldsymbol{P}_k)=\min_{\lambda\geqslant 0}M(\boldsymbol{X}_k+\lambda\boldsymbol{P}_k) \tag{5-27}$$

得到第 $k+1$ 次迭代点，即

$$\boldsymbol{X}_{k+1}=\boldsymbol{X}_k+\lambda_k\boldsymbol{P}_k \qquad k=0,1,2,\cdots \tag{5-28}$$

如此迭代下去，就产生了一个点序列 $\boldsymbol{X}_0$，$\boldsymbol{X}_1$，$\boldsymbol{X}_2$，…，其中 $\boldsymbol{X}_0$ 是初始点，点列 $\{\boldsymbol{X}_k\}$ 必收敛于 $M(\boldsymbol{X})$ 的极小点 $\hat{\boldsymbol{X}}$。

最速下降法的迭代步骤如下：

(1) 选取某一初始点 $\boldsymbol{X}_0$，允许误差 $\varepsilon>0$，令 $k=0$。

(2) 计算目标函数的负梯度，作为最速下降方向：$\boldsymbol{P}_k=-\nabla M(\boldsymbol{X}_k)$。

(3) 求解 $\min\limits_{\lambda\geqslant 0}M(\boldsymbol{X}_k+\lambda\boldsymbol{P}_k)$，设 λ_k 为一维搜索的最优解，则 $\boldsymbol{X}_{k+1}=\boldsymbol{X}_k+\lambda_k\boldsymbol{P}_k$。

(4) 判断是否满足终止准则 $\|\nabla M(\boldsymbol{X}_{k+1})\|\leqslant\varepsilon$，如果满足，令 $\hat{\boldsymbol{X}}=\boldsymbol{X}_{k+1}$，输出 $\hat{\boldsymbol{X}}$ 即所求极小值，计算停止；如果不满足，令 $k=k+1$，转至步骤(2)。

3. 最速下降法估计最优的高分辨率人脸图像

因为式(5-26)中的 $\boldsymbol{Q}$ 和 $\boldsymbol{H}$ 为正定矩阵，所以目标函数可以推导为

$$
\begin{aligned}
M(X) &= \alpha\|\boldsymbol{QX}-\boldsymbol{A}\|^2+\beta\|\boldsymbol{HX}-\boldsymbol{B}\|^2 \\
&= \alpha(\boldsymbol{QX}-\boldsymbol{A})^{\mathrm{T}}(\boldsymbol{QX}-\boldsymbol{A})+\beta(\boldsymbol{HX}-\boldsymbol{B})^{\mathrm{T}}(\boldsymbol{HX}-\boldsymbol{B}) \\
&= \alpha(\boldsymbol{X}^{\mathrm{T}}\boldsymbol{Q}^{\mathrm{T}}-\boldsymbol{A}^{\mathrm{T}})(\boldsymbol{QX}-\boldsymbol{A})+\beta(\boldsymbol{X}^{\mathrm{T}}\boldsymbol{H}^{\mathrm{T}}-\boldsymbol{B}^{\mathrm{T}})(\boldsymbol{HX}-\boldsymbol{B}) \\
&= \alpha(\boldsymbol{X}^{\mathrm{T}}\boldsymbol{Q}^{\mathrm{T}}\boldsymbol{QX}-\boldsymbol{X}^{\mathrm{T}}\boldsymbol{Q}^{\mathrm{T}}\boldsymbol{A}-\boldsymbol{A}^{\mathrm{T}}\boldsymbol{QX}+\boldsymbol{A}^{\mathrm{T}}\mathbf{A})+\beta(\boldsymbol{X}^{\mathrm{T}}\boldsymbol{H}^{\mathrm{T}}\boldsymbol{HX}-\boldsymbol{X}^{\mathrm{T}}\boldsymbol{H}^{\mathrm{T}}\boldsymbol{B}-\boldsymbol{B}^{\mathrm{T}}\boldsymbol{HX}+\boldsymbol{B}^{\mathrm{T}}\boldsymbol{B}) \\
&= \alpha(\boldsymbol{X}^{\mathrm{T}}\boldsymbol{Q}^{\mathrm{T}}\boldsymbol{QX}-2\boldsymbol{A}^{\mathrm{T}}\boldsymbol{QX}+\boldsymbol{A}^{\mathrm{T}}\mathbf{A})+\beta(\boldsymbol{X}^{\mathrm{T}}\boldsymbol{H}^{\mathrm{T}}\boldsymbol{HX}-2\boldsymbol{B}^{\mathrm{T}}\boldsymbol{HX}+\boldsymbol{B}^{\mathrm{T}}\boldsymbol{B})
\end{aligned}
\tag{5-29}
$$

对 $\boldsymbol{X}$ 求偏导，得到最速下降方向为

$$
\boldsymbol{P}_k=-\nabla M(\boldsymbol{X})=-2\alpha(\boldsymbol{Q}^{\mathrm{T}}\boldsymbol{QX}-\boldsymbol{Q}^{\mathrm{T}}\boldsymbol{A})-2\beta(\boldsymbol{H}^{\mathrm{T}}\boldsymbol{HX}-\boldsymbol{H}^{\mathrm{T}}\boldsymbol{B}) \tag{5-30}
$$

将 $\boldsymbol{X}_{k+1}=\boldsymbol{X}_k+\lambda\boldsymbol{P}_k$ 代入式(5-26)，得到一个关于 λ 的一元二次函数：

$$
M(\lambda)=\alpha\|Q(\boldsymbol{X}_k+\lambda\boldsymbol{P}_k)-\boldsymbol{A}\|^2+\beta\|\boldsymbol{H}(\boldsymbol{X}_k+\lambda\boldsymbol{P}_k)-\boldsymbol{B}\|^2 \tag{5-31}
$$

为使 $M(\boldsymbol{X}_k+\lambda\boldsymbol{P}_k)$ 达到最小，令 $\dfrac{\mathrm{d}M(\lambda)}{\mathrm{d}\lambda}=0$，求得的 λ 值即 λ_k：

$$
\lambda=\frac{\alpha(\boldsymbol{P}_k^{\mathrm{T}}\boldsymbol{Q}^{\mathrm{T}}\boldsymbol{QX}_k+\boldsymbol{X}_k^{\mathrm{T}}\boldsymbol{Q}^{\mathrm{T}}\boldsymbol{QP}_k-2\boldsymbol{A}^{\mathrm{T}}\boldsymbol{QP}_k)+\beta(\boldsymbol{P}_k^{\mathrm{T}}\boldsymbol{H}^{\mathrm{T}}\boldsymbol{HX}_k+\boldsymbol{X}_k^{\mathrm{T}}\boldsymbol{H}^{\mathrm{T}}\boldsymbol{HP}_k-2\boldsymbol{B}^{\mathrm{T}}\boldsymbol{HP}_k)}{2\alpha\boldsymbol{P}_k^{\mathrm{T}}\boldsymbol{Q}^{\mathrm{T}}\boldsymbol{QP}_k+2\beta\boldsymbol{P}_k^{\mathrm{T}}\boldsymbol{H}^{\mathrm{T}}\boldsymbol{HP}_k} \tag{5-32}
$$

由此确定了 $\boldsymbol{X}_{k+1}$ 的值。采用最速下降法求取最优的高分辨率人脸图像 $\hat{\boldsymbol{I}}_H$ 的流程图如图 5-17 所示。

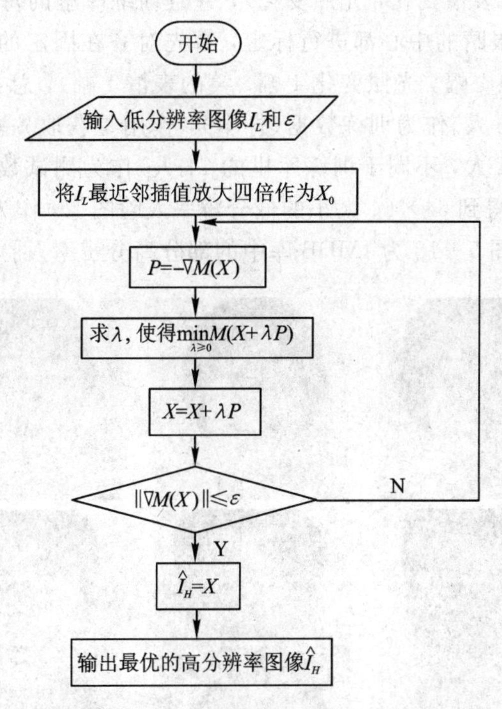

图 5-17　最速下降法流程图

由图 5-17 的流程图可知，最速下降法估计最优的高分辨率人脸图像 $\hat{\boldsymbol{I}}_H$ 的具体步骤如下：

(1) 将 I_L 最近邻插值放大四倍作为初始的高分辨率图像 $\boldsymbol{X}_0$。

(2) 计算目标函数的负梯度 $\boldsymbol{P}_k=-\nabla M(\boldsymbol{X}_k)$。

(3) 求解 $\min\limits_{\lambda\geqslant 0} M(\boldsymbol{X}_k+\lambda\boldsymbol{P}_k)$，设 λ_k 为一维搜索的最优解，则 $\boldsymbol{X}_{k+1}=\boldsymbol{X}_k+\lambda_k\boldsymbol{P}_k$。

(4) 判断是否满足终止准则 $\|\nabla M(\boldsymbol{X}_{k+1})\|\leqslant\varepsilon$，如果满足，令 $\hat{\boldsymbol{I}}_H=\boldsymbol{X}_{k+1}$，输出 $\hat{\boldsymbol{I}}_H$ 即最

优解，停止迭代；如果不满足，令 $k=k+1$，转至步骤(2)，继续迭代。

5.8　实验结果与分析

实验分为两个部分：第一部分为多分辨率塔式结构算法实验，该部分没有考虑集成优化；第二部分实验主要是分析集成优化。

5.8.1　多分辨率塔式结构算法实验结果与分析

本实验的目标是输入低分辨率人脸图像，然后用基于多分辨率塔式结构的幻觉脸算法复原出高分辨率人脸图像。使用亚洲人脸标准图像数据库(IMDB)中的高分辨率人脸图像(每一幅人脸图像大小为256×256)来验证本章提出的基于多分辨率塔式结构的幻觉脸算法。IMDB中包含107人(男56人，女51人)，年龄都在20至30岁之间，每人有17幅不同图像(正面脸1幅，光照变化4幅，姿势变化8幅，表情变化4幅)，共107×17=1219幅人脸图像。其中带眼镜的有32人(男24人，女8人)。

本实验选取IMDB中所有不带眼镜的75人进行实验，建立的学习模型要求：选取的图像样本均为正面脸(包含表情变化，光照变化)，并且训练库里的每一幅人脸图像都要事先做归一化处理，对两只眼睛的中心都进行标定，事先对齐在固定的位置。每人选3幅正面人脸图(正面脸均匀光照1幅，光照变化1幅，笑的表情1幅)，总共75×3=225幅。用其中的213幅人脸图像(71人)作为训练数据(样本)，作用是获取先验知识，建立学习模型；剩下的12幅人脸图像(4人，不同于训练库里的71人)作为测试数据(样本)，作用是进行低通滤波和降采样处理得到64×64大小的低分辨率人脸图像，作为输入的待复原图像，用于验证算法的有效性。图5-18为IMDB库中的部分高分辨率人脸图像样本。

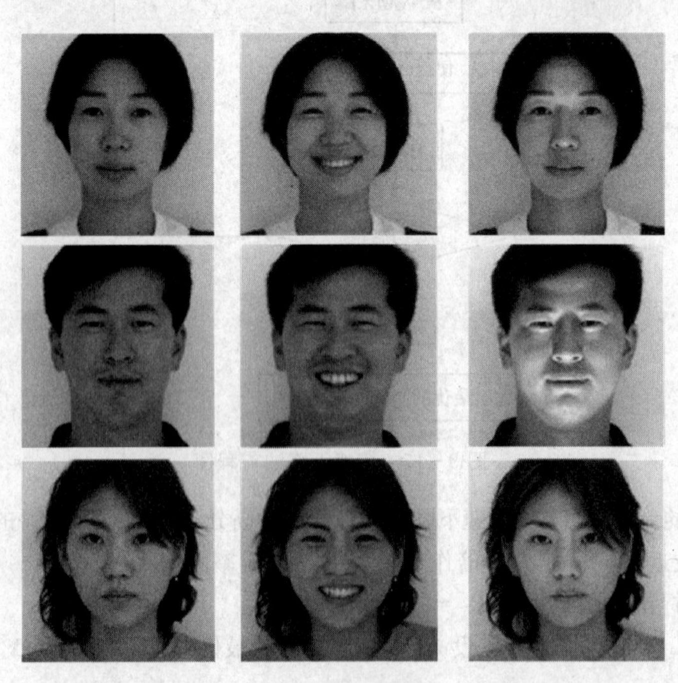

图5-18　亚洲人脸标准图像数据库中的部分样本

将 Cubic B-Spline 方法和 Baker 方法与本章算法的实验结果进行比较，如图 5－19 所示。其中，图(a)为待复原的低分辨率图像(64×64)，为显示方便，已事先采用最近邻插值放大到 256×256；图(b)为 Cubic B-Spline 的结果；图(c)为 Baker 方法的结果；图(d)为本章方法的结果；图(e)为原始高分辨率图像(256×256)。

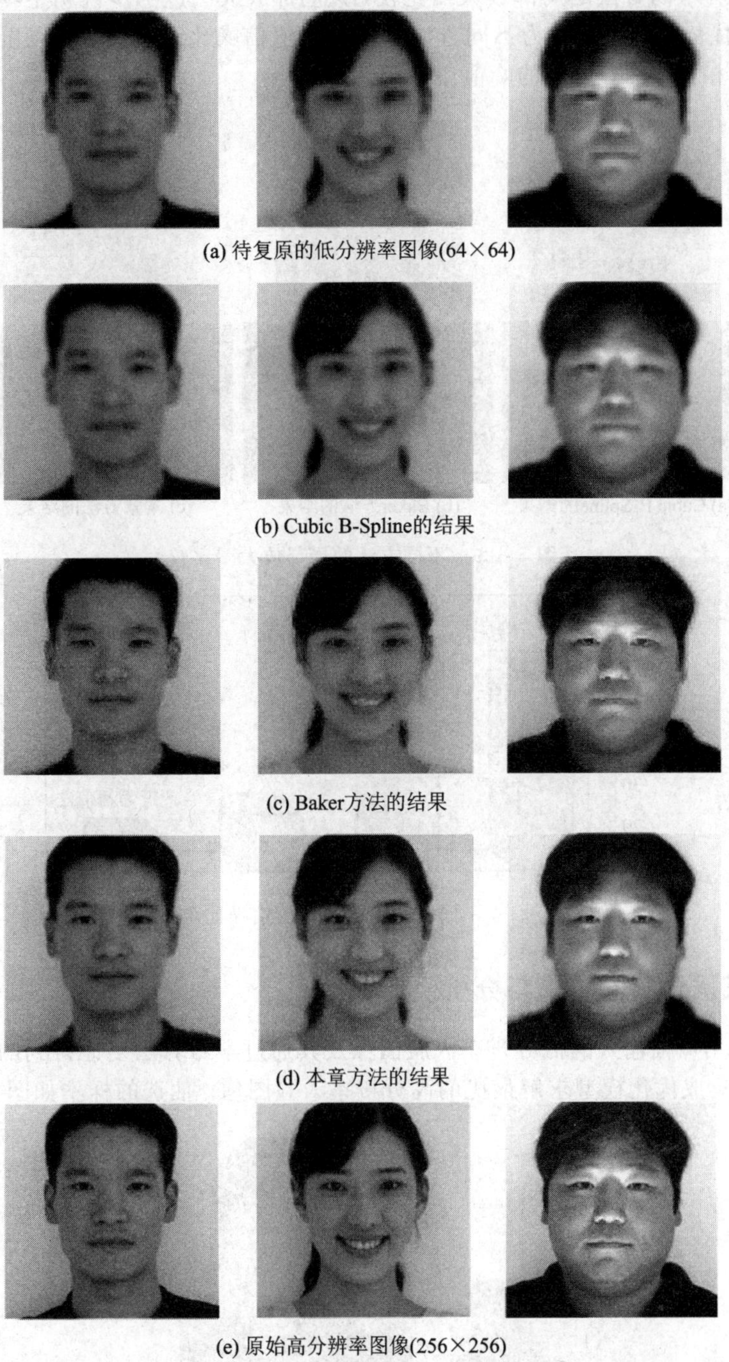

(a) 待复原的低分辨率图像(64×64)

(b) Cubic B-Spline的结果

(c) Baker方法的结果

(d) 本章方法的结果

(e) 原始高分辨率图像(256×256)

图 5－19　实验结果比较(2)

从实验结果对比图中可以看出：Cubic B-Spline 方法在平滑噪声的同时模糊了大部分的人脸细节；Baker 方法的复原结果有一定的方块效应，边缘有锯齿现象，生成的人脸图像在有些部位存在较大的噪声；本章方法复原出的人脸图像噪声较少，边缘处理比 Baker 方法好得多，在保留大部分人脸细节的同时，看上去更加平滑，更接近于原始的高分辨率图像。

图 5－20 为不同方法的局部放大图比较，该局部放大图进一步说明了本章算法相对于 Baker 算法的优势。图 5－21 为不同方法的平均峰值信噪比示意图，可以看出本章方法与其他三种方法相比，具有更高的峰值信噪比。

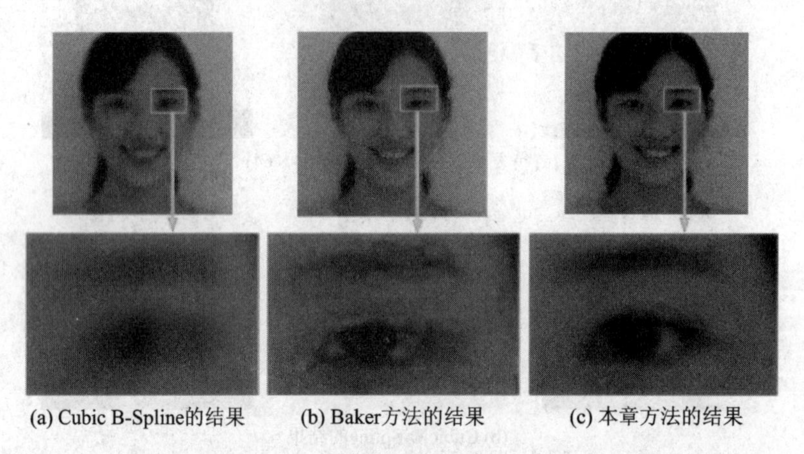

(a) Cubic B-Spline的结果　(b) Baker方法的结果　(c) 本章方法的结果

图 5－20　不同方法的局部放大图比较

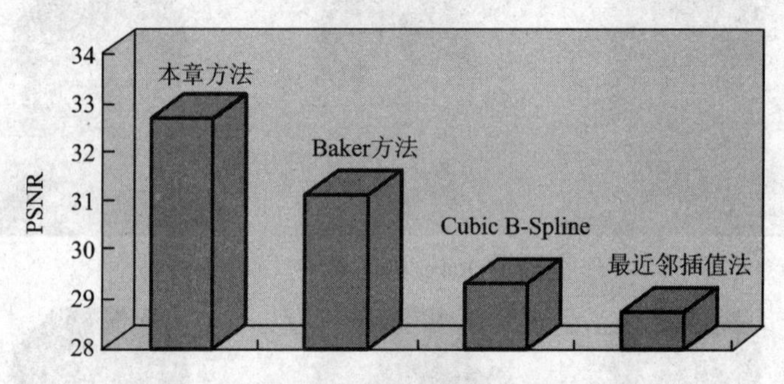

图 5－21　不同方法的平均峰值信噪比示意图

5.8.2　集成优化实验结果与分析

本实验选用一幅输入的低分辨率人脸图像及其通过学习算法复原得到的结果图作为测试数据，建立集成优化模型求解最优的高分辨率人脸图像。抽选的样本如图 5－22 所示。

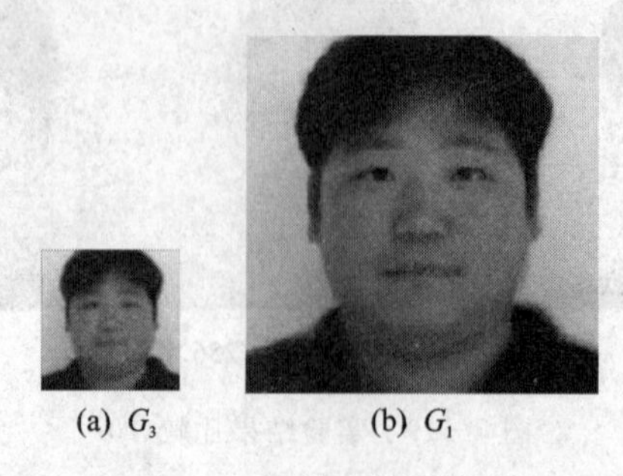

(a) G_3　(b) G_1

图 5－22　抽选的测试图

图 5-22(a)为输入的低分辨率人脸图像(64×64)，相当于第 3 层高斯金字塔；图(b)为多分辨率塔式结构幻觉脸算法复原的高分辨率人脸图像(256×256)，相当于第一层高斯金字塔。

观测模型的噪声方差 σ_m^2 取 0.05，先验模型的噪声方差 σ_n^2 取 1，迭代过程以图像的峰值信噪比作为预设阈值的标准，峰值信噪比越大代表优化图像越接近于原始的高分辨率图像。实验结果如图 5-23 所示。

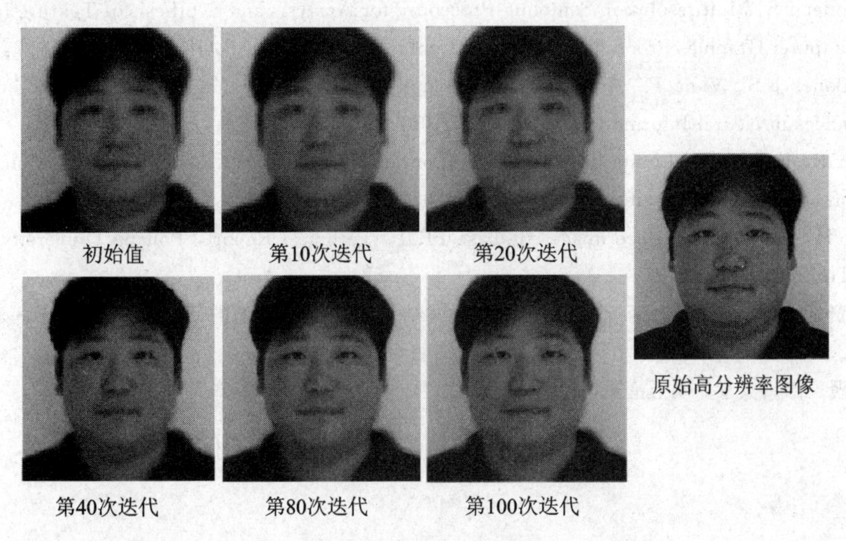

图 5-23　实验结果图

随着迭代次数的增加，峰值信噪比逐渐增大，当迭代次数达到 80 次以后，图像的视觉效果几乎没有什么改善，但峰值信噪比仍有较缓慢的变化。具体的峰值信噪比数据见表5-1。

表 5-1　峰值信噪比

迭代次数	0	10	20	40	60	80	100
PSNR	28.442	28.971	29.486	30.825	31.723	32.438	32.664

5.9　本章小结

本章介绍了一种基于多分辨率塔式结构的幻觉脸算法，使用改进的图像金字塔建立标准人脸训练库作为学习模型，提取出了每一级人脸图像各自突出的边缘细节进行训练，能在多尺度、多分辨率上训练出更有效的先验知识。在匹配复原过程中引入一种新思路，先结合塔状父结构搜索出拉普拉斯金字塔中最匹配的四个高频细节，再将这四个高频细节进行加权平均后的结果作为丢失的人脸图像的高频细节。实验结果表明，本章算法克服了 Baker 方法对噪声敏感的缺点，实现了对 64×64 大小的低分辨率人脸图像进行超分辨率放大 16 倍的效果，复原的结果图像边缘清晰，与 Baker 方法相比具有更好的视觉效果和更高的峰值信噪比。另外，作为基于学习的超分辨率复原环节的集成优化，从超分辨率复原的贝叶斯最大后验概率框架入手，详细介绍了集成优化的三个主要步骤；接着分析了单目标优化算法，并将最速下降法应用在最优高分辨率人脸图像的估计中，对应用过程进行详细的公式推导以及实验测试。

参考文献

[1] Meek T R. Multiresolution Image Fusion of Thematic Mapper Imagery with Synthetic Aperture Radar Imagery [D]. Master Dissertation of Utah State University, 1999.

[2] De Bonet J S. Multiresolution Sampling Procedure for Analysis and Synthesis of Texture Images [J]. In Computer Graphics Proceedings, Annual Conference Series, (SIGGRAPH '97), 1997: 361-368.

[3] De Bonet J S, Viola P. A non-parametric multi-scale statistical model for natural images [J]. Advances in Neural Information Processing, 1997.

[4] Baker S, Kanade T. Limits on super-resolution and how to break them[J]. IEEE Conf Computer Vision and Pattern Recognition, 2000, 9(2): 372-379.

[5] Dong H, Gu N. Asian face image database PF01, Technical Report, Pohang University of Science and Technology, 2001.

[6] 郑丽贤，吴炜，杨晓敏，等. 基于多分辨率塔式结构的幻觉脸技术的研究[J]. 光电子·激光(EI核心),2008 (9).

[7] 郑丽贤. 四川大学，硕士论文，2008.

第六章 基于Contourlet变换的人脸图像超分辨率研究

近年来，由于小波具有良好的时频局部性和多分辨率特性，并有Mallat分解重构算法作为实现支撑，它在纹理分析、图像处理(降噪、复原、分割、压缩等)、地质探测等领域得到了广泛应用。

基于小波的图像复原是当前的研究热点，但是将小波变换应用于图像处理时，一般采用的是可分离二维小波变换。所谓的可分离二维小波变换，是指先在水平方向做一次一维小波变换，然后将第一次变换的结果在垂直方向再做一次一维小波变换，最终获得二维小波变换结果。因此小波基函数的支撑区域由区间扩展为正方形，只能捕获水平、垂直和对角三个方向的信息，相对而言其基函数形状的方向性较差。

虽然小波变换在分析点状瞬态特征的奇异性时是最优的，但是在表示图像结构的直线/曲线奇异性时却不是最优的。图像是由方向性不明显的平滑区域和方向性较强的边缘和纹理组成的。如果某个基函数能与被逼近的函数较好地匹配，则其相应的投影系数较大，变换的能量集中性也较高。对于平滑区域，小波变换的表示效率较高，而对于图像中方向性较强的边缘及纹理区域，由于两者匹配较差，导致其表示效率欠佳。因此，如果基函数具有方向性，将有助于提高边缘以及纹理的表示效率。

通过上述分析可知，小波变换表示二维图像的能力有限。为了解决小波变换的这一局限性，一些研究者提出了新的理论。根据生理学家对人类视觉系统的研究结果和图像统计模型，一种最优的图像表示方法应该具有如下特征：

(1) 多分辨率：能够从高分辨率到低分辨率对图像进行逼近，即带通性。

(2) 局域性：频域和空域的基都应该是局部的。

(3) 方向性：基应该具有"方向性"，而且能够提供足够多的方向性(不仅仅是二维小波变换中的有限方向)。

(4) 各向异性：为了能够很好地表示图像中的奇异曲线，要求这种表示方法的基能够具有不同方向比率的延长性。

Contourlet变换是2002年M. N. Do和Martin Vetterti提出的一种新的二维图像表示方法，它是为解决二维或更高维奇异性而产生的一种新的分析工具，同时它具有上述最优的图像表示方法应具备的特征。Contourlet变换也称为塔形方向滤波器组(Pyramidal Direction Filter Bank，PDFB)，是一种多分辨率、多方向、局部的、各向异性的变换。它不仅具有小波的多分辨率特性和时频局域特性，而且具有很强的方向性和各向异性。同时它还具有丰富的基函数，可包含2的任意整数次幂个方向基函数，并且每个基函数的纵横比也可以任意选择，对任意一维光滑边缘的表示都接近最优。图6-1中(a)和(b)所示分别为Contourlet变换基和小波变换基对曲线的表示示意图。图6-1(a)表示采用Contourlet变换来逼近图像中奇异曲线的过程，在该过程中 Contourlet 变换充分利用图像的几何正则性，它的基支撑区间表现为“长方形”，用最少的系数来逼近奇异曲线。基的“长方形”支撑区间实际上是方向性和各向异性的一种体现，因此 Contourlet 基又具有方向性和各向异性。图 6-1(b)表示可分离二维小波逼近图像中奇异曲线的过程。由一维小波张成的二维小波基具有正方形的支撑区间，不同的分辨率下，其支撑区间为不同尺寸大小的正方形。因此，在二维小波逼近奇异曲线时，最终表现为用“点”来逼近线的过程。Contourlet 变换克服了小波变换的缺点，它在尺度、方向和方框的比例上都是弹性的，同时在频率域提供了一个多级定向的分解。它能够满足曲线的各向异性尺度关系，并且提供一种快速的、结构化的像曲线波一样的分解信号方法。目前 Contourlet 变换广泛应用于图像去噪、图像融合、图像超分辨率等各个方面。

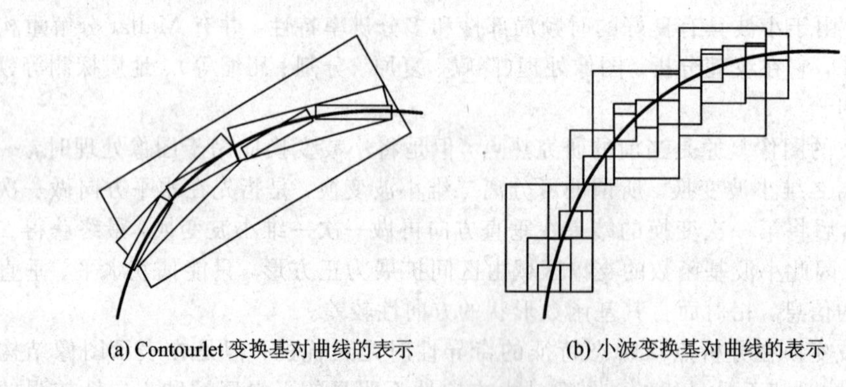

图 6-1　小波和 Contourlet 变换基对曲线的表示

6.1　Contourlet 变换的基本理论

大多数自然图像并不全是由一些不连续的点组成的，在很大程度上图像是由分段光滑的轮廓线组成。二维小波变换对零维或不连续的点有稀疏表示，而对于轮廓线表示和能力有限。

Contourlet 变换是由多尺度分析的拉普拉斯金字塔(Laplacian Pyramid，LP)和方向分析的方向滤波器组(Directional Filter Bank，DFB)两部分组成的。该变换可分为两步：① 由LP 变换对图像进行多尺度分解以“捕获”奇异点(高频信息)，生成一个原始图像的低通采样信号(即高斯图像)和一个原始图像与预测图像之差形成的带通图像(即拉普拉斯图像)；② 其中 LP 分解后的带通图像由 DFB 进行 2^k 方向分解(其中 k 可自行定义，以获得期望的方向分解数)，将频域分解成 2^k 个锲型(Wedge Shape)子带，使得分布在同方向上的奇异点合成为一个系数。Contourlet 变换的最终结果是用类似于线段(Contourlet Segment)的基结构来逼近图像，这也是称为 Contourlet 变换的原因。由于拉普拉斯金字塔(LP)在前面的章节已介绍过了，这里就不再重复介绍，下面将对方向滤波器组(DFB)进行介绍。

6.1.1　方向滤波器组

从频域来看，实现方向滤波器组的目的是将频域划分成一系列锲形的频率区域，如图 6-2 所示。需要的方向越多，那么频域划分的子区域也越多。通常，方向滤波器(DFB)主要是针对图像各个尺度的高频部分设计的，因为方向滤波器组处理低频部分的能力很弱。从图 6-2 可以看出，方向频率划分使得低频部分很容易泄漏到其他方向子带中。为了改善这种情况，通常需要在各尺度方向滤波之前将相应的低频部分抽出，因此方向滤波通常是同多尺度分解结合在一起的(多尺度分解产生的结果之一就是抽出低频部分)。方向滤波器组通过一个 k 层树状结构的分解，有效地将信号分成了 2^k 个子带，将频带分割成为锲形(见图 6-2)，其中，$k=3$，共 $2^3=8$ 个锲形频率带，子带 0～3 主要对应垂直方向，而 4～7 对应水平方向。

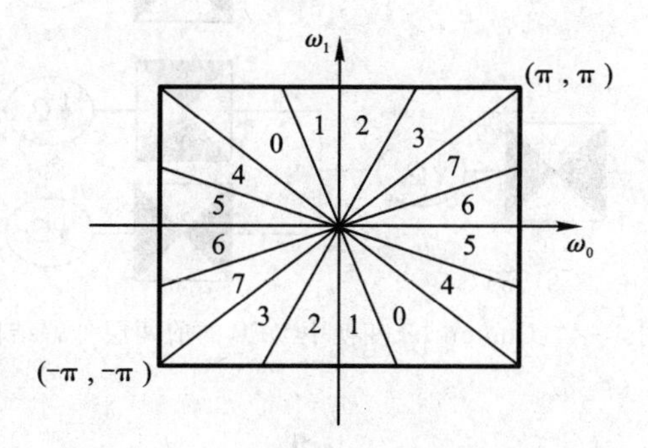

图 6-2　方向滤波器组对频域的锲形划分

图 6-3 为 k 层结构方向滤波器组的多通道表示。Bamberger 和 Smith 提出方向滤波器组(DFB)。它能够对图像进行方向分解，同时具有很好的重构性。但是，该 DFB 结构必须遵循一种复杂的树形展开规则才能获得较为理想的频率分割。

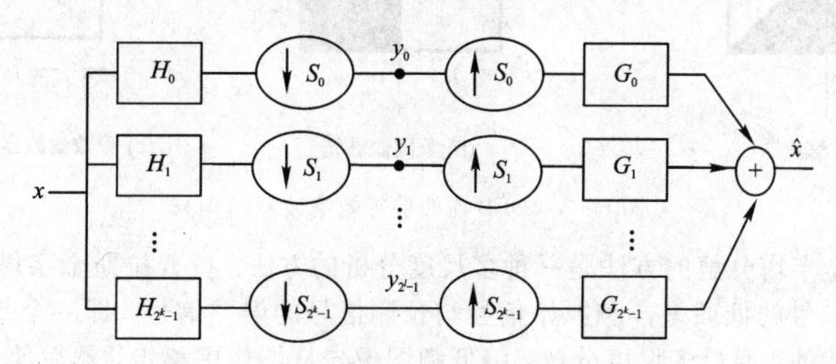

图 6-3　k 层结构方向滤波器的多通道表示

因此，M. N. Do. 提出了一个新的 DFB，并应用于 Contourlet 变换。该 DFB 是基于梅花滤波器组(Quincunx Filter Bank，QFB)的扇形滤波器，它可以不用对输入图像进行调节，并且有一个简单的展开分解树的规则。实现 DFB 的锲形频率切分可以通过 QFB 的扇形方向频率切分滤波器与二次取样的“旋转”的适当组合来实现。这样大大简化了 DFB 的结构。由于合成部分与分解部分是严格对称的，因此下面只介绍分解部分。

为了获得四个方向的频率分割，DFB 的前两层分解如图 6-4 所示，其中 Q_0 和 Q_1 分别为第 1 层、第 2 层的抽样矩阵。根据 Noble 恒等式，可将图 6-4 中第 2 层的滤波器与抽样矩阵 Q_0 相互交换。扇形滤波器被等效为具有象限频率响应的象限滤波器，再与第 1 层的扇形滤波器相结合，就会得到四个方向的子带分割，如图 6-5 所示。为了实现更理想的频率分割，在 DFB 结构的第 3 层分解中，将 QFB 和“旋转”算子相结合。使用“旋转”算子对频率子带进行重新排序，从而实现 Contourlet 结构中 DFB 的二维频率平面的理想分割。

将拉普拉斯金字塔分解和方向滤波器组结合起来，就实现了 Contourlet 变换。Contourlet 变换是一种多分辨率、多方向的变换。其中，拉普拉斯金字塔分解实现多分辨率，而方向滤波器组实现多方向。金字塔分解不具有方向性，而方向滤波器组对高频部分能很好地分解，对低频部分却不行。二者的结合恰好能弥补对方的不足，从而得到了很好的图像描述方式。

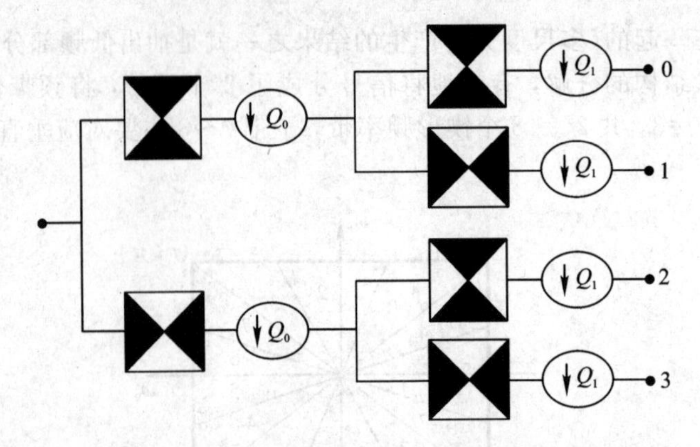

图 6-4　Contourlet 变换中 DFB 的前两层分解结构

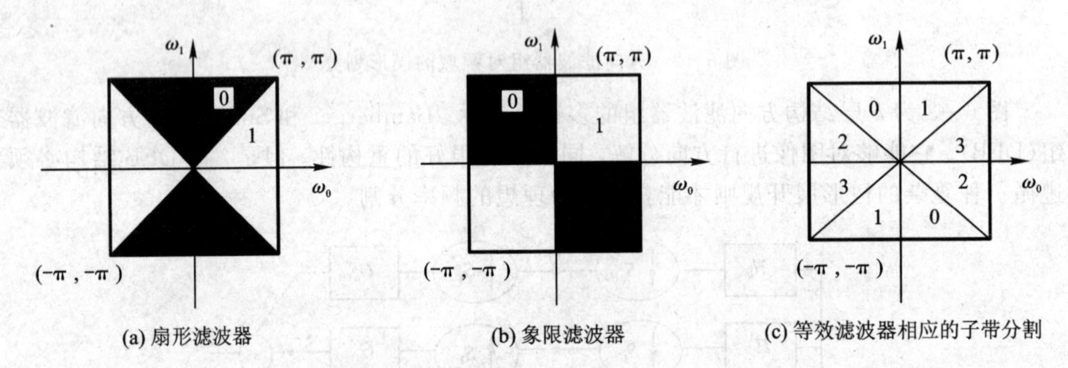

图 6-5　DFB 前两层等效滤波器结构

拉普拉斯金字塔分解的方法是一种多尺度分析的方法。拉普拉斯金字塔分解在每一步生成一个原始信号的低通采样和原始信号与预测信号的误差信号，即一个带通图像。上述过程是可以迭代的。通过多尺度分解，将低频图像先从图像中移走，然后使用 DFB 直接处理高频图像部分，便能有效地“捕获”方向信息。最后将图像分解为多个尺度上的多个方向子带。具体的 Contourlet 变换流程图如图 6-6 所示。

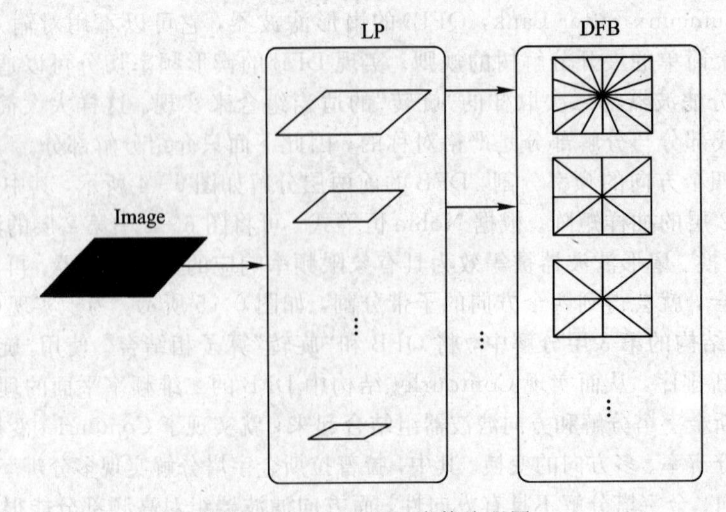

图 6-6　Contourlet 变换流程图

6.1.2　Contourlet 变换的特性分析

Contourlet 变换主要具有如下特征：

(1) 如果 LP 和 DFB 都采用完全重构滤波器，则 Contourlet 变换也是完全重构的，因此 Contourlet 变换是一个紧框架操作。

(2) 如果 LP 和 DFB 都采用正交滤波器，则 Contourlet 变换提供了一个框架界为 1 的紧框架。

(3) Contourlet 变换的冗余率小于$\frac{4}{3}$。

(4) 使用 FIR 滤波器，N 像素图像的 Contourlet 变换的计算复杂度为 $O(N)$。

(5) 假定在 LP 金字塔的第 j 层应用 l_j 级 DFB，则图像的离散 Contourlet 变换具有的基本支撑大小为：宽度 $\approx 2^j$，长度 $\approx 2^{j+l_j-2}$。

由于多尺度分析和多方向分解在 Contourlet 变换中是可分离的，因此可以在不同的尺度进行不同数量的方向分解，这样可以得到一个灵活的多尺度和多方向展开式，以方便在实际应用中按需要进行不同的多尺度、多方向分解。

一个人脸图像进行 Contourlet 变换的例子如图 6-7 所示，图中对每一层拉普拉斯图像使用 DFB 将其分解成四个带通方向图像，构建一个 Contourlet 金字塔。

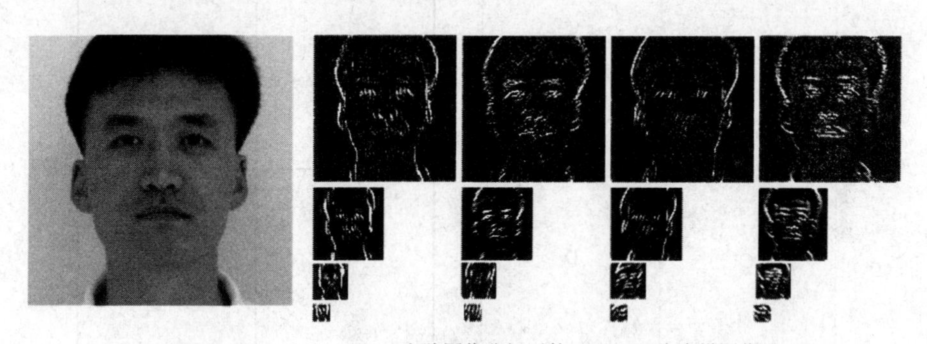

(a) 人脸图像　(b) 人脸图像分解后的Contourlet金字塔图像

图6-7　人脸图像进行四层 Contourlet 变换金字塔(每一层进行四个方向分解后的图像)

6.2　基于 Contourlet 变换的人脸图像超分辨率

由于基于分类的超分辨率主要适合于特定类型的图像，因此本章介绍 Contourlet 变换在人脸图像超分辨率中的应用。Contourlet 变换作为一种新的信号分析工具，能够将图像中的边缘准确地捕获到不同尺度、不同方向、不同频率的子带中。它不仅具有小波变换的多尺度的特点，而且还增加了小波不具有的方向性和各向异性的特点。

为了表示人脸特征，可以建立 Contourlet 金字塔，提取 Contourlet 系数特征，但是 Contourlet 变换特征存在特征表示不足的缺点。因为 Contourlet 变换特征是通过对拉普拉斯金字塔的每一层进行方向滤波后得到的，也就是说只使用了拉普拉斯特征。因此采用方向滤波器组(DFB)对高斯金字塔提取的一阶梯度和二阶梯度特征进行方向滤波，提取滤波后的特征作为新的特征。由于每个特征的重要性不同，因此应该给不同的特征施加不同的权重，一般来说应该对重要的特征施加较大的权重，而对次要的特征施加较小的权重。边缘信息在超分辨率复原中是非常重要的信息，边缘信息越强施加的权重也就越大。由于方向滤波器组(DFB)滤波后的系数能够表示方向(边缘)信息的强弱，因此对强方向系数施加大的权重，而弱方向系数正好相反。另外在匹配过程中，本章采用最小欧氏距离进行最优匹配的选择，并且加入阈值判断，进行匹配。也就是如果最优匹配与待复原特征之间的距离大于一定的阈值，则采取对最相近的五个特征对应的高频特征进行加权的方法(权值的大小与距离有关)。详细的实验结果分析表明，本章算法复原出的超分辨率人脸图像具有更好的视觉效果，更逼真，更接近于原始高分辨率图像。

对待复原的低分辨率图像，使用 Contourlet 变换将其分解为多层(如 2 层)，并使用 DFB 将每一层分解为多个方向(例如四个方向)。如图 6-8(a)实线所示，将输入的待复原低分辨率图像分解为两层，每一层再使用 DFB 分解为四个方向。如图 6-8(b) 所示，对训练库中的高分辨率图像样本进行四层分解，同样每一层被 DFB 分解为四个方向。基于 Contourlet 变换的超分辨率复原的任务是在训练库中的高分辨率图像中进行学习，复原出如图 6-8(a)虚线部分的 Contourlet 系数(Ⅰ、Ⅱ层系数)，然后将复原的系数(Ⅰ、Ⅱ层系数)与先前的一、二层系数一起进行 Contourlet 反变换，复原出高分辨率图像。

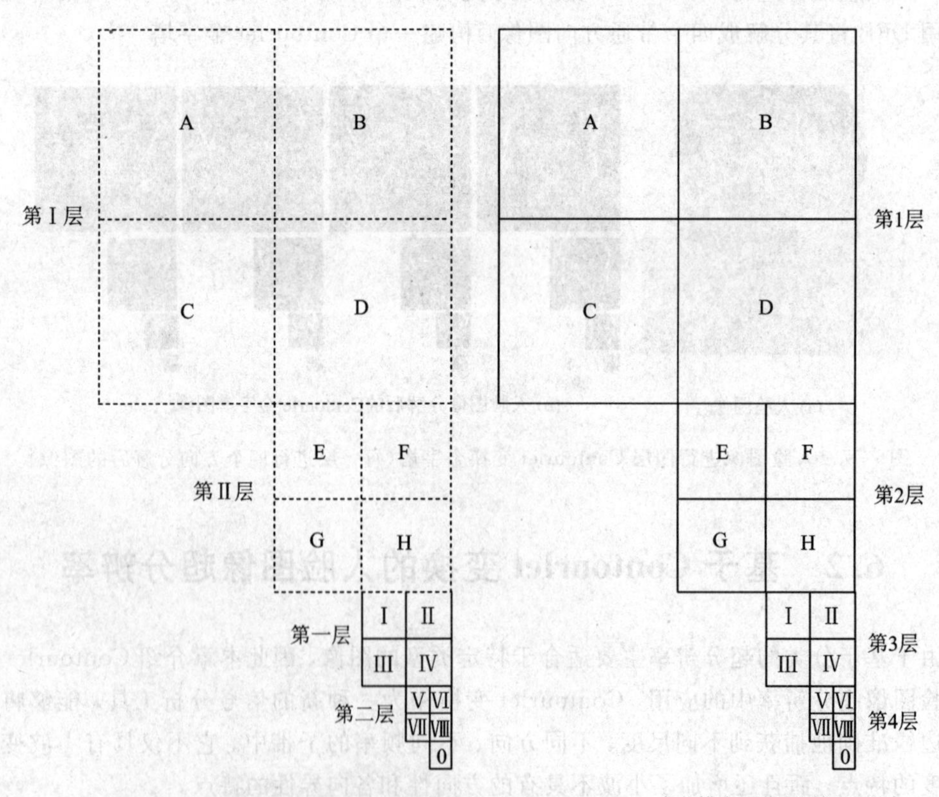

(a) 实线部分表示低分辨率图像进行两层四个方向分解的示意图 (其中虚线部分表示需要通过学习获得的Contourlet系数)

(b) 高分辨率图像经过四层四个方向分解的示意图

图 6-8 获取 Contourlet 系数的示意图

如何通过训练库中的高分辨率图像获得图 6-8(a)中的低分辨率图像对应的细节部分 Contourlet 系数(即虚线部分 Contourlet 系数)，是超分辨率复原的关键问题。这就涉及到特征表示问题，也就是如何表示待复原的低分辨率图像的信息。目前主要采用两种特征表示方法，一种是以图像的灰度作为特征，另一种是提取图像中频信息(在本章中把低分辨率图像的高频信息称为中频信息)作为特征。由于提取中频特征表示图像具有更多的优点，因此本章采用提取中频特征的方法。Contourlet 变换能够很好地提取不同尺度、不同方向的高频特征(即低分辨率图像的中频特征)，这也是本章采用 Contourlet 变换的原因之一。

虽然可以直接使用 Contourlet 系数作为特征，但是 Contourlet 系数存在特征表示不足的缺点。因为 Contourlet 系数是通过对拉普拉斯特征进行方向滤波后得到的，只是对拉普拉斯特征进行了方向分解，这使得特征表示不够充分。因此本章增加了新的特征，使用 Contourlet 变换的 DFB 对高斯金字塔提取的一阶和二阶梯度特征进行方向滤波，提取滤波后的特征作为新的特征。

6.2.1 特征提取

一幅输入待复原的低分辨率图像 X，进行两层 Contourlet 金字塔变换分解，每一层分解为 4 个方向，然后对高斯金字塔的每一层使用一阶、二阶梯度特征提取高频信息，最后用 Contourlet 变换的方向滤波器组(DFB)对一阶、二阶梯度特征进行方向滤波，将其分解为 4 个方向，可获得 DFB 滤波后的特征，特征提取示意图如图 6-9 所示。

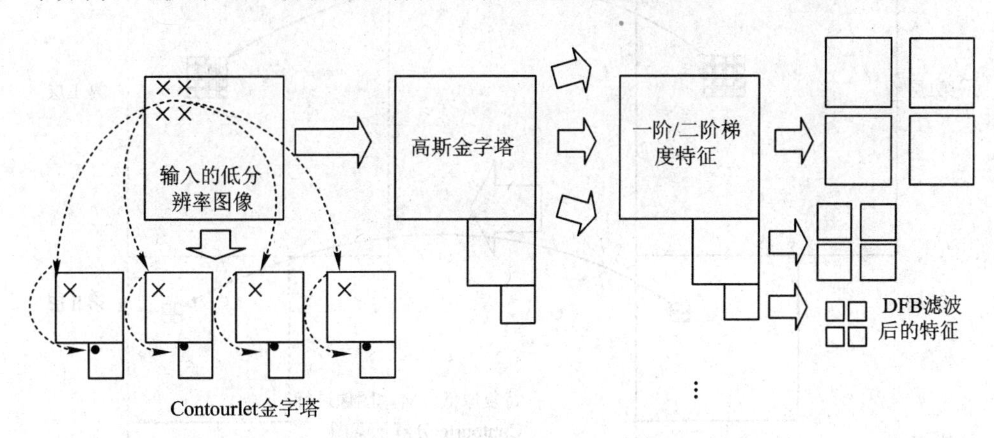

图 6-9　输入的低分辨率图像获取特征的示意图

对输入的低分辨率图像(例如：大小为 64×64)中的任一位置 $(2m, 2n)$ 处的 2×2 的块对应的特征，可用一个特征矢量来表示，它由 Contourlet 变换系数以及对一阶、二阶梯度特征进行 DFB 滤波后的特征组成。由于进行两层 Contourlet 变换，每一层 4 个方向，Contourlet系数特征个数为 2×4=8 个；高斯金字塔共 3 层，每一层都提取一阶、二阶梯度特征(水平方向和垂直方向，共有 4 个)，对每一个一阶、二阶梯度特征利用 DFB 对其进行方向滤波，分解为 4 个方向。因此滤波后的特征为 3×4×4=48 个。因此总共特征数为 8+48=56 个。

$$F(\boldsymbol{X})(m,n)=\begin{bmatrix} C_1^1(\boldsymbol{X})(m,n),\ C_2^1(\boldsymbol{X})(m,n),\ C_3^1(\boldsymbol{X})(m,n),\ C_4^1(\boldsymbol{X})(m,n) \\ C_1^2(\boldsymbol{X})\left(\frac{m}{2},\frac{n}{2}\right),\ C_2^2(\boldsymbol{X})\left(\frac{m}{2},\frac{n}{2}\right),\ C_3^2(\boldsymbol{X})\left(\frac{m}{2},\frac{n}{2}\right),\ C_4^2(\boldsymbol{X})\left(\frac{m}{2},\frac{n}{2}\right) \\ H_1^1D_1(m,n),\ H_1^1D_2(m,n),\ H_1^1D_3(m,n),\ H_1^1D_4(m,n) \\ H_2^1D_1\left(\frac{m}{2},\frac{n}{2}\right),\ H_2^1D_2\left(\frac{m}{2},\frac{n}{2}\right),\ H_2^1D_3\left(\frac{m}{2},\frac{n}{2}\right),\ H_2^1D_4\left(\frac{m}{2},\frac{n}{2}\right) \\ H_3^1D_1\left(\frac{m}{4},\frac{n}{4}\right),\ H_3^1D_2\left(\frac{m}{4},\frac{n}{4}\right),\ H_3^1D_3\left(\frac{m}{4},\frac{n}{4}\right),\ H_3^1D_4\left(\frac{m}{4},\frac{n}{4}\right) \\ \cdots\cdots \end{bmatrix} \tag{6-1}$$

式中，C_j^i 表示第 i 层的第 j 个方向的 Contourlet 系数特征。$H_j^iD_k$ 表示第 i 阶的水平方 向第 j 层的第 k 个方向 的 DFB 特征。式中只是列出两层 4 个方向 Contourlet 系数和一阶水平方向三层 4 个方向的特征。

对高分辨率人脸图像库中的每一幅图像，进行四层金字塔 Contourlet 分解，其中前两层对应高频信息，第 3、4 层对应中频信息(即高分辨率图像降质后图像的高频信息，即低分辨率图像的高频信息)。也就是说第 3、4 层的 Contourlet 系数是与输入的低分辨率图像进行金字塔 Contourlet 分解的第 1、2 层 Contourlet 系数对应的，如图 6－10 所示。与输入的低分辨率图像一样，对每一幅高分辨率人脸图像建立 Contourlet 金字塔和高斯金字塔，

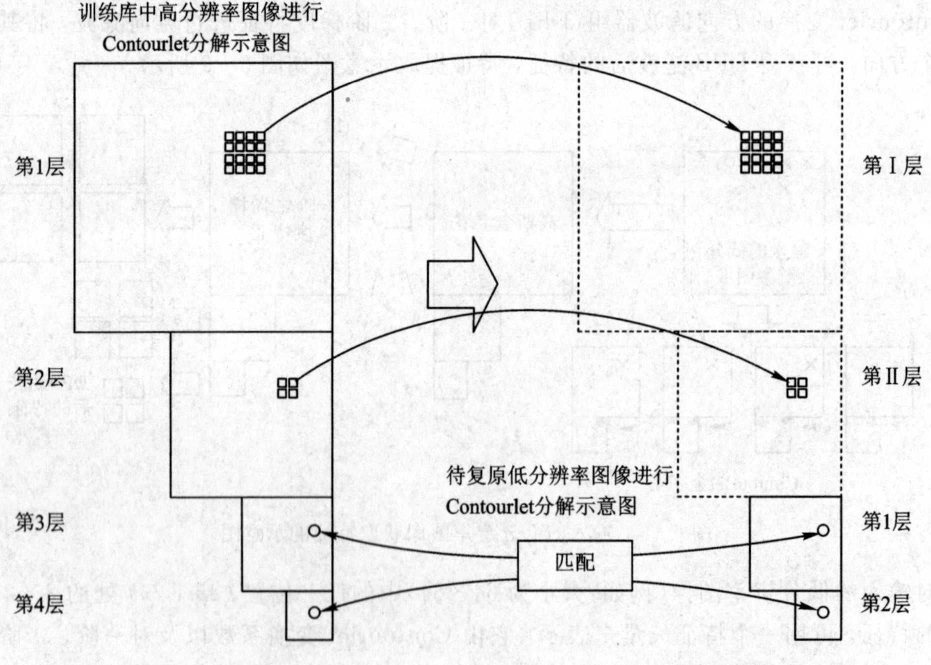

(a) 训练库中的高分辨率图像进行四层Contourlet分解的示意图

(b) 实线部分是对待复原的低分辨率进行两层Contourlet分解的示意图，虚线部分表示待复原的高频信息。匹配是在第3、4层进行的，最后将最优匹配的第1、2层的高频信息从高分辨率图像库中拷贝到待复原的图像中

图 6－10　高分辨率图像与低分辨率图像的关系示意图

然后用一阶、二阶梯度算子对高斯金字塔进行特征提取，最后用 DFB 对一阶、二阶梯度特征进行方向滤波。这样对于训练样本 T_k 的第 3 层任一位置 $(2m, 2n)$、大小为 2×2 的块，可以使用一个特征矢量 $F_3(\boldsymbol{T}_k)(m, n)$ 来表示。

由于每个特征的重要性不同，因此应该给不同的特征施加不同的权重，一般来说应该对重要的特征施加较大的权重，而对次要的特征施加较小的权重。边缘信息在超分辨率复原中是非常重要的信息，因此边缘信息越强施加的权重也就越大。由于方向滤波器组(DFB)滤波后的系数能够表示方向(边缘)信息的强弱，因此对强方向系数施加大的权重，而弱方向系数正好相反。

本章中提出采用方向滤波器组(DFB)滤波后的系数大小(能量)表示方向的强弱，即采用权重与 DFB 滤波后系数的能量成正比。设待复原图像 $\boldsymbol{X}$ 的特征矢量 $F(\boldsymbol{X})(m, n)$ 的第 i 个特征表示为 $F(\boldsymbol{X})(m, n)(i)$，那么对 $F(\boldsymbol{X})(m, n)$ 所有特征之能量进行求和操作得到总能量 $\mathrm{AllE}(m, n)$：

$$\mathrm{AllE}(m, n) = \sum_i \mathrm{abs}(F(\boldsymbol{X})(m, n)(i)) \tag{6-2}$$

其中，abs 表示求绝对值。

$F(X)(m, n)$ 中的每个特征的权重可以表示为

$$W_i = \frac{\mathrm{abs}(F(\boldsymbol{X})(m, n)(i))}{\mathrm{AllE}(m, n)} \tag{6-3}$$

由此，式(6-1)可改写为

$$F(\boldsymbol{X})(m, n) = \begin{bmatrix} W_1C_1^1(\boldsymbol{X})(m,n),\ W_2C_2^1(\boldsymbol{X})(m,n),\ W_3C_3^1(\boldsymbol{X})(m,n),\ W_4C_4^1(\boldsymbol{X})(m,n) \\ W_5C_1^2(\boldsymbol{X})\left(\frac{m}{2},\frac{n}{2}\right),\ W_6C_2^2(\boldsymbol{X})(\frac{m}{2},\frac{n}{2}),\ W_7C_3^2(\boldsymbol{X})(\frac{m}{2},\frac{n}{2}),\ W_8C_4^2(\boldsymbol{X})(\frac{m}{2},\frac{n}{2}) \\ W_9H_1^1D_1(m,n),\ W_{10}H_1^1D_2(m,n),\ W_{11}H_1^1D_3(m,n),\ W_{12}H_1^1D_4(m,n) \\ W_{13}H_2^1D_1(\frac{m}{2},\frac{n}{2}),\ W_{14}H_2^1D_2(\frac{m}{2},\frac{n}{2}),\ W_{15}H_2^1D_3(\frac{m}{2},\frac{n}{2}),\ W_{16}H_2^1D_4(\frac{m}{2},\frac{n}{2}) \\ W_{17}H_3^1D_1(\frac{m}{4},\frac{n}{4}),\ W_{18}H_3^1D_2(\frac{m}{4},\frac{n}{4}),\ W_{19}H_3^1D_3(\frac{m}{4},\frac{n}{4}),\ W_{19}H_3^1D_4(\frac{m}{4},\frac{n}{4}) \\ \cdots\cdots \end{bmatrix} \tag{6-4}$$

6.2.2 匹配复原

由于对人脸图像进行复原，正面人脸图像相对于其他图像具有一些特殊性，即人脸图像具有全局约束，不同人的鼻子、嘴、眼睛的位置相对于正面人脸来说，基本上是固定的。因此本章利用这种性质，进行寻找最优匹配时，只是在对应的位置寻找最优匹配。也就是说，低分辨率图像的位置 $(2m, 2n)$ 点进行复原时，只需要在训练样本库的低分辨率图像中对应的位置 $(2m, 2n)$ 寻找最优匹配的点。使用这样的方法，可以大大减少计算的时间，提高运算效率。

输入待复原人脸图像 $\boldsymbol{X}$，将其 $(2m, 2n)$ 位置、2×2 大小的块用特征 $F(\boldsymbol{X})(m, n)$ 表示。使用欧氏距离度量，与训练库中每一幅人脸图像 $\boldsymbol{T}_i$ (高分辨率)在第 3 层对应位置的特征 $F_3(\boldsymbol{T}_i)(m, n)$ 进行对比，寻找距离最小的特征的位置，即

$$d_i = \mathrm{argmin}\| F_3(\boldsymbol{T}_i)(m, n) - F(\boldsymbol{X})(m, n)\| \tag{6-5}$$

如果寻找的最优匹配特征与待复原人脸图像特征之间的距离小于一定的阈值 T，说明中频特征很相似，可认为高频特征也很相似，因此可以把寻找到对应点的高频信息(即Contourlet 系数)，拷贝到待复原图像的第Ⅰ、Ⅱ层，如图 6-10 所示。如果寻找的最优匹配特征与待复原人脸图像特征之间的距离大于一定的阈值 T，说明存在较大的误差，若直接使用对应点的高频信息，复原效果较差。在这种情况下，本章在匹配复原过程中引入一种新思路，即寻找距离最相近的五个特征。

$$[k_1, k_2, k_3, k_4, k_5] = \arg\min_i \| F_3(\boldsymbol{T}_i)(m, n) - F(\boldsymbol{X})(m, n) \| \tag{6-6}$$

然后将这五个特征对应的高频信息(即 Contourlet 系数)进行加权，以减少噪声影响。在权重系数的选取上，采用越相近的权重越大，即与距离成反比。并对权重有如下约束条件：

$$\sum_i w_i = 1 \tag{6-7}$$

其中，w_i 表示第 i 个最相近系数的权重。

设最近距离的五个距离分别表示为 $d_1, d_2, \cdots, d_5$：

$$\text{coff} = \sum_{i=1}^{5} \frac{1}{d_i} \tag{6-8}$$

距离为 d_i 的特征对应的高频 Contourlet 系数的权重为

$$w_i = \frac{1}{d_i \times \text{coff}} \tag{6-9}$$

本章算法通过特征的匹配从训练样本中学习得到训练样本的第1层、第2层的Contourlet系数，将获得的 Contourlet 系数拷贝到待复原图像的第Ⅰ、Ⅱ层。最后通过 Contourlet 反变换复原出高分辨率图像。

6.2.3 算法描述

算法分为两个部分，即训练部分(Training Process)和学习部分(Learning Process)。具体算法的步骤如下：

1. 训练过程

对输入的每一个训练样本 $\boldsymbol{T}_i$，$i=1, \cdots, n$(其中 n 是样本数)，建立五层高斯金字塔和四层 Contourlet 金字塔。分别对第 3、4、5 层高斯金字塔进行一阶、二阶梯度特征提取，然后对提取的特征进行 DFB 滤波，提取滤波后的特征，最后依据特征系数建立特征结构 $F(\boldsymbol{T}_i)$(计算相应特征的权重)。

2. 学习过程

(1) 对待复原的图像 X，建立三层高斯金字塔和两层 Contourlet 金字塔。对高斯金字塔进行一阶、二阶梯度特征提取，然后对提取的特征进行 DFB 滤波，提取滤波后的特征，并建立特征结构 $F(X)$(计算相应特征的权重)。

(2) 将待复原的图像分成 2×2 的块，对位置为 $(2m, 2n)$ 的 2×2 的分块，用特征 $F(\boldsymbol{X})(m, n)$ 表示，然后使用式(6-5)计算该特征与训练样本相应位置特征 $F_3(\boldsymbol{T}_i)(m, n)$ 的最小欧氏距离 d_i。

如果 d_i 小于阈值 T，把寻找到对应点的高频信息(即 Contourlet 系数)，拷贝到待复原图像对应位置的第Ⅰ、Ⅱ层。如果 d_i 大于阈值 T(例如 T 取10)，则寻找距离最相近的五个特征点位置。然后将对应的高频信息进行加权(计算相应的权重)，将加权得到的高频信息拷贝到待复原图像对应位置的第Ⅰ、Ⅱ层。

(3) 对待复原的低分辨率图像和获取的 Contourlet 系数进行 Contourlet 反变换，得到复原的高分辨率图像。

训练过程和学习过程的流程图如图 6－11 所示。

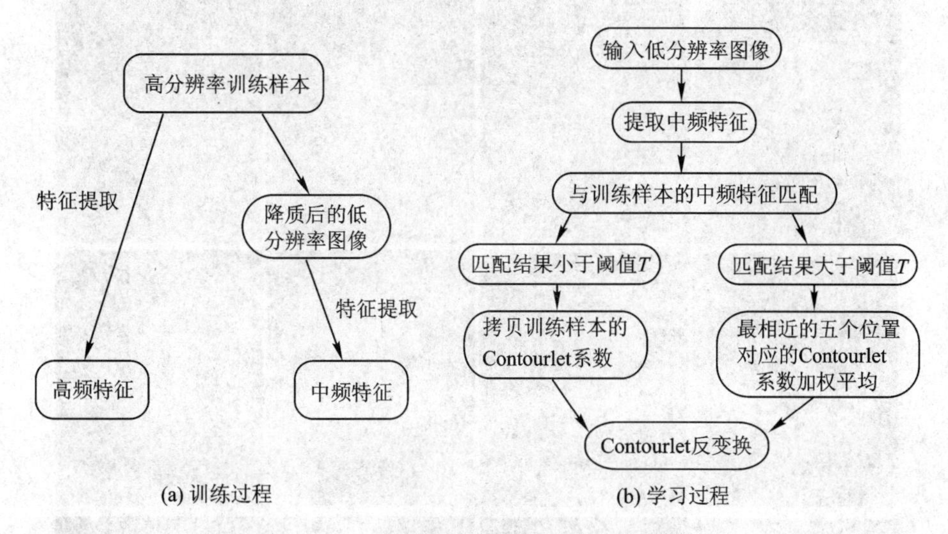

图 6－11　训练过程和学习过程的流程图

6.3　实验结果与分析

使用亚洲人脸标准图像数据库(IMDB)中的人脸图像，提取人脸的面部图像，并进行归一化，归一化成 192×160。把 192×160 的人脸图像作为高分辨率人脸图像，对其进行降质处理，降质为 48×40 的图像，将其作为低分辨率人脸图像(这样图像复原时需要放大 16 倍)。实验首先选取了所有不带眼镜的 75 人进行实验，每人选正面人脸，总共 75 幅。随机选择其中的 8 人(8 幅人脸图像)作为测试数据。

最近邻插值算法，Cubic B-Spline 插值算法与本章算法的实验结果进行比较，如图 6－12所示。从实验结果对比图中可以看出：最近邻插值算法、Cubic B-Spline 插值算法在平滑噪声的同时模糊了大部分的人脸细节，而本章算法能恢复出人脸的细节，使复原结果更逼真。同时从视觉效果来看，本章算法复原结果与原始高分辨率图像较为相似。

图 6－13 是本章方法与 Baker 方法以及 Contourlet 系数方法进行的比较。其中，Contourlet 系数方法是指只采用 Contourlet 变换系数作为特征。对实验图片进行局部放大可以看出本章方法优于 Baker 方法和 Contourlet 系数方法。从图 6－13 中可以看出，Baker 方法细节上噪声较大，而且有一定的方块效应，有明显的锯齿(例如在鼻子部和人脸轮廓部)；Contourlet 系数方法在某些细节上有点失真(如眼部和人脸轮廓部)；本章方法不存在 Baker 方法和 Contourlet 系数方法的上述缺点，并且本章方法比 Baker 方法和 Contourlet 系数方法具有更多的细节特征，更接近于原始高分辨率图像，在细节上效果更优、更平滑。图 6－14 为各种方法复原结果的平均峰值信噪比分析，可以看出本章方法比 Contourlet 系数方法具有更高的峰值信噪比，并且本章算法复原的效果在视觉效果上，无论是相对于插值算法(如最近邻插值算法和 Cubic B-Spline 插值算法)还是 Baker 方法或者 Contourlet 系

数方法都有明显的改进。本章算法复原的图像从视觉效果上更逼真，更接近于原始高分辨率图像。

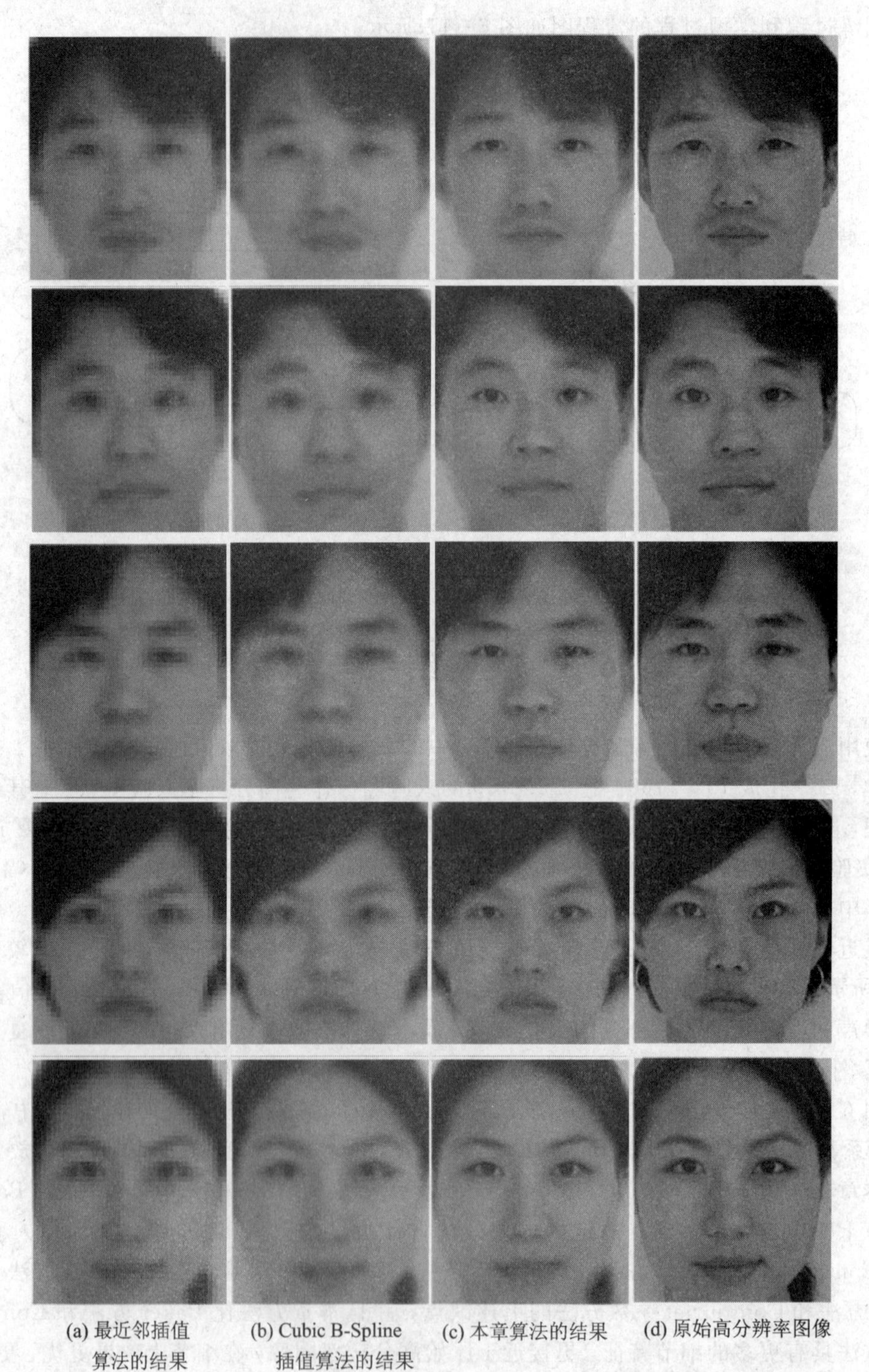

(a) 最近邻插值算法的结果　(b) Cubic B-Spline插值算法的结果　(c) 本章算法的结果　(d) 原始高分辨率图像

图 6-12　实验结果比较

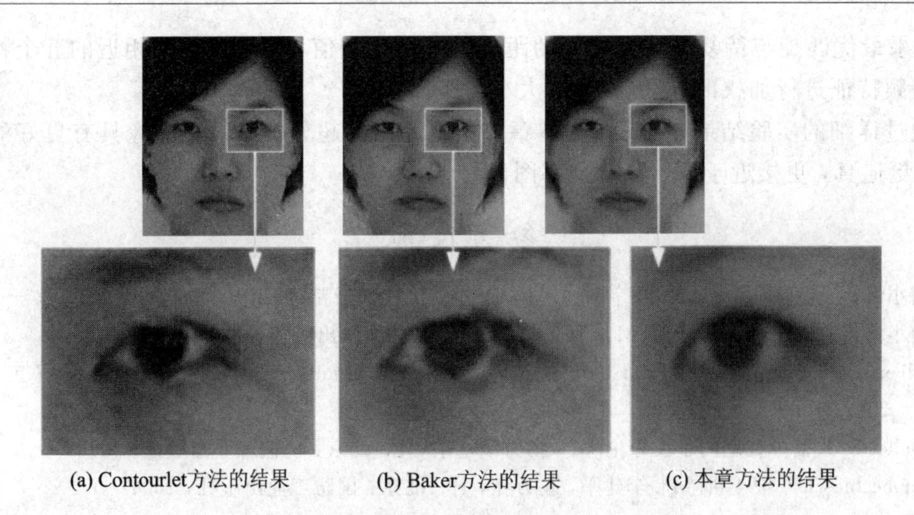

(a) Contourlet方法的结果　(b) Baker方法的结果　(c) 本章方法的结果

图 6－13　实验结果及局部放大图

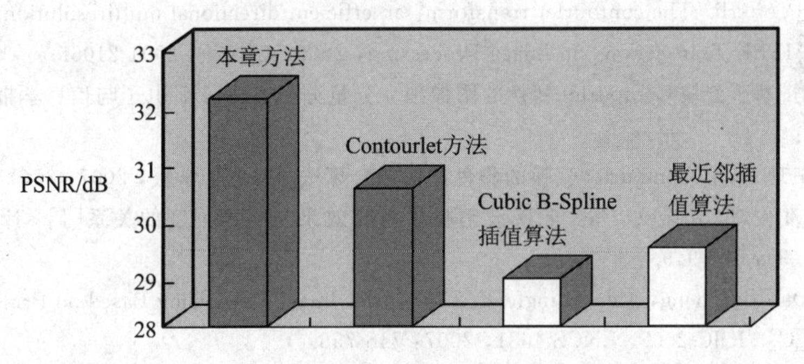

图 6－14　不同方法的平均峰值信噪比示意图

6.4　本章小结

本章首先分析了小波变换在进行图像处理时不能有效表示直线/曲线的奇异性的问题，然后介绍了能够较好地表示二维或更高维奇异性的 Contourlet 变换的基本原理。Contourlet变换是拉普拉斯金字塔变换与方向滤波器组相结合的变换方法，它能够解决小波变换所存在的不能处理二维或更高维奇异性的问题，非常适合于二维图像的处理。

之后，本章介绍了将 Contourlet 变换用于人脸图像的超分辨率复原。为了表示人脸特征，建立了 Contourlet 金字塔，针对 Contourlet 变换系数特征不够丰富的缺点，本章采用 Contourlet 变换系数特征和对高斯金字塔的一阶、二阶梯度特征进行 DFB 后的特征来进一步表示图像。

由于每个特征的重要性不同，因此应该给不同的特征施加不同的权重。一般来说，应该对重要的特征施加较大的权重，而对次要的特征施加较小的权重。边缘信息在超分辨率复原中是非常重要的信息，因此边缘信息越强施加的权重也就越大。由于方向滤波器组(DFB)滤波后的系数能够表示方向(边缘)信息的强弱，因此对强方向系数施加大的权重，而弱方向系数正好相反。

另外在匹配过程中，本章采用最小欧氏距离进行最优匹配的选择，并且加入阈值判断。如果最优匹配与待复原特征之间的距离大于一定阈值，则采取对最相近的五个特征对应的高频特征进行加权的方法(权值的大小与距离有关)。

通过详细的实验结果分析表明，本章算法复原出的超分辨率人脸图像具有更好的视觉效果，更逼真，更接近于原始高分辨率图像。

参考文献

[1] 何小海，王正勇，吴炜，等.数字图像通信及其应用[M]. 成都:四川大学出版社，2006.

[2] 何小海，吴炜，等.图像通信[M]. 西安:西安电子科技大学出版社，2005.

[3] Albert B，Francis J N. A First Course in Wavelets with Fourier Analysis[M].北京:电子工业出版社，2002.

[4] Mallet S G.信号处理的小波导论[M].杨力华，等，译. 北京：机械工业出版社，2002.

[5] Daubechies I.小波十讲[M].李建平，杨万年，译. 北京：国防工业出版社，2004

[6] 崔锦泰. 小波分析导论[M].程正兴，译. 西安：西安交通大学出版社，1995.

[7] MNDo，MVetterli. The contourlet transform：an efficient directional multiresolution image representation[J]. IEEE Transactions on Image Processing，2005，14(12)：2091-2106.

[8] 张瑾，方勇.基于分块Contourlet变换的图像独立分量分析方法[J]. 电子与信息学报，2007，29(8)：1813-1816.

[9] 李光鑫，王珂.基于Contourlet变换的彩色图像融合算法[J].电子学报，2007，35(1)：112-117.

[10] 陈新武，龚俊斌，田金文，等. 轮廓波消噪中消噪效果与噪声强度的关系[J]. 计算机应用研究，2008，25(3)：947-949.

[11] Liu Li，Dun Jianzheng，Meng Lingfeng. Contourlet Image De-noising Based on Principal Component Analysis[C]. ICIC 2007，LNCS 4681，2007：748-756.

[12] Beibei Song，Luping Xu，Wenfang Sun. Image Denoising Using Hybrid Contourlet and Bandelet Transforms[C]. Fourth International Conference on Image and Graphics，2007：71-74.

[13] 郭旭静，侯正信. 全相位Contourlet在图像去噪上的应用[J].天津大学学报，2006，39(7)：832-836.

[14] 苗启广.多传感器图像融合方法研究. 西安电子科技大学博士论文. 2005.

[15] 刘盛鹏，方勇. 基于数学形态学的Contourlet变换域图像降噪方法[J].光子学报，2008，37(1)：197-201.

[16] RHBamberger，M JT Smith. A Filter Bank for the Directional Decomposition of Images：Theory and Design [J]. IEEE Transactiona on Acoustics，Speech，and Signal Processing，1992，40(4)：882-893.

[17] 吴炜，杨晓敏，陈默，等. 基于Contourlet变换的人脸图像超分辨率技术研究[J]. 光电子·激光，2009，20(5)：694-697.

第七章　基于改进的非下采样 Contourlet 变换的人脸图像超分辨率

信号处理中有一种重要的思想方法是采用一种可逆的线性变换，变换的效率体现在能够用尽量少的基函数反映所处理信号的本质特征。在允许一定冗余度的情况下，扩大基函数集合可以使变换更加灵活、完善地表示图像信息。冗余性基函数通常能更有效地获取信号的一些特征，在去噪、增强以及边缘检测应用中，冗余性变换处理效果一般要优于非冗余性变换。

Contourlet 变换中的塔型滤波带结构具有非常有限的冗余性，在拉普拉斯金字塔分解和方向滤波带分解中都有上下采样，所以该变换不是平移不变的。由于 Contourlet 变换不具备平移不变性，在图像复原时奇异点周围容易引入伪吉布斯(Gibbs)现象。多分辨率框架的平移不变性可以有效抑制伪 Gibbs 现象，例如小波变换去噪中使用非下采样小波变换可克服伪 Gibbs 现象。

非下采样 Contourlet 变换去掉了 Contourlet 变换中的采样操作，是一种具有平移不变性的表示方法。目前非下采样 Contourlet 变换已经成功地用于图像去噪和图像增强等方面。本章将介绍非下采样 Contourlet 变换在基于学习的超分辨率中的应用。

7.1　非下采样 Contourlet 变换

非下采样 Contourlet 变换(NonSubsampled Contourlet Transform，NSCT)是在 Contourlet 变换的基础上由 M. N. Do 和 A. L. Cunha 在 2005 年提出的。非下采样 Contourlet 变换是一种超完备的变换，它与 Contourlet 变换在结构上很相似，不同的是它去掉了抽样环节，是由一个非下采样的金字塔滤波器(NonSubsampled Pyramid，NSP)和一个非下采样的方向滤波器组(NonSubsampled Directional Filter Bank，NSDFB)构成的。非下采样 Contourlet 变换不仅具有多尺度、良好的空域和频域局部特性和方向特性，还具有平移不变特性(Shift-Invariance)以及更高的冗余度。

Contourlet 在变换过程中通过对图像进行下采样以降低数据冗余量，是一种小冗余的图像表示方法。但是由于 LP 和 DFB 均有下采样，特别是 DFB 存在下采样，使得 Contourlet 变换不具有平移不变性，应用于图像复原时边缘处容易产生伪 Gibbs 现象。

非下采样 Contourlet 变换(NSCT)中的金字塔滤波器和 DFB 都是非下采样的，这使得其具有平移不变性，并由此衍生出两个优点：

(1) 更高的冗余度保证了图像经 NSCT 变换后在所得到的各个子带中的视觉特征及信息的更加完整；

(2) 根据多抽样率理论，NSCT 的低频子带不会有频率混淆现象产生，因而具有更强的方向选择性。

非下采样 Contourlet 变换首先采用 NSP 获得图像的多尺度分解，然后采用 NSDFB 对得到的各尺度子带图像进行方向分解，从而得到不同尺度、不同方向的子带图像(系数)。图 7-1 所示为 NSCT 变换流程图。

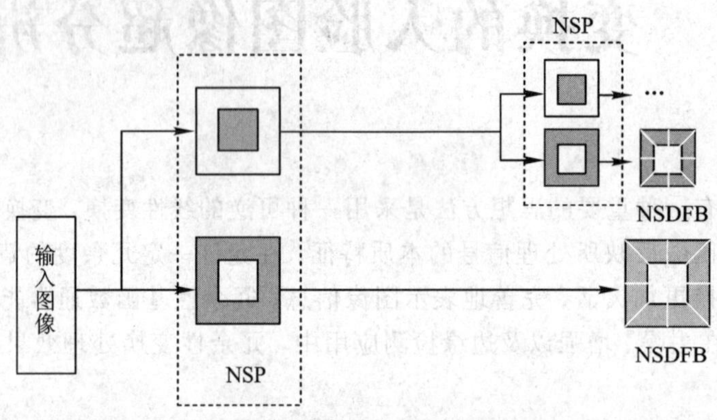

图 7-1　NSCT 变换流程图

7.1.1　非下采样金字塔

非下采样金字塔分级结构是通过多级迭代的方式实现的。首先提供满足下列完全重建条件的一组基本的低通、高通滤波器组：

$$H_0(z)G_0(z) + H_1(z)G_1(z) = 1 \tag{7-1}$$

其中，$H_0(z)$ 为低通分解滤波器；$H_1(z)$ 为高通分解滤波器；$G_0(z)$ 为低通重建滤波器；$G_1(z)$ 为高通重建滤波器。图 7-2 为非下采样金字塔滤波器组一级分解重建的结构示意图。

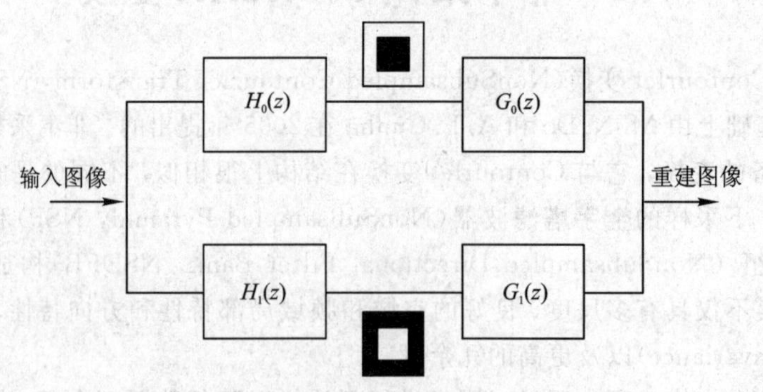

图 7-2　非下采样金字塔滤波器组一级分解重建的结构示意图

为了实现对图像的多尺度分解，采用与“a trous”小波算法相似的思想，对低通滤波器和高通滤波器分别进行上采样(对于第 j 尺度上的分解，在相邻的两个滤波器系数间插入 2^j-1 个零)，然后对上一尺度的低频图像用上采样后的低通滤波器进行低通滤波，得到低频图像，对上一尺度低频图像用上采样后的高通滤波器进行高通滤波，得到分解后的高频图像。该过程可以反复进行，类似于拉普拉斯金字塔变换。

7.1.2　非下采样方向滤波器组

非下采样方向滤波器组（NSDFB）是 Contourlet 变换中临界采样 DFB 的平移不变版本，它也是采用"a trous"算法的思想，即对级联的每级滤波器进行上采样来获得平移不变性的。非下采样 DFB 的基本模块是一个双通道的非下采样滤波器组。

NSCT 在基本扇形滤波器组或钻石滤波器组的基础上，通过对滤波器的操作来得到需要的象限滤波器组和平行滤波器组，避免了对图像的采样操作。非下采样方向滤波器组的结构为：① 先经过扇形滤波器组和象限滤波器组将图像分为 4 个方向的子带；② 经过平行滤波器组的迭代分为各个不同的方向子带。

为了实现更好、更加精细的方向分解，对非下采样的方向滤波器组进行迭代。在第一层方向分解之后，都用一个梅花形矩阵 $\boldsymbol{Q}$ 对方向滤波器组中的所有滤波器进行上采样，作为下一层方向分解的方向滤波器组，定义为

$$\boldsymbol{Q}=\begin{bmatrix}1 & 1\\ 1 & -1\end{bmatrix} \tag{7-2}$$

图 7-3 显示了非下采样 DFB 分解中双通道滤波器组的迭代结构。如果对某尺度下子带图像进行 k 级方向分解，可得到 2^k 个与原始输入图像尺寸大小相同的方向子带图像。图像经 J 级 NSCT 分解后可得到 1 个低频子带图像和 $\sum_{j=1}^{J} 2^{k_j}$ 个带通方向子带图像，其中 k_j 为尺度 j 下的方向分解级数。

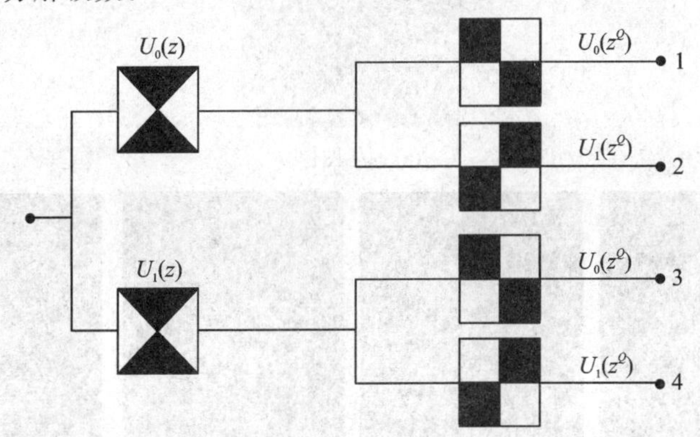

图 7-3　迭代 NSDFB 的分解结构图

非下采样 Contourlet 变换继承了 Contourlet 变换的多尺度、多方向以及良好的空域和频域局部特性，变换后能量更加集中，能够更好地捕捉和跟踪图像中重要的几何特征。由于 NSCT 分解和重构中不存在下采样和上采样环节，因此图像的分解和重构过程中不具有频率混叠项，因而滤波器的设计自由度更大，也使得 NSCT 具有平移不变性以及得到的各级子带图像与源图像具有尺寸大小相同等特性，在图像复原或者融合过程中能够有效减少配准误差对融合结果的影响以及较容易找到各个子带图像之间的对应关系，从而有利于运算的实现。

7.2　改进的非下采样 Contourlet 变换

非下采样 Contourlet(NSCT)变换结果的每一层图像大小都一样，不能像拉普拉斯金字塔那样建立高低分辨率图像的对应关系。虽然有人提出将低分辨率图像插值放大后的结果图像与对高分辨率图像进行 NSCT 变换后的低通图像作为对等图像，但是实际上两者存在差异。考虑到拉普拉斯金字塔可建立多分辨率金字塔结构，并且建立拉普拉斯金字塔需要的运算量比建立 NSCT 的非抽样金字塔(需要采用“a trous”算法，而“a trous”算法计算比较耗时)运算量要少很多，虽然拉普拉斯金字塔理论上会产生伪 Gibbs 现象，但是在实际复原过程中，产生的伪 Gibbs 现象相对来说不是很明显，因此本章对 NSCT 变换进行改进，NSCT 变换采用了非抽样的金字塔结构和非抽样方向滤波器组，本章提出的改进的 NSCT 变换(INSCT)则将 NSCT 变换的非抽样金字塔替换为拉普拉斯金字塔，而非抽样方向滤波器组还是保持不变。这一改进在处理速度和冗余度上进行了折中，并且可建立多分辨率金字塔结构。对人脸图像进行改进的 NSCT 变换的结果图如图 7-4 所示，人脸图像进行了 4 层拉普拉斯金字塔，拉普拉斯金字塔的每一层进行 4 个方向的非下采样方向滤波。

(a) 原始图像

(b) 4 层拉普拉斯金字塔进行 4 个方向的非下采样方向滤波后的结果(INSCT 变换结果)

图 7-4　人脸图像进行 INSCT 变换的结果图

本章采用 INSCT 变换的方法提取特征。INSCT 变换不仅能够准确地捕获到不同尺度、不同方向、不同频率的子带中的图像边缘信息，而且具有 Contourlet 变换不具有的冗余，同时相对于NSCT变换减少了计算量。

一般来说，分辨率越高，信息也相对越多；而分辨率越低，信息也相对越少。因此对分辨率高的层，分解的方向可以增加，而分辨率低的层，对其分解的方向可减少。如图7-5(a)所示，对待复原的低分辨率图像，使用INSCT将其分解为两层，上面的一层使用非下采样DFB分解为8个方向，下面的一层使用非下采样DFB分解为4个方向。对训练库中的高分辨率图像进行4层分解，最上面的两层分解为16个方向，最下面两层的分解方式与对待复原的低分辨率图像的分解方式一致，如图7-5(b)所示。

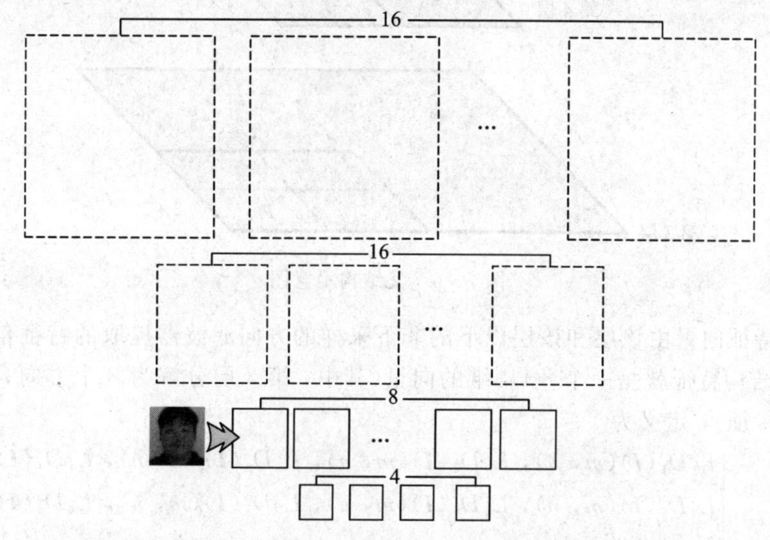

(a) 低分辨率图像分解示意图（虚线部分表示需要通过学习获取的系数部分）

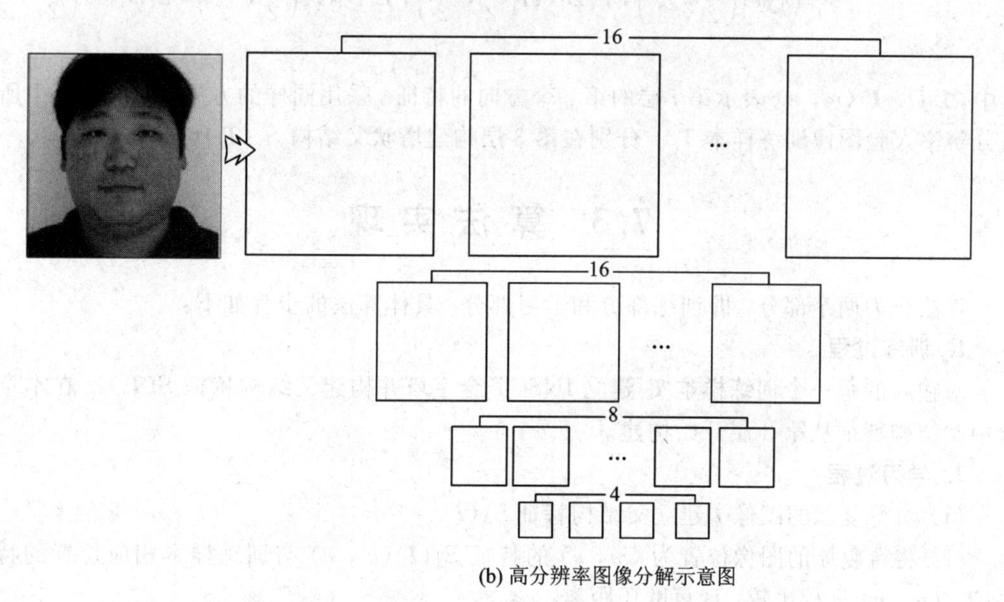

(b) 高分辨率图像分解示意图

图7-5 高、低分辨率图像分解示意图

与Contourlet变换的基于学习的方法类似，基于INSCT变换的超分辨率复原需要获得待复原的低分辨率图像的细节部分的系数(即图7-5(a)虚线部分的系数)。由于INSCT变换有较大的冗余度，以及得到各级子带图像与同级的拉普拉斯金字塔图像具有尺寸相同的特性，在超分辨率复原过程中能够有效减少配准误差对复原结果的影响以及较容易找到各个子带图像之间的对应关系，因此本章中只是使用 INSCT 金字塔系数作为特征。

设输入的低分辨率人脸图像为 $\boldsymbol{I}$，它的 INSCT 金字塔从第 3 层开始构建，本章定义 $\boldsymbol{I}$ 中的任一像素点 p 的父结构为第 3 层和第 4 层中与 p 对应的一组像素的特征向量，如图 7－6所示。

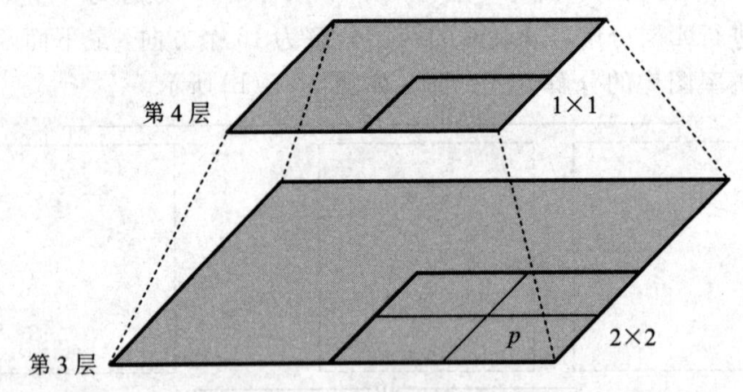

图 7－6　父结构示意图

像素的特征向量由该层和该层以下的非下采样的方向滤波器提取的特征信息组成。像素点 p 的父结构特征就是一个 8＋4 维的向量(其中，第 3 层分解为 8 个方向，第 4 层分解为 4 个方向特征)，定义为

$$S_3(\boldsymbol{I})(m,n)=\begin{bmatrix} L_3D_1(\boldsymbol{I})(m,n),\ L_3D_2(\boldsymbol{I})(m,n),\ L_3D_3(\boldsymbol{I})(m,n),\ L_3D_4(\boldsymbol{I})(m,n) \\ L_3D_5(\boldsymbol{I})(m,n),\ L_3D_6(\boldsymbol{I})(m,n),\ L_3D_7(\boldsymbol{I})(m,n),\ L_3D_8(\boldsymbol{I})(m,n) \\ L_4D_1(\boldsymbol{I})\left(\frac{m}{2},\frac{n}{2}\right),\ L_4D_2(\boldsymbol{I})\left(\frac{m}{2},\frac{n}{2}\right),\ L_4D_3(\boldsymbol{I})\left(\frac{m}{2},\frac{n}{2}\right),\ L_4D_4(\boldsymbol{I})\left(\frac{m}{2},\frac{n}{2}\right) \end{bmatrix} \tag{7-3}$$

其中，$L_iD_j(\boldsymbol{I})(m,n)$ 表示第 i 层的第 j 个方向的特征。采用同样的方法，对训练库中所有高分辨率人脸图像训练样本 $\boldsymbol{T}_i$，分别在第 3 层构建塔状父结构 $S_3(\boldsymbol{T}_i)(m,n)$。

7.3　算法实现

算法分为两个部分，即训练部分和学习部分。具体算法的步骤如下：

1. 训练过程

对输入的每一个训练样本 $\boldsymbol{T}_i$ 建立 INSCT 金字塔并构建父结构特征 $S(\boldsymbol{T}_i)$。在本章实验中父结构特征从第 3 层开始构建。

2. 学习过程

(1) 对待复原的图像 $\boldsymbol{I}$ 建立父结构特征 $S_3(\boldsymbol{I})$。

(2) 将待复原的图像位置为 (m,n) 的特征 $S_3(\boldsymbol{I})(m,n)$ 与训练样本相应位置的特征 $S_3(\boldsymbol{T}_i)(m,n)$ 进行比较，计算欧氏距离：

$$d_i=\min\|S_3(\boldsymbol{T}_i)(m,n)-S_3(\boldsymbol{I})(m,n)\| \tag{7-4}$$

(3) 将最小距离 d_i 对应的 $S_3(\boldsymbol{T}_i)(m,n)$ 的低层(第 1、2 层)系数(高频信息)拷贝到待复原图像相应的低层位置(即图 7－5(a)虚线部分)。

(4) 将待复原图像和获取的系数一起进行 INSCT 反变换得到高分辨率复原图像。

7.4　实验结果与分析

实验中使用与上一章相同的数据集，即亚洲人脸标准图像数据库 IMDB 中的人脸图像，实验结果如图 7－7 所示。图 7－7(a)为基于 INSCT 变换的结果，图(b)为最近邻插值算法的结果，图(c)为 Cubic B-Spline 插值算法的结果，图(d)为基于 Contourlet 变换的结果。

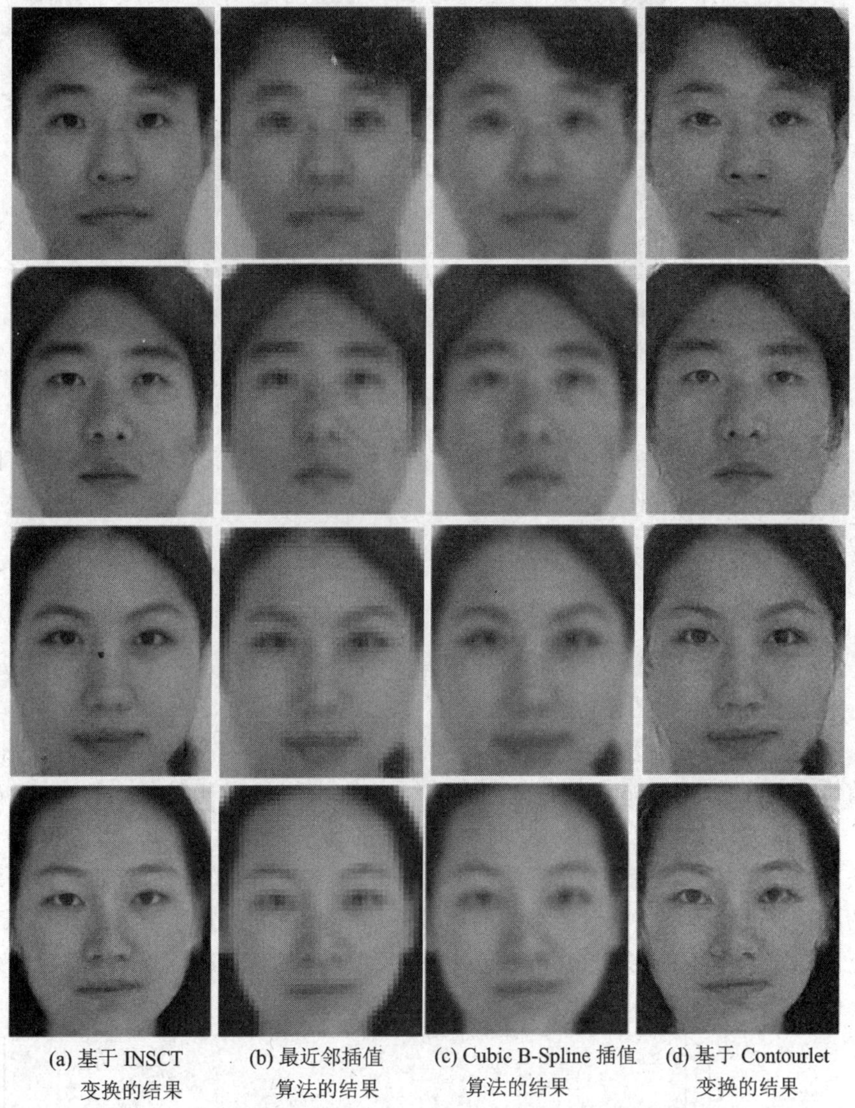

(a) 基于 INSCT 变换的结果　(b) 最近邻插值算法的结果　(c) Cubic B-Spline 插值算法的结果　(d) 基于 Contourlet 变换的结果

图 7－7　各种不同方法的实验结果

本章将分别从复原图像的主观视觉效果和客观评价指标峰值信噪比与熵对算法的性能方面进行分析。从主观视觉效果来看，基于 INSCT 变换的结果明显比最近邻插值算法和 Cubic B-Spline 插值算法效果好得多。本章算法复原结果接近于原始的高分辨率图像，与基于 Contourlet 变换的方法相比，在细节上本章算法的结果相对较好，并且本章算法基本没有明显的伪 Gibbs 现象，而基于 Contourlet 变换的复原结果在轮廓部有明显的伪 Gibbs

现象。图 7－8 为基于 INSCT 变换的复原结果与基于 Contourlet 变换的复原结果及其局部放大比较图。可以从该图中看出基于 Contourlet 变换的复原结果在轮廓部有明显的伪 Gibbs 现象，而基于 INSCT 变换的复原结果基本上不存在此现象。

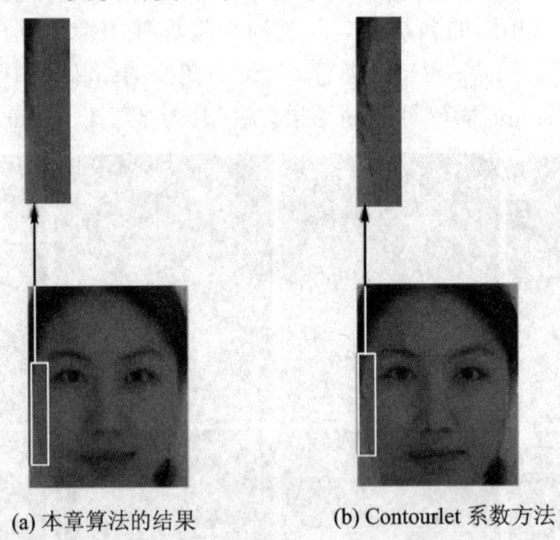

图 7－8 实验结果及其局部放大比较图

为了客观评价算法的好坏，采用平均峰值信噪比及平均熵。(平均峰值信噪比是指所有测试样本峰值信噪比的平均，平均熵类似。)

图像的熵定义为

$$H = -\sum_{i=0}^{255} p(i)\,\mathrm{lb}\,p(i) \tag{7-5}$$

其中，复原图像的灰度值从 1 到 255 的分布为 $p=\{p(1), p(2), \cdots, p(i), \cdots, p(255)\}$，$p(i)$ 表示灰度值 i 在两幅图像中出现的概率。

图 7－9 为各种不同方法的平均峰值信噪比，本章方法具有最高的平均峰值信噪比。最近邻插值算法与 Cubic B-Spline 插值算法的结果的峰值信噪比较低，只有 29 dB 左右。Contourlet 方法的结果只有 31.1 dB，而本章算法的结果能够达到 32.6 dB。表 7－1 为各种不同方法复原结果的平均熵，本章算法和 Contourlet 方法结果的熵都较插值算法结果的熵有一定的提高。虽然本章方法复原结果的熵较 Contourlet 方法复原结果的熵略低，但是本章算法复原结果基本不存在 Contourlet 方法复原结果中的伪 Gibbs 现象，并且峰值信噪比也较 Contourlet 方法提高 1.5 dB。

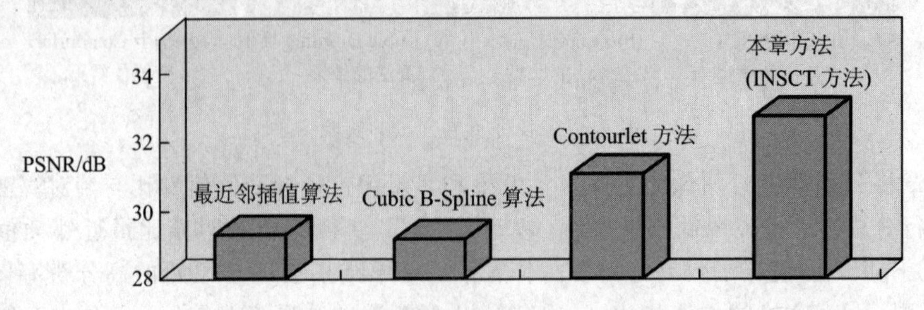

图 7－9 各种不同方法的平均峰值信噪比

表 7-1　各种不同方法复原图像的平均熵

算　法	熵
最近邻插值算法的结果	6.89
Cubic B-Spline 插值算法的结果	6.91
基于 Contourlet 变换的结果	7.00
基于 INSCT 变换的结果	6.97

本章算法的效果与非下采样方向滤波器的方向数有一定的关系，方向数的选取在算法中起到一定的作用。在下面的实验中，还是以前面随机选择的 8 人为例，以剩下的 67 人(67 幅人脸图像)作为训练数据。

第 4、3 层的方向系数用于特征的匹配，而第 2、1 层是需要复原的高频系数。因此在实验中分别对第 2、1 层的方向和第 4、3 层的方向进行实验分析。首先固定第 4、3 层的方向数分别为 2^2、2^3，然后对第 2、1 层的方向数进行变化。图 7-10 为第 2、1 层方向数对复原图像的平均峰值信噪比的影响，其中横坐标表示第 2、1 层的方向数，例如(1, 2)表示第 2、1 层的方向数分别为 2^1、2^2。

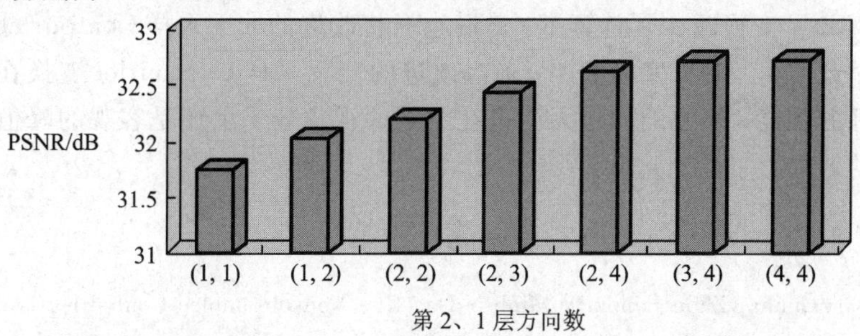

图 7-10　第 2、1 层方向数对复原图像的平均峰值信噪比的影响

从图 7-10 可以看出，随着第 2、1 层方向的增加，复原图像的峰值信噪比也随之增加，但是随着方向数的继续增加，峰值信噪比增加的幅度越来越小。

随着第 2、1 层方向的增加，复原效果也越来越好，这主要是由于 INSCT 变换有较大的冗余度，并且随着方向的增加，冗余度越大。同时，得到的各级子带图像与同级的拉普拉斯金字塔图像具有尺寸大小相同的特性，在超分辨率复原过程中能够有效减少配准误差对复原结果的影响。

第 4、3 层的方向数对平均峰值信噪比的影响如图 7-11 所示。固定第 2、1 层的方向数分

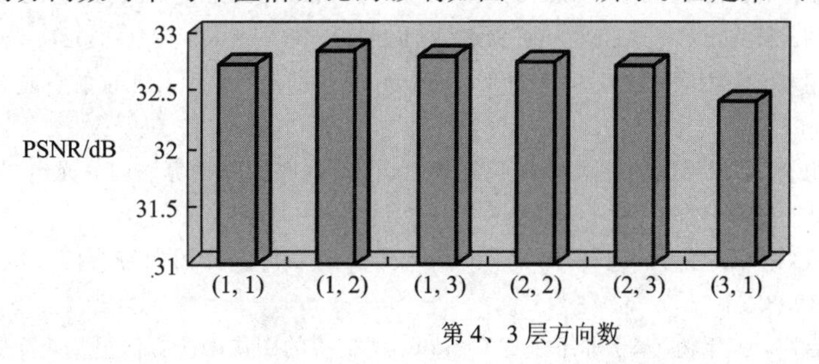

图 7-11　第 4、3 层方向数对复原图像的平均峰值信噪比的影响

别为 2^4、2^4，然后对第 4、3 层的方向数进行变化。如果方向数取值太大，会增加计算量，并且可能引入噪声，使得匹配出现偏差；反之，不能较好地表示方向信息，同样使得匹配出现偏差。由于本实验中预先对人脸图像进行了对齐处理，且匹配时是相应位置点进行匹配，这导致实验的结果对第 4、3 层方向的变化不是很敏感。

7.5 本章小结

由于 Contourlet 变换中的结构具有非常有限的冗余性，在图像复原时奇异点周围容易引入伪吉布斯现象。非下采样 Contourlet 变换采用非抽样的金字塔结构和非抽样方向滤波器组，使得其具有平移不变性，能够克服伪吉布斯现象。由于非下采样 Contourlet 变换结果的每一层图像大小都一样，不能像拉普拉斯金字塔那样建立高低分辨率图像的对应关系，且非下采样 Contourlet 变换运算量比较大，针对这些缺陷，本章提出了改进的非下采样 Contourlet 变换算法。

改进的非下采样 Contourlet 变换不仅能够准确地捕获到不同尺度、不同方向、不同频率的子带中的图像边缘信息，而且具有 Contourlet 变换不具有的冗余和平移不变的特性，同时相对于 NSCT 变换减少了计算量。最后本章将改进的非下采样 Contourlet 变换应用于基于学习的超分辨率复原，实验表明，通过改进的非下采样 Contourlet 变换在超分辨率复原中具有较好的性能，复原的图像无论是在主观的视觉效果上还是客观的峰值信噪比上都取得了较好的效果。

参考文献

[1] Arthur L da Cunha, Zhou Jianping, Minh N Do. The Nonsubsampled Contourlet Transform: Theory, Design, and Applications [J]. IEEE Transactions on Image Processing, 2006, 15 (10): 3089-3101.

[2] 贾建，焦李成，孙强. 基于非下采样 Contourlet 变换的多传感器图像融合[J]. 电子学报，2007，35 (10)：1934-1937.

[3] Yang Bin, Li Shutao, Sun Fengmei. Image Fusion Using Nonsubsampled Contourlet Transform[C]. Fourth International Conference on Image and Graphics, 2007: 719-724.

[4] Zhou Jianping, Arthur L Cunha, Minh N Do. Nonsubsampled Contourlet Transform: Construction and Application in Eehancement[C]. ICIP 2005. IEEE International Conference on Image Processing, 2005(1): 469-472.

[5] Yang Xiaohui, Jiao Licheng. Fusion Algorithm for Remote Sensing Images Based on Nonsubsampled Contourlet Transform[C]. ACTA AUTOMATICA SINICA, 2008, 34(3): 274-281.

[6] 郭旭静，王祖林. SAR 图像的非下采样 Contourlet 噪声抑制算法[J]. 北京航空航天大学学报，2007，33(8)：894-897.

[7] 郭旭静，王祖林. 基于尺度间相关的非下采样 Contourlet 图像降噪算法[J]. 光电子・激光，2007，18 (9)：1116-1119.

[8] 贾建，焦李成，孙强. 基于非下采样 Contourlet 变换的多传感器图像融合[J]. 电子学报，2007，35 (10)：1934-1938.

[9] 叶传奇，苗启广，王宝树. 基于非下采样 Contourlet 变换的图像融合方法[J]. 计算机辅助设计与图形学学报，2007，19(8)：1274-1278.

[10] 张强，郭宝龙. 一种基于非采样 Contourlet 变换红外图像与可见光图像融合算法[J]. 红外与毫米波学报，2007，26(6)：476-480.

[11] 王发牛，梁栋，程志友，等. 一种无抽样 Contourlet 变换的图像去噪方法[J]. 计算机应用，2007，27(10)：2515-2517.

[12] Ni Wei，Guo Baolong，Yang Liu. Example based Super-Resolution Algorithm of Video in Contourlet Domain[C]. Fourth International Conference on Image and Graphics，2007：13-19.

[13] 吴炜，杨晓敏，陈默，等. 基于改进的非下采样 Contourlet 变换的超分辨率复原算法[J]. 光学学报，2009，29(6)：1493-1501.

第八章　基于马尔可夫随机场的超分辨率技术研究

前面章节介绍的基于学习的超分辨率的处理单元是单个变换系数，这使得该类方法鲁棒性和抗噪声能力较差，主要适合特定类型的图像(如正面人脸图像)。为了提高基于学习的超分辨率算法复原的性能，另一类方法是以图像块作为处理单元。该类方法最直观的一种方法是分别对待复原的低分辨率图像和训练库中的图像进行分块，接着在训练库的低分辨率块中寻找与待复原图像块最相近的块，然后将该最相近的块对应的高分辨率图像块拷贝到待复原图像中，最后通过拼接、融合获得高分辨率复原图像。

然而，通过这种方法复原的效果有限，复原的结果图像看起来较为杂乱。其原因是超分辨率复原是一个病态问题，低分辨率相近的块，其对应的高分辨率块可能与真实的高分辨率块相差较大。另外，该算法只是考虑每一个图像块自身的复原，没有从整幅图像上进行考虑，这必然造成相邻的块之间容易产生“拼接缝”，使得图像看起来较为杂乱。

为了取得较好的复原效果，不仅需要考虑单独的块进行复原的问题，而且需要考虑相邻的高分辨率块之间的相互关系。由于马尔可夫随机场(Markov Random Field，MRF)能够很好地反映图像相邻块之间相关的特性，因此本章将介绍通过马尔可夫随机场方法求取使联合概率最大的高分辨率图像。

8.1　马尔可夫随机场模型

超分辨率复原需要解决的问题是在已知低分辨率图像的条件下，求出最优的高分辨率图像，最常用的方法是最大后验概率法(Maximum A Posteriori，MAP)。MAP 是求取使得条件概率 $P(\boldsymbol{I}_H/\boldsymbol{I}_L)$ 最大的 $\boldsymbol{I}_H$，其中 $\boldsymbol{I}_H$ 为高分辨率图像，$\boldsymbol{I}_L$ 为低分辨率图像，$P(\cdot)$ 为概率。

根据贝叶斯估计理论，即后验概率由下式生成：

$$\boldsymbol{I}_H = \arg\max_{I_H} P(\boldsymbol{I}_H/\boldsymbol{I}_L) = \arg\max_{I_H} \frac{P(\boldsymbol{I}_L,\ \boldsymbol{I}_H)}{P(\boldsymbol{I}_L)} \tag{8-1}$$

其中，$P(\boldsymbol{I}_H)$ 和 $P(\boldsymbol{I}_L)$ 分别为高分辨率图像 $\boldsymbol{I}_H$ 和低分辨率图像 $\boldsymbol{I}_L$ 的先验概率。$P(\boldsymbol{I}_L,\ \boldsymbol{I}_H)$ 为 $\boldsymbol{I}_L$ 和 $\boldsymbol{I}_H$ 的联合概率。由于 $\boldsymbol{I}_L$ 是已知的，可认为 $P(\boldsymbol{I}_L)$ 是常数。对计算 $\boldsymbol{I}_H$ 没有任何影响，因此可以将其消去。

在本章中，首先将图像划分为若干个图像块，然后使用马尔可夫随机场(MRF)模型对整个图像进行建模，每个图像块对应马尔可夫随机场的一个节点。图 8-1 所示为图像分块以及对应的马尔可夫随机场节点的示意图。图中 $\boldsymbol{L}_i$ 代表待复原的低分辨率图像块；$\boldsymbol{H}_i$ 为待求的高分辨率图像块；$\phi_i(\boldsymbol{H}_i,\ \boldsymbol{L}_i)$ 为高分辨率图像块 $\boldsymbol{H}_i$ 与其对应的低分辨率 $\boldsymbol{L}_i$ 之间的观测函数(也称为相容性函数)；$\psi_{ij}(\boldsymbol{H}_i,\ \boldsymbol{H}_j)$ 是相邻的高分辨率图像块 $\boldsymbol{H}_j$ 和 $\boldsymbol{H}_i$ 之间的相关函数(也称为相容性函数)。

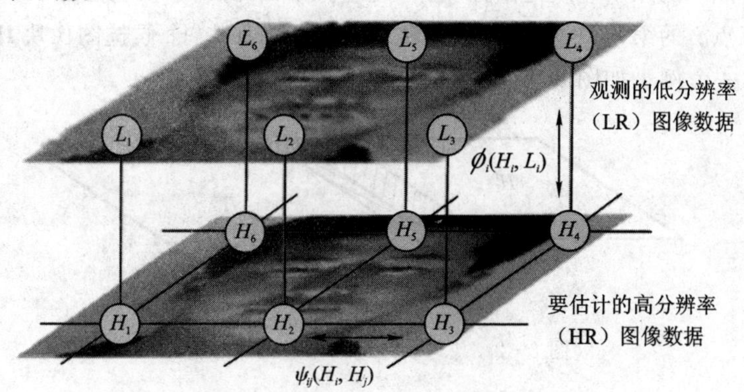

图 8-1　马尔可夫随机场模型

将一幅图像分块处理后，联合概率 $P(\boldsymbol{I}_L, \boldsymbol{I}_H)$ 可以改写为

$$P(\boldsymbol{I}_L, \boldsymbol{I}_H) = P(\boldsymbol{L}_1, \boldsymbol{L}_2, \cdots, \boldsymbol{L}_n, \boldsymbol{H}_1, \boldsymbol{H}_2, \cdots, \boldsymbol{H}_n) \tag{8-2}$$

在联合概率 $P(\boldsymbol{L}_1, \boldsymbol{L}_2, \cdots, \boldsymbol{L}_n, \boldsymbol{H}_1, \boldsymbol{H}_2, \cdots, \boldsymbol{H}_n)$ 中，低分辨率图像块 $\boldsymbol{L}_1, \boldsymbol{L}_2, \cdots, \boldsymbol{L}_n$ 是已知的，分别代表不同的低分辨率图像块；$\boldsymbol{H}_1, \boldsymbol{H}_2, \cdots, \boldsymbol{H}_n$ 是未知的，代表待求的高分辨率图像块。

根据马尔可夫随机场的性质，有

$$P(\boldsymbol{L}_1, \boldsymbol{L}_2, \cdots, \boldsymbol{L}_n, \boldsymbol{H}_1, \boldsymbol{H}_2, \cdots, \boldsymbol{H}_n) = \prod_{i,j} \psi(\boldsymbol{H}_i, \boldsymbol{H}_j) \prod_k \phi(\boldsymbol{H}_k, \boldsymbol{L}_k) \tag{8-3}$$

式中，ψ 和 ϕ 为相容性函数。

根据 MAP 可以估计每一个高分辨率节点 H_j，即

$$\boldsymbol{H}_{j\text{MAP}} = \arg\max_{H_j} \max_{\text{all}, H_i, i \neq j} P(\boldsymbol{L}_1, \boldsymbol{L}_2, \cdots, \boldsymbol{L}_n, \boldsymbol{H}_1, \boldsymbol{H}_2, \cdots, \boldsymbol{H}_n) \tag{8-4}$$

相容性函数 $\phi(\boldsymbol{H}_k, \boldsymbol{L}_k)$ 是计算马尔可夫随机场中节点 k 的高分辨率图像块 $\boldsymbol{H}_k$ 与低分辨率图像块 $\boldsymbol{L}_k$ 的相容性。设 $\boldsymbol{H}_k^l$ 为马尔可夫随机场中的第 k 个节点的第 l 个候选高分辨率图像块，$\boldsymbol{L}_k^l$ 为 $\boldsymbol{H}_k^l$ 对应的低分辨率图像，$\boldsymbol{L}_k$ 为第 k 个低分辨率图像块节点。$\boldsymbol{L}_k^l$ 与 $\boldsymbol{L}_k$ 越相似，那么表示 $\boldsymbol{H}_k^l$ 与 $\boldsymbol{L}_k$ 的相容性就越高。换句话说，如果 $\boldsymbol{H}_k^l$ 与 $\boldsymbol{L}_k$ 相容性越高，那么 $\boldsymbol{H}_k^l$ 对应的低分辨率图像 $\boldsymbol{L}_k^l$ 就越与 $\boldsymbol{L}_k$ 相似。由于噪声的存在，认为它们存在一定的差异，差异服从高斯分布，σ_i 为噪声参数。这样可得出在高分辨率图像块节点与其对应的低分辨率图像块之间的相容性函数为

$$\phi(\boldsymbol{H}_k^l, \boldsymbol{L}_k) = \exp\left(-\frac{|\boldsymbol{L}_k^l - \boldsymbol{L}_k|^2}{2\sigma_i^2}\right) \tag{8-5}$$

相容性函数 ψ 用于计算马尔可夫随机场中相邻节点的相容性。设马尔可夫随机场中节点 k 与节点 j 相邻，H_k^l、H_j^m 分别为其对应的高分辨率图像块，它们之间重叠一个以上的像素。在重叠的区域，相应的邻接的小块的像素值应该是相容的。也就是说，如果 $\boldsymbol{H}_k^l$、$\boldsymbol{H}_j^m$ 是复原后的图像块，那么它们重叠的区域应该是一致的，但是由于噪声的存在，认为它们重叠的区域有一定的差异，这个差异服从高斯分布，σ_x 为噪声参数。这样对于高分辨率图像块节点 k 和节点 j 之间的相容性函数，可以定义为

$$\psi(\boldsymbol{H}_k^l, \boldsymbol{H}_j^m) = \exp\left(-\left|\frac{\boldsymbol{d}_{jk}^l - \boldsymbol{d}_{kj}^{m\,2}}{2\sigma_x^2}\right|\right) \tag{8-6}$$

其中，$\boldsymbol{d}_{jk}^{l}$ 为节点 k 的第 l 个候选图像块 $\boldsymbol{H}_{k}^{l}$ 与节点 j 的第 m 个候选图像块 $\boldsymbol{H}_{j}^{m}$ 的重叠部分。同样，$\boldsymbol{d}_{kj}^{m}$ 为节点 j 的第 m 个候选图像块 $\boldsymbol{H}_{j}^{m}$ 与节点 k 的第 l 个候选图像块 $\boldsymbol{H}_{k}^{l}$ 的重叠部分。图像块重叠的一个例子如图 8－2 所示。

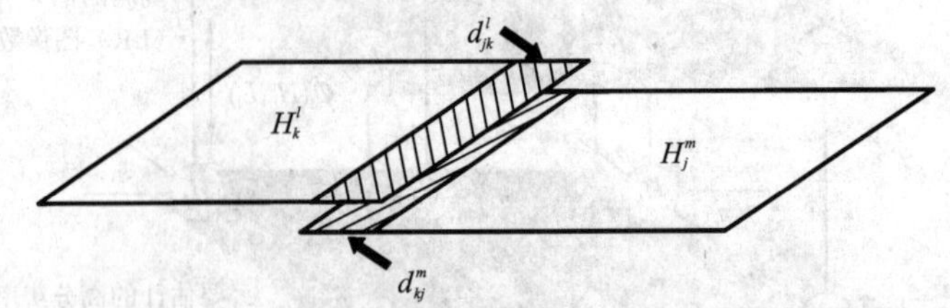

图 8－2　块与块之间的重叠区域示意图

另外一个需要解决的问题是高分辨率图像块 $\boldsymbol{H}_1$，$\boldsymbol{H}_2$，…，$\boldsymbol{H}_n$ 从何处获取的问题。在马尔可夫随机场中 $\boldsymbol{H}_i$ 必须是有限的，如果是连续的话，将导致无法计算。

在基于学习的超分辨率中，$\boldsymbol{H}_1$，$\boldsymbol{H}_2$，…，$\boldsymbol{H}_n$ 是从训练库中的高分辨率图像中获取的。具体做法是将训练库中的高、低分辨率图像划分为相互重叠的块。输入的低分辨率待复原图像也按照相同的方式进行分块。每一个低分辨率待复原图像块需要选择一定数量的高分辨率图像块作为候选图像块。最简单的方法是将训练样本中的每一个高分辨率图像块作为 $\boldsymbol{H}_i$ 的候选块，但是这导致计算量太大。因此为了减少计算量，在训练库的低分辨率图像块中寻找与待复原图像中的图像块 $\boldsymbol{L}_i^{t}$ 最相近的 n（例如 5）个块 $\boldsymbol{L}_i^{T}$，$i=1, 2, \cdots, n$。然后将这些低分辨率块对应的高分辨率图像块 $\boldsymbol{H}_i^{T}$，$i = 1, 2, \cdots, n$ 作为 $\boldsymbol{H}_i$ 的候选图像块。图 8－3 为选取候选块过程示意图，该过程可分为两步：(1) 从低分辨率训练库 S_M 中选取与待复原的低分辨率块 $\boldsymbol{L}_i$ 最相似的 n 个块；(2) 从第一步选择的低分辨率块对应的高分辨率块为超分辨率候选块中选择超分辨率块。

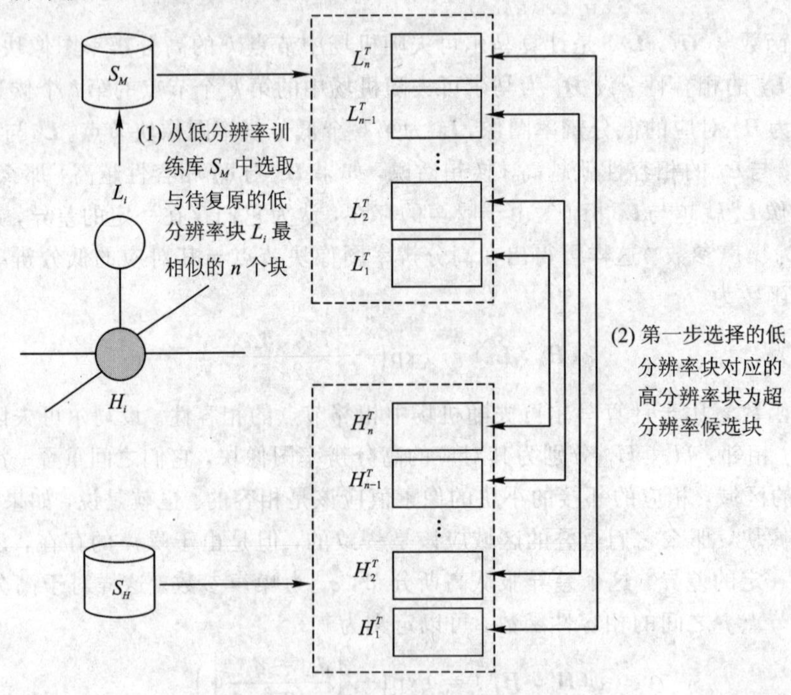

图 8－3　选取候选块过程示意图

接下来需要解决的问题是从候选图像块中选择出最优的图像块使得式(8-4)最大化，但计算量非常大，直接计算几乎不可能。因此，一般采用近似计算的方法，即计算获得次优解。通常采用"信任传播"(Belief Propagation，BP)算法进行近似计算，信任传播算法是一个迭代算法，一般进行3、4次迭代就能够收敛。

信任传播在包括立体视觉匹配等计算机视觉领域有着广泛的应用。信任传播把推理局部化和分布化，把全局的积分变成局部的消息传递。网络中的每个节点通过和邻近节点交换信息对自身的概率状况进行评估。通过这种方式，使得计算量从指数增长变成近似的线性增长，从而使得统计推断能在复杂系统中被应用。

通过信任传播估计未知的 $\boldsymbol{H}_j$ 可表示为

$$\boldsymbol{H}_{j\mathrm{MAP}} = \arg\max_{H_j}\phi(\boldsymbol{H}_j, \boldsymbol{L}_j)\prod_{i\in NB(j)} m_{i\to j}(\boldsymbol{H}_j) \tag{8-7}$$

其中，$i\in NB(j)$ 表示节点 i 为节点 j 周围的节点。$m_{i\to j}$ 表示信任传播算法更新从节点 i 到节点 j 的"消息" m_{ij} 。一个消息在信任传播算法中传递的例子如图8-4(a)所示。最大化式(8-7)的 $\boldsymbol{H}_j$ 为求取的 $\boldsymbol{H}_j$ 。

从节点 i 到节点 j 的消息传递更新规则为

$$m_{i\to j}(\boldsymbol{H}_j) = \max_{H_i}\sum_{x_i}\psi(\boldsymbol{H}_i, \boldsymbol{H}_j)\phi(\boldsymbol{H}_i, \boldsymbol{L}_i)\prod_{k\in NB(i)\backslash j} m^p_{k\to i}(\boldsymbol{H}_i) \tag{8-8}$$

其中，$k\in NB(i)\backslash j$ 表示节点 k 为节点 i 周围的节点(除了节点 j 外)，$m^p_{k\to i}$ 表示上一次迭代的结果，消息更新规则如图8-4(b)所示。开始时，所有的消息都置为1，所有的节点同时更新它们的消息，最后当 $m^p_{k\to i}$ 约等于 $m_{k\to i}$ 时停止迭代。

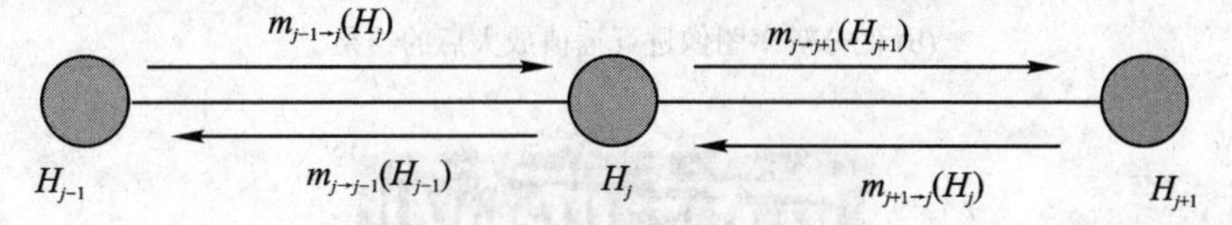

(a) 消息的信任传播算法的传递

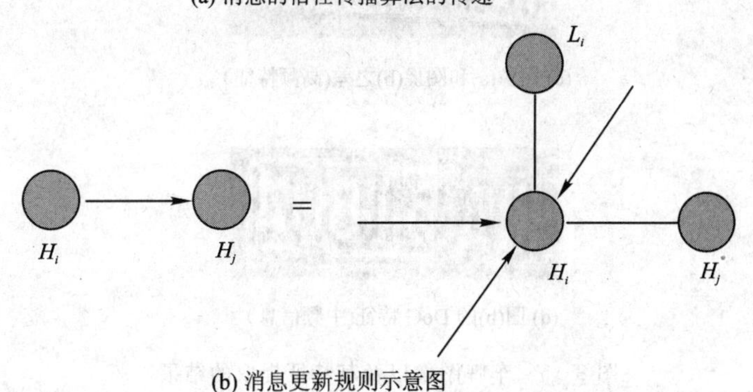

(b) 消息更新规则示意图

图8-4　消息的信任传播算法的传递示意图

8.2　特征表示

超分辨率的任务是恢复出低分辨率图像丢失的高频信息。由于预测低分辨率图像丢失的高频信息时低频部分提供的信息有限，而中频部分能提供更多的有用信息，因此可以认

为最高频信息条件独立于最低频信息，因此一般认为

$$P(\boldsymbol{H}|\boldsymbol{M}, \boldsymbol{L}) = P(\boldsymbol{H}|\boldsymbol{M}) \tag{8-9}$$

其中，H 表示高频信息，M 表示中频信息，L 表示最低频信息。

在训练样本库中存在对应的高分辨率图像和低分辨率图像。首先将低分辨率图像进行插值(例如通过最近邻插值)放大到与高分辨率图像相同的分辨率。在训练集中只需要存储高分辨率图像和插值放大的低分辨率图像的差值，在复原时也只需要复原出它们的差值部分。这个差值部分就是超分辨率希望获取的高频信息。中频信息提取时，先对低分辨率图像进行插值(例如通过最近邻插值)放大，然后通过对放大后的图像提取高斯差分(Difference of Gaussian，DoG)特征，以获取中频信息。高斯差分是两幅高斯图像的差，具体来讲就是图像在不同参数下的高斯滤波结果相减，得到 DoG 特征图。图 8-5 是车牌图像以及其特征提取的结果。

(a) 高分辨率图像

(b) 低分辨率图像进行插值放大后的结果

(c) 图像(a)和图像(b)之差(高频特征)

(d) 图(b)的 DoG 特征(中频信息)

图 8-5　车牌图像以及其特征提取的结果

8.3　基于马尔可夫随机场模型的超分辨率学习算法

基于马尔可夫随机场(MRF)模型的超分辨率学习算法分为两个部分，即训练过程和学习过程。算法的流程图如图 8-6 所示，具体算法的步骤如下：

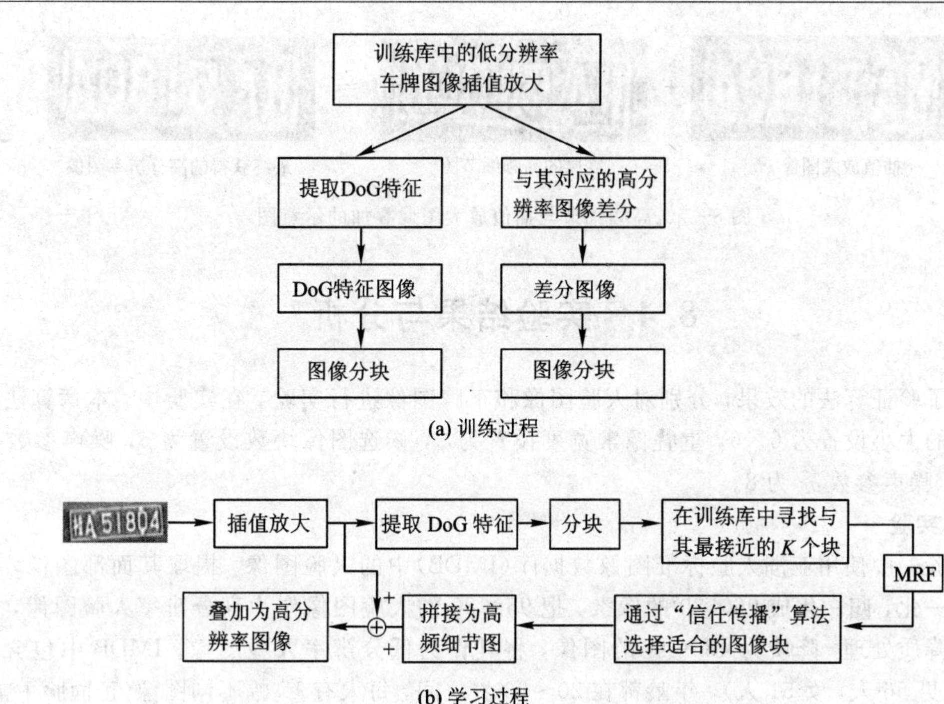

图 8－6　训练过程和学习过程的流程图

1. 训练过程

(1) 将每一幅低分辨率训练样本图像进行插值(使用最近邻插值)放大，提取插值放大后图像的 DoG 特征，即图像的中频信息。

(2) 将第一步生成的图像划分成多个相互重叠的图像块，其大小为 $n\times n$(例如块的大小为 6×6，块与块的重叠部分为 2 个像素)，所有的特征图像块构成一个低分辨率图像块数据库 S_M。

(3) 将高分辨率图像与低分辨率插值放大后的图像进行差分，得到一个差分图像。同样将差分图像划分为多个相互重叠的图像块，其大小为 $n\times n$，每一个图像块表示为 $\text{Block}_H^{i,j,k}$，所有的差分图像块构成一个高分辨率图像块数据库 S_H。

2. 学习过程

(1) 将输入的待复原的低分辨率图像进行插值(使用最近邻插值)放大，提取插值放大后图像的 DoG 特征，即图像的中频信息。

(2) 将上一步生成的图像划分为多个相互重叠的图像块，对于每一个块，可以将其表示为向量 $\text{Block}_{\text{test}}^{i,j}$。

(3) 在低分辨率图像块数据库 S_M 中寻找与每个 $\text{Block}_{\text{test}}^{i,j}$ 最相似的 K 个块，将其在高分辨率图像块数据库 S_H 对应的 K 个高分辨率图像块作为 $\text{Block}_{\text{test}}^{i,j}$ 的高分辨率图像块的候选块。

(4) 将寻找到的 K 个候选块代入式(8－4)，通过“信任传播”算法在 K 个候选块中选择适合的图像块，然后按照顺序拼接还原为高频细节图像，最后高频细节图像与插值放大图像进行叠加获得高分辨率复原图像。图 8－7 为高频细节与插值放大图像叠加的示意图。

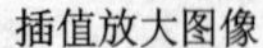
插值放大图像

+

复原的高频细节图

=

最终获得的高分辨率图像

图 8-7 高频细节与插值放大图像叠加的示意图

8.4 实验结果与分析

为了验证算法的效果，分别对人脸图像和车牌图像进行实验。在实验中，本章算法将图像块的大小设置为 6×6，重叠像素宽度设置为 2，候选图像块数设置为 5，噪声参数 σ_x^2 为 0.5，噪声参数 σ_i^2 为 8。

1. 实验一

实验一中使用亚洲人脸标准图像数据库(IMDB)中的人脸图像。提取其面部图像，并进行归一化，归一化成 96×80 的像素。把 96×80 的人脸图像作为高分辨率人脸图像，对其进行降质处理，降质为 48×40 的图像，将其作为低分辨率人脸图像。IMDB 中包含了 107 人(男 56 人，女 51 人)，年龄都在 20～30 岁之间，每人有 17 幅不同图像(正面脸 1 幅，光照变化 4 幅，姿势变化 8 幅，表情变化 4 幅)，共 107×17＝1219 幅人脸图像。其中带眼镜的有 32 人(男 24 人，女 8 人)。首先选取了所有不带眼镜的 75 人进行实验，每人选正面脸 1 幅，总共 75 幅。随机选择其中的 8 人(8 幅人脸图像)作为测试数据。图 8-8 为实验一中使用的部分低分辨率图像和高分辨率图像。

(a) 低分辨率人脸图像

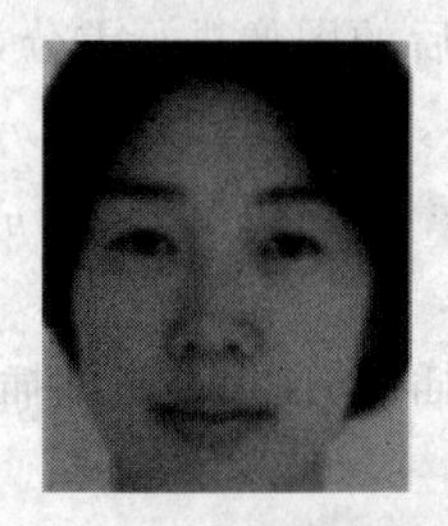
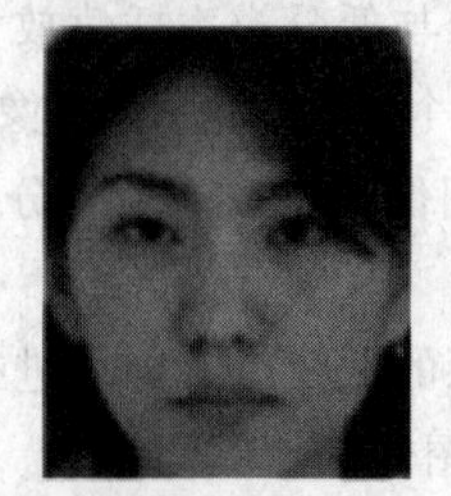

(b) 高分辨率人脸图像

图 8-8 实验一中使用的部分低分辨率人脸图像和高分辨率人脸图像

图 8-9 为 MRF 模型的学习算法的实验结果和插值算法的比较图。从该图中可以看出两种插值算法的复原图像都较为平滑，明显缺少高频信息，图像看起来较为模糊。而 MRF 模型的学习算法的实验结果能够较好地恢复出图像的高频细节，其复原效果远远优于插值算法。从人眼的感官来说，MRF 模型的学习算法的复原结果与真实的高分辨率图像极为相似，而通过插值算法对图像进行插值放大的结果与真实的高分辨率图像存在较大的差异，并且可以明显地看出人为放大的痕迹。

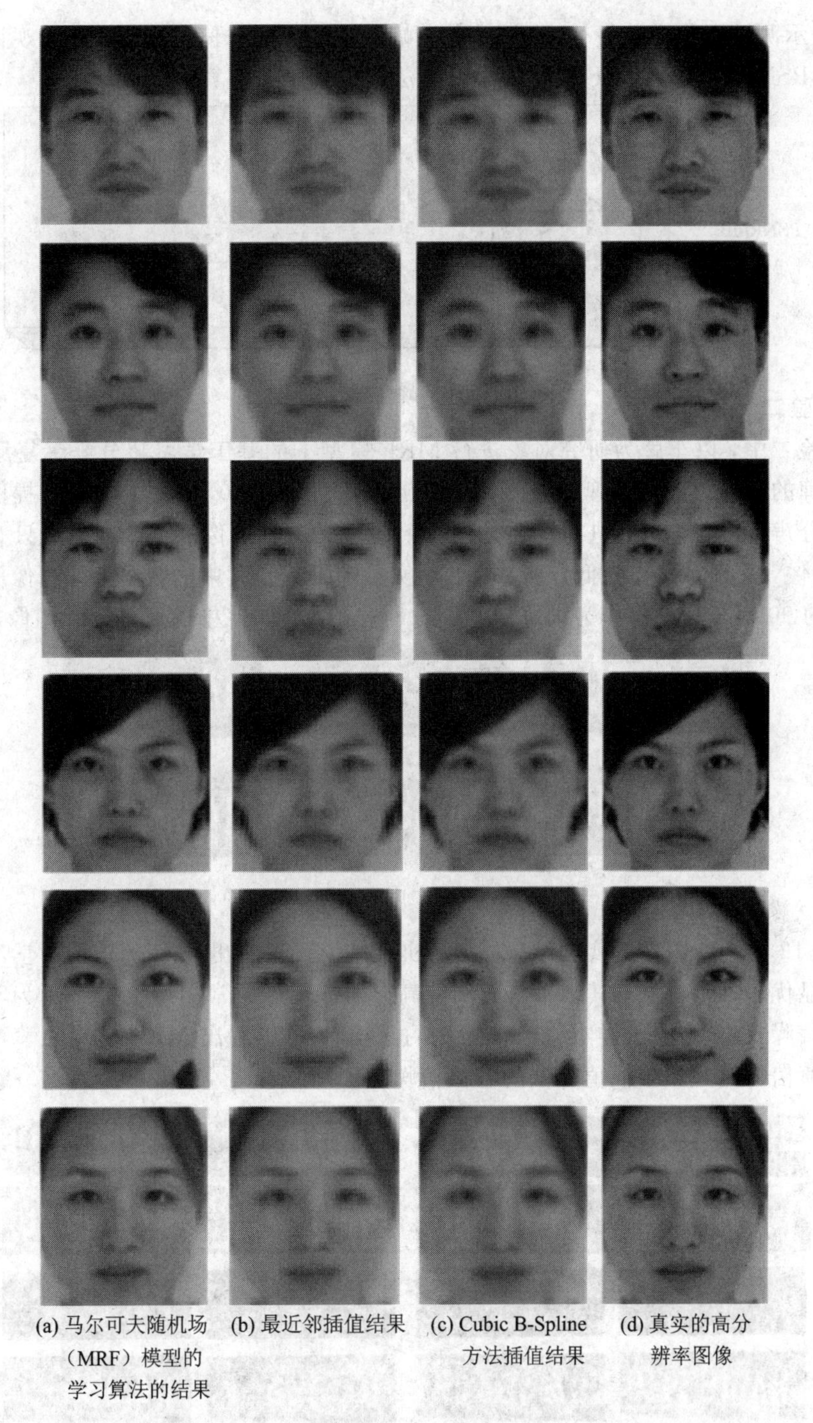

(a) 马尔可夫随机场（MRF）模型的学习算法的结果　(b) 最近邻插值结果　(c) Cubic B-Spline 方法插值结果　(d) 真实的高分辨率图像

图 8-9　实验结果

图 8-10 为 8 幅测试人脸图像的平均峰值信噪比图。平均峰值信噪比是所有测试图像峰值信噪比的平均：

$$\mathrm{MPSNR} = \sum_{i=1}^{n} \mathrm{PSNR}_i \tag{8-10}$$

其中，n 表示测试图像的数量，$PSNR_i$ 为第 i 幅测试图像的峰值信噪比。从客观评价标准峰值信噪比(PSNR)来看，MRF 模型的学习算法远远优于插值算法。

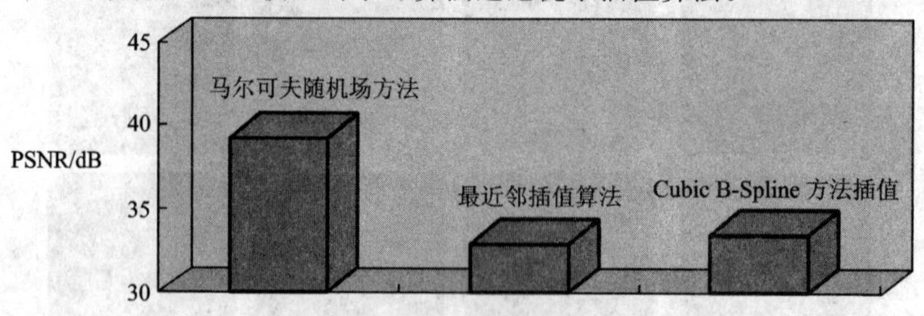

图 8-10 峰值信噪比图

2. 实验二

在实验二中，以车牌为研究对象进行 MRF 模型下的基于学习超分辨率复原。收集 95 幅带有车牌的图像，将其车牌部分图像提取出来(大小为 180×70 左右)。将提取的车牌图像作为高分辨率图像，对其进行降质处理，降质为 1/2(即图像的宽度和高度只有原始图像的一半)图像，并且将其作为低分辨率图像。实验随机选择其中的 5 幅车牌图像作为测试样本，剩下的 90 幅车牌图像作为训练样本。图 8-11 为实验二中的部分车牌图像。

图 8-11 实验二中的部分车牌图像

图 8-12 为车牌图像的实验结果图，从实验结果可以看出，MRF 模型的学习算法的复原效果明显优于插值算法，其结果与真实的高分辨率图像非常相近。表 8-1 为不同方法的平均峰值信噪比(5 幅测试样本峰值信噪比的平均)。可以看出 MRF 模型的学习算法复原的图像峰值信噪比远大于插值算法的峰值信噪比。

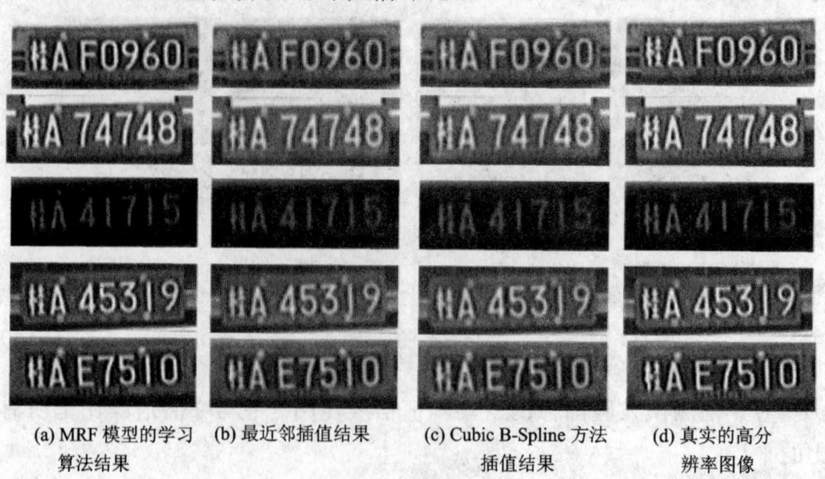

(a) MRF 模型的学习算法结果 (b) 最近邻插值结果 (c) Cubic B-Spline 方法插值结果 (d) 真实的高分辨率图像

图 8-12 车牌图像的实验结果

表 8-1　不同方法的平均峰值信噪比

算　法	平均峰值信噪比(MPSNR)
马尔可夫随机场(MRF)模型的学习算法	33.65
Cubic B-Spline 方法插值	24.05
最近邻插值结果	23.16

8.5　本章小结

本章采用马尔可夫随机场求取使联合概率最大的高分辨率图像。该算法首先对图像进行分块，接着利用马尔可夫随机场对这些分块进行建模，然后通过这个模型学习训练库中高、低分辨率图像的关系，最后利用学习得到的关系来预测待复原的低分辨率图像的高频细节信息。通过将基于马尔可夫随机场模型的超分辨率学习算法应用于人脸图像和车牌图像的超分辨率复原的实验表明，它对图像具有较好的复原效果。

参考文献

[1] Freeman W T, Jones T R, Pasztor E C. Example-based superresolution[J]. IEEE Computer Graphics and Applications, 2002, 22(2): 56-65.

[2] Freeman W T, Pasztor E C, Carmichael O T. Learning Low-Level Vision[J], Int'l J Computer Vision, 2000, 40(10): 25-47.

[3] 吴炜，杨晓敏，卿粼波，等. 基于马尔可夫随机场的低分辨率车牌图像复原算法[J]. 计算机应用研究：2010，27(3)：1170-1172.

[4] Wu Wei, Liu Zheng, Dennis Krys. Improving laser image resolution for pitting corrosion measurement using Markov random field method[J]. Automation in Construction, 2012, 21(1): 172-183.

[5] P F Felzenszwalb, D P Huttenlocher. Efficient belief propagation for early vision[J]. Int J Computer Vision, 2006(70), 41-54.

[6] E B Sudderth, A T Ihler, W T Freeman, et al. Nonparametric belief propagation[C]. IEEE Conference on Computer Vision and Pattern Recognition (CVPR'03), 2003, 1: 605-612.

[7] J S Yedidia, W T Freeman, and Y Weiss. Exploring artificial intelligence in the new millennium[M]. Understanding Belief Propagation and Its Generalizations, 2003, 8: 236-239.

第九章　基于重构方法的超分辨率研究

目前，基于重构的超分辨率方法是通过训练库中的低分辨率图像重构待复原的低分辨率图像，然后保持重构系数不变，通过训练库中的高分辨率的图像重构最终期望的高分辨率图像。基于重构的方法主要包括主成分分析(Principal Component Analysis，PCA)、流形学习中的局部线性嵌入(Locally Linear Embedding，LLE)算法以及基于超完备字典的图像稀疏表示理论等。

本章主要是对重构方法中的主成分分析(PCA)、流形学习中的局部线性嵌入(LLE)算法进行介绍，下一章将全面介绍目前的研究热点——基于超完备字典的图像稀疏表示理论的超分辨率复原算法。

基于流形学习中的LLE算法和PCA重构的主要区别是，PCA重构是通过主分量进行重构的(主分量是由样本线性组合而成的，因此也可看做利用样本进行重构)，而LLE算法是通过K个最相似的数据重构的。下面将分别介绍基于PCA、LLE方法重构的超分辨率算法。

9.1　基于主成分分析重构的超分辨率算法

通过主成分分析(PCA)算法可使人脸图像由加权的特征脸(Eigenfaces)组成。通常把长宽为$m\times n$的人脸图像表示为一个$m\times n=H$维的矢量。假设有N幅的人脸图像集合$\{\boldsymbol{x}_1, \boldsymbol{x}_2, \boldsymbol{x}_3, \cdots, \boldsymbol{x}_N\}$，其中$\boldsymbol{x}_i\in R^H$。PCA的目的是获得一个线性变换矩阵，使得原始的$H$维投影到特征空间$L$维，其中$H\gg L$。新的特征矢量$\boldsymbol{y}_i\in R^L$。线性投影变换如下式：

$$y_k=\boldsymbol{W}^{\mathrm{T}}(\boldsymbol{x}_k-\bar{\boldsymbol{x}})\ k=1, 2, \cdots, N \tag{9-1}$$

其中，$\boldsymbol{W}$是一个$H\times L$的变换矩阵，并且它的列是正交的，N是人脸图像的数量，$\boldsymbol{W}^T$表示$\boldsymbol{W}$的转置，$\bar{\boldsymbol{x}}$表示平均脸。$\bar{\boldsymbol{x}}$的计算公式如下：

$$\bar{\boldsymbol{x}}=\frac{1}{N}\sum_{i=1}^{N}\boldsymbol{x}_i \tag{9-2}$$

把平均脸从所有的人脸图像中去除，得

$$L=[\boldsymbol{x}_1-\bar{\boldsymbol{x}}, \boldsymbol{x}_2-\bar{\boldsymbol{x}}, \cdots, \boldsymbol{x}_N-\bar{\boldsymbol{x}}]=[\bar{\boldsymbol{x}}_1, \bar{\boldsymbol{x}}_2, \cdots, \bar{\boldsymbol{x}}_N] \tag{9-3}$$

为了获得特征脸，需要计算下式的特征向量：

$$\boldsymbol{C}=\boldsymbol{L}\boldsymbol{L}^{\mathrm{T}}=\sum_{i=1}^{N}(\boldsymbol{x}_i-\bar{\boldsymbol{x}})(\boldsymbol{x}_i-\bar{\boldsymbol{x}})^{\mathrm{T}} \tag{9-4}$$

直接计算矩阵$\boldsymbol{C}$的特征向量比较困难($\boldsymbol{C}$是$H\times H$的矩阵)。通常采用计算矩阵$\boldsymbol{R}=\boldsymbol{L}^{\mathrm{T}}\boldsymbol{L}$的特征向量($\boldsymbol{R}$的大小为$N\times N$)。

计算$\boldsymbol{R}$的特征向量：

$$(\boldsymbol{L}^{\mathrm{T}}\boldsymbol{L})\boldsymbol{V} = \boldsymbol{V\Lambda} \tag{9-5}$$

其中，$\boldsymbol{V}$ 为 $\boldsymbol{R}$ 的特征向量矩阵，$\boldsymbol{\Lambda}$ 是 $\boldsymbol{R}$ 的特征值矩阵。对等式(9-5)两边同时乘上 $\boldsymbol{L}$，得

$$(\boldsymbol{L}\boldsymbol{L}^{\mathrm{T}})\boldsymbol{L}\boldsymbol{V} = \boldsymbol{L}\boldsymbol{V\Lambda} \tag{9-6}$$

由此，矩阵 $\boldsymbol{C}$ 的特征向量可以通过下式计算：

$$\boldsymbol{W} = \boldsymbol{L}\boldsymbol{V}\boldsymbol{\Lambda}^{-\frac{1}{2}} \tag{9-7}$$

对于一幅输入的人脸图像 $\boldsymbol{x}_{\text{test}}$，将它投影到特征脸空间(即 $\boldsymbol{W}$)上，就会获得 PCA 系数 $\boldsymbol{y}_{\text{test}}$。

$$\boldsymbol{y}_{\text{test}} = \boldsymbol{W}^{\mathrm{T}}(\boldsymbol{x}_{\text{test}} - \bar{\boldsymbol{x}}) \tag{9-8}$$

人脸图像可以通过下式重构：

$$\hat{\boldsymbol{x}}_{\text{test}} = \boldsymbol{W}\boldsymbol{y}_{\text{test}} + \bar{\boldsymbol{x}} \tag{9-9}$$

将式(9-7)代入式(9-9)可得：

$$\hat{\boldsymbol{x}}_{\text{test}} = \boldsymbol{L}\boldsymbol{V}\boldsymbol{\Lambda}^{-\frac{1}{2}}\boldsymbol{y}_{\text{test}} + \bar{\boldsymbol{x}} = \boldsymbol{L}\boldsymbol{c} + \bar{\boldsymbol{x}} \tag{9-10}$$

其中，$\boldsymbol{c} = \boldsymbol{V}\boldsymbol{\Lambda}^{-\frac{1}{2}}\boldsymbol{y}_{\text{test}} = [\boldsymbol{c}_1, \boldsymbol{c}_2, \cdots, \boldsymbol{c}_N]^{\mathrm{T}}$，可以将式(9-10)改写为

$$\hat{\boldsymbol{x}}_{\text{test}} = \boldsymbol{L}\boldsymbol{c} + \bar{\boldsymbol{x}} = \sum_{i=1}^{N} \boldsymbol{c}_i\bar{\boldsymbol{x}}_i + \bar{\boldsymbol{x}} \tag{9-11}$$

从式(9-11)可以看出，输入的人脸图像可以通过训练样本中的人脸图像的线性组合重构(实质上是通过特征脸重构)。其中 $\boldsymbol{c}_i$ 表示重构的权重，通常与输入的人脸图像越相似的人脸图像获得的权重越大。

基于 PCA 重构的方法主要思想是分别对训练库中的高、低分辨率图像分别提取主成分 $\boldsymbol{EigV}_H$ 和 $\boldsymbol{EigV}_L$，再将待复原的低分辨率图像向低分辨率主成分 $\boldsymbol{EigV}_L$ 投影获得重构系数，然后保存重构系数不变，通过训练库中的高分辨率图像的主成分 $\boldsymbol{EigV}_H$ 重构获得超分辨率图像。

基于 PCA 重构的超分辨率算法的基本流程框图如图 9-1 所示。它利用了 PCA 算法的一个重要特点，即重构误差最小化。误差最小化准则函数可表示为

$$\min\sum_{i=1}^{N}\|\boldsymbol{x}_i - \hat{\boldsymbol{x}}_i\|^2 \tag{9-12}$$

其中，$\hat{\boldsymbol{x}}_i = \boldsymbol{y}_i\boldsymbol{W}$ 表示通过 PCA 系数 $\boldsymbol{y}_i$ 对重构 $\boldsymbol{x}_i$ 进行重构。重构误差最小化，也就是使得重构的图像误差最小，这正是复原希望达到的目的。

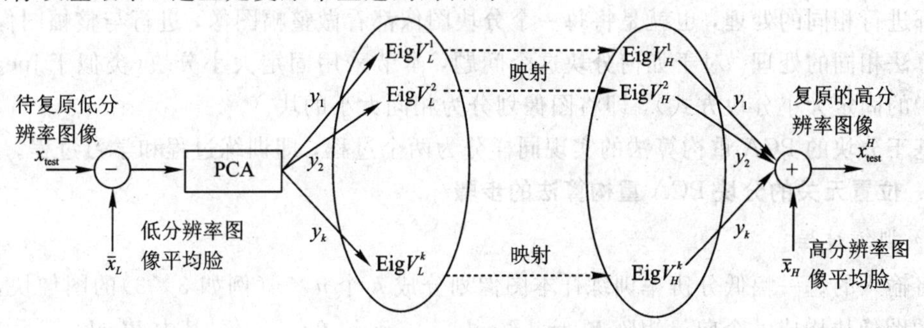

图 9-1　基于 PCA 重构的超分辨率算法的基本流程框图

PCA 重构算法可分为基于整幅图像的方法和基于分块的方法。基于整幅图像的方法就是对整幅图像进行图 9-1 所示的流程，而基于分块的方法是先将图像划分为图像块，再进行图 9-1 所示的流程，然后将各个块拼接起来，构成整幅图像。

9.1.1　基于整幅图像的 PCA 重构算法

基于整幅图像的 PCA 重构算法的实现分为两个过程，即训练过程和学习过程。具体算法的步骤如下：

1. 训练过程

将输入的每一幅低分辨率训练样本图像表示为一个向量，构成一个向量矩阵 $\boldsymbol{Im}_L=\{\boldsymbol{Im}_L^i\}$，$i=1, 2, \cdots, N$，其中 $\boldsymbol{Im}_L^i$ 表示对训练库中第 i 幅低分辨率图像构成的向量，N 为样本数目。同样将其对应的高分辨率训练样本图像构成一个向量矩阵 $\boldsymbol{Im}_H=\{\boldsymbol{Im}_H^i\}$，$i=1, 2, \cdots, N$。(假设 $\boldsymbol{Im}_L^i$ 和 $\boldsymbol{Im}_H^i$ 分别进行了去除平均脸)分别对向量矩阵 $\boldsymbol{Im}_L$ 和 $\boldsymbol{Im}_H$ 提取主分量 $\boldsymbol{EigV}_L$ 和 $\boldsymbol{EigV}_H$。

2. 学习过程

(1) 将待复原的低分辨率图像 $\boldsymbol{x}_{\text{test}}$(假设 $\boldsymbol{x}_{test}$ 去除了平均脸)向 $\boldsymbol{EigV}_L$ 空间投影获得重构系数 $\boldsymbol{y}_{\text{test}}$：

$$\boldsymbol{y}_{test}=\boldsymbol{EigV}_L^{\mathrm{T}}\boldsymbol{x}_{\text{test}} \tag{9-13}$$

(2) 保持重构系数 $\boldsymbol{y}_{\text{test}}$ 不变，在 $\boldsymbol{EigV}_H$ 空间重构高分辨率图像 $\boldsymbol{x}_{\text{test}}^H$：

$$\boldsymbol{x}_{\text{test}}^H=\boldsymbol{EigV}_H y_{\text{test}} \tag{9-14}$$

9.1.2　基于分块的 PCA 重构算法

基于分块的 PCA 重构算法的基本思想与基于整幅图像的 PCA 算法基本相同，主要区别在于是否在进行 PCA 算法前进行了分块处理。基于分块的 PCA 重构算法分为两类：① 位置相关的分块 PCA 重构算法；② 位置无关的分块 PCA 重构算法。

由于人脸图像是一类特殊的图像(人眼、鼻子、嘴巴位置相对来说在人脸中的位置是固定的)，因此可以先将人脸图像进行对齐预处理。对人脸图像进行了对齐预处理后，可以采取对每个位置的分块提取主分量(如鼻子、嘴巴、眼睛部分提取各自的主分量)，在重构中利用该位置的主分量进行重构。这就是位置相关的分块 PCA 重构算法。

位置无关的分块 PCA 重构算法是在对图像分块时不考虑图像块的位置，对每一个图像块都进行相同的处理，也就是将每一个分块图像都看做整幅图像，进行与整幅图像 PCA 重构算法相同的处理。对于如何分块这个问题，本节采用固定大小分块(类似于 jpeg 压缩编码中的固定大小分块方式)，即将图像划分为相同大小的块。

基于分块的 PCA 重构算法的实现同样分为两个过程，即训练过程和学习过程。

1. 位置无关的分块 PCA 重构算法的步骤

1) 训练过程

将输入的每一幅低分辨率训练样本图像划分成 k 个 $n\times n$(例如 3×3)的图像块，所有图像的图像块构成一个向量矩阵 $\boldsymbol{B}_L=\{\boldsymbol{Block}_L^i\}$，$i=1, 2, \cdots, s$，其中 $\boldsymbol{Block}_L^i$ 表示对训练库中低分辨率图像划分的块构成的一维向量；$s=k\times N$，k 为每幅图像的图像块数，N 为图像数量。同样对应高分辨率训练样本图像划分为多个 $(zn)\times(zn)$ 的块(其中 z 表示放大倍数)，构成一个向量矩阵 $\boldsymbol{B}_H=\{\boldsymbol{Block}_H^i\}$，$i=1, 2, \cdots, s$。分别对向量矩阵 $\boldsymbol{B}_L$ 和 $\boldsymbol{B}_H$ 提取主分量 $\boldsymbol{BEigV}_L$ 和 $\boldsymbol{BEigV}_H$。

2）学习过程

将输入的待复原的低分辨率图像划分成 k 个 $n\times n$ 的图像块，对每一图像块进行如下步骤：

（1）将输入低分辨率的图像块向 $\boldsymbol{BEigV}_L$ 空间投影，获得重构系数。

（2）保持重构系数不变，在 $\boldsymbol{BEigV}_H$ 空间重构高分辨率图像块。

（3）将每一个复原的图像块按照顺序拼接，复原出高分辨率图像。

2. 位置相关的分块 PCA 重构算法的步骤

1）训练过程

将输入的每一幅低分辨率训练样本图像划分成多个 $n\times n$（例如 3×3）的图像块，对于每一个块，可以将其表示为一个一维向量 $\boldsymbol{Block}_L^{i,j,k}$，其中 i，j 表示块在图像中的位置，k 表示第 k 个训练样本。每一个位置为 i，j，都可以构成一个向量矩阵 $\boldsymbol{B}_L^{i,j}=\{\boldsymbol{Block}_L^{i,j,k}\}$，$k=1，2，\cdots，N$。同样对应高分辨率训练样本图像划分为多个 $(zn)\times(zn)$ 的块，可以将其表示为一个一维向量 $\boldsymbol{Block}_H^{i,j,k}$。每一个位置为 i，j，都可以构成一个向量矩阵 $B_H^{i,j}=\{\boldsymbol{Block}_H^{i,j,k}\}$，$k=1，2，\cdots，N$。分别对每一个位置的向量矩阵 $\boldsymbol{B}_L^{i,j}$ 和 $\boldsymbol{B}_H^{i,j}$ 提取主分量 $\boldsymbol{EigV}_L^{i,j}$ 和 $\boldsymbol{EigV}_H^{i,j}$。

2）学习过程

将输入的待复原的低分辨率图像划分成多个 $n\times n$ 的小块。对每一位置 i，j 上的图像小块实施如下步骤：

（1）提取输入低分辨率的图像块并向 $\boldsymbol{EigV}_L^{i,j}$ 空间投影，获得重构系数。

（2）保持重构系数不变，在 $\boldsymbol{EigV}_H^{i,j}$ 空间重构高分辨率图像。

（3）对每一个复原的图像块按照顺序拼接，复原出高分辨率图像。

9.2　基于流形学习重构的算法

在《Super-resolution through neighbor embedding》一文中，Chang 开创性地将流形学习算法融入到超分辨率算法中，但是该文献存在一些不足，例如：① 主要针对自然图像（如鸟的图像等）进行复原；② 相对而言，选取的特征较为简单。针对上述问题，本节将进行如下工作：

（1）对流形学习应用于基于学习的超分辨率的原理进行详细的介绍。

（2）针对人脸图像进行基于学习的超分辨率复原。

（3）为了人脸图像取得更好的复原效果，本节加入了新的特征（DoG 特征），该特征突出的边缘细节，保持了人脸图像鲜明的轮廓和清晰的边缘信息。同时对 Chang 的方法中的一阶、二阶梯度特征提取模板进行改进，使得新的一阶、二阶梯度特征提取模板能够更好地抑制噪声的影响，保留更多的特征信息。通过详细的实验结果分析表明，本节算法复原出的超分辨率人脸图像更接近于真实图像，具有更高的峰值信噪比。

（4）针对样本数对算法的影响，以及 LLE 算法中参数对算法的影响进行实验，并且对不同方法的结果进行比较。

9.2.1　LLE 算法的基本原理

流形学习的数学定义：在 R^d 空间（$D>d$）中存在由某个随机过程生成的数据 $\{\boldsymbol{y}_i\}\subset$

Y，经过某个函数 f 可以映射形成 R^D 空间中的观测数据 $\{x_i = f(y_i)\}$。流形学习是要在观测数据 $\{x_i\}$ 中重构 f 和数据 $\{y_i\}$，以达到数据压缩和降维的目的。与以往的机器学习不同之处是，流形学习强调了整体结构，要通过局部和整体相结合来发现和重构数据的内在规律性。目前的流形学习算法主要有 LLE、ISOMAP 等。局部线性嵌入(LLE) 是流形学习中一种主要的算法。

LLE 算法是一种从高维空间非线性映射到低维空间的非监督方法，可以广泛地应用于图像数据的分类与聚类、多维数据的可视化等领域。LLE 算法的主要思想是：对于一组具有嵌套流形的数据集，在嵌套空间与内在低维空间局部邻域间的点的关系应该不变，也就是说，在嵌套空间每个采样点可以用它的近邻点线性表示，在低维空间中保持每个邻域中的权值不变，重构原数据点，使重构误差最小。图 9－2 是一个 LLE 应用于降维的例子。LLE 将三维空间的数据(图 9－2(b)) 映射到二维空间(图 9－2(c)) 中。

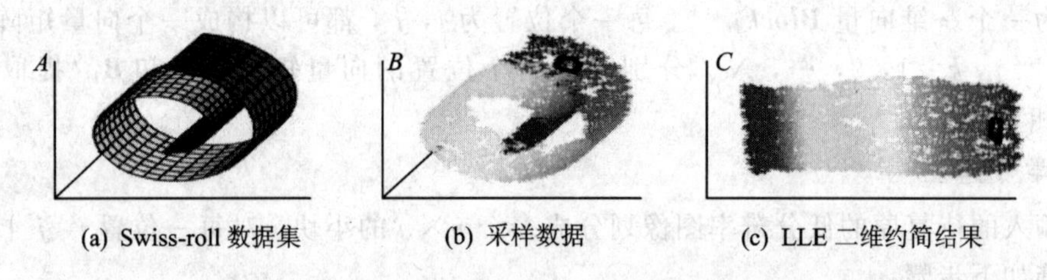

图 9－2　Swissroll 的 LLE 降维实验

LLE 的具体算法实现为：设在高维欧氏空间 R^D 中有数据集 $\boldsymbol{X}=\{\boldsymbol{x}_1, \boldsymbol{x}_2, \cdots, \boldsymbol{x}_N\}$，该方法希望将 $\boldsymbol{X}$ 嵌入到一个相对低维的空间 R^d 中($d<D$)，同时尽可能地保持原数据的拓扑结构(通过每点的邻域关系确定)。LLE 算法流程图如图 9－3 所示。

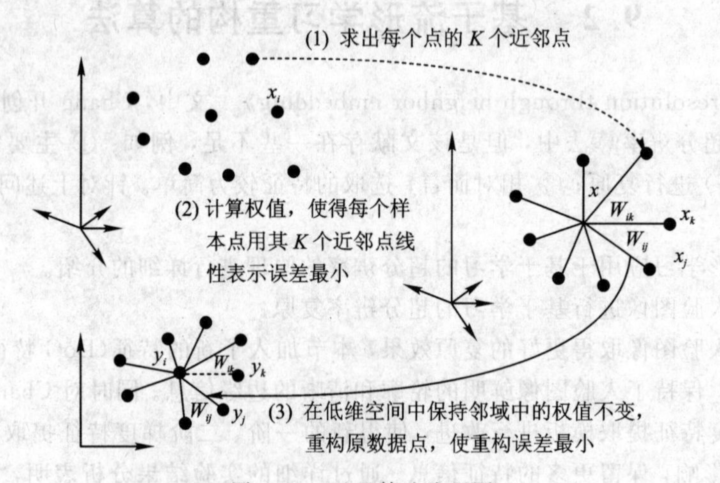

图 9－3　LLE 算法流程图

LLE 算法可以归纳为如下的三个步骤：

(1) 寻找 R^D 空间中每一个样本点 $\boldsymbol{x}_i$ ($i=1, 2, \cdots, N$) 欧氏距离最近的 K 个近邻点。K 为预先设定的参数。

(2) 认为空间中的每一个样本点 $\boldsymbol{x}_i$ 可以用它的 K 个近邻线性表示，即每一个样本点用它的 K 个近邻点重构。由每个样本点的近邻计算出该样本点的权值矩阵。定义代价函数：

$$\varepsilon(\boldsymbol{W})=\sum_i\left|\boldsymbol{x}_i-\sum_j W_{ij}\boldsymbol{x}_{ij}\right|^2 \tag{9-15}$$

式中，$\boldsymbol{x}_{ij}(j=1,2,\cdots,K)$为$\boldsymbol{x}_i$的$K$个近邻点；$W_{ij}$为$\boldsymbol{x}_i$和$\boldsymbol{x}_{ij}$的权值关系。$W_{ij}$可以看做每个近邻点对重构样本点作出的贡献，并且权值要满足$\sum_{j=1}^{K}W_{ij}=1$。因此有

$$\varepsilon(W)=\sum_i\left|\sum_j(\boldsymbol{x}_i-W_{ij}\boldsymbol{x}_{ij})\right|^2=\sum_{j=1}^{K}\sum_{m=1}^{K}W_{ij}W_{im}\boldsymbol{Q}_{jm}^{i} \tag{9-16}$$

其中，$\boldsymbol{Q}_{jm}=(\boldsymbol{x}_i-\boldsymbol{x}_{ij})^{\mathrm{T}}(\boldsymbol{x}_i-\boldsymbol{x}_{im})$，$\boldsymbol{x}_{im}(m=1,2,\cdots,K)$为$\boldsymbol{x}_i$的$K$个近邻点，$W_{im}$为$\boldsymbol{x}_i$和$\boldsymbol{x}_{im}$的权值关系。

求最优权值就是对公式(9-15)在约束条件下求解最小二乘问题。利用拉格朗日乘子法，即可求出局部最优重构权值矩阵：

$$W_{ij}=\frac{\sum_{m=1}^{K}R_{jm}^{i}}{\sum_{p=1}^{K}\sum_{q=1}^{K}R_{pq}^{i}} \tag{9-17}$$

其中，

$$\boldsymbol{R}^i=(\boldsymbol{Q}^i)^{-1} \tag{9-18}$$

(3) 保持权值不变，在低维空间$R^d(d<D)$中对原数据点重构。将所有的样本点映射为低维空间中的数据点，并使输出数据在低维空间中保持原有的拓扑结构。设低维空间的数据点为$\boldsymbol{y}_i$，可以通过求最小的代价函数得到：

$$\Phi(\boldsymbol{y})=\sum_i\left|\boldsymbol{y}_i-\sum_j W_{ij}\boldsymbol{y}_j\right|^2 \tag{9-19}$$

9.2.2　基于流形学习的超分辨率基本原理

基于学习的超分辨率技术就是输入一幅低分辨率图像$\boldsymbol{I}_t^l$，通过训练样本图像集(低分辨率$\boldsymbol{I}_s^l(s=1,2,\cdots,m)$和高分辨率$\boldsymbol{I}_s^h(s=1,2,\cdots,m)$图像对，其中$s$表示第$s$幅训练样本图像，$m$是训练样本的数量)，估计出它的高分辨率图像$\boldsymbol{I}_t^h$。

将每一幅低分辨率图像和每一幅高分辨率图像划分成一定数量的图像块，在此分别把输入的低分辨率图像$\boldsymbol{I}_t^l$、待求的高分辨率图像$\boldsymbol{I}_t^h$、训练库中的低分辨率图像$\boldsymbol{I}_s^l(s=1,2,\cdots,m)$、训练库中的高分辨率图像$\boldsymbol{I}_s^h(s=1,2,\cdots,m)$的图像块分别表示为$\boldsymbol{B}_t^l$、$\boldsymbol{B}_t^h$、$\boldsymbol{B}_s^l$、$\boldsymbol{B}_s^h$。

在高分辨率图像中的块不仅与对应的低分辨率图像中的块有关，而且与高分辨率的相邻块有关。Chang 等人假设高、低分辨率的图像块的流形结构是相似的，并且实验的结果也验证了这一点。也就是说，如果高分辨率的图像块相邻，那么其降质后的低分辨率图像块也相邻。这样高分辨率的图像块与降质后的低分辨率的图像块满足 LLE 的核心概念。与 LLE 算法对应，高分辨率的图像块对应高维数据，而其降质后的低分辨率的图像块对应降维后的低维数据。获得输入的低分辨率的图像块$\boldsymbol{B}_t^l$与训练样本的低分辨率的图像块$\boldsymbol{B}_s^l$之间的重构关系，即权值矩阵$\boldsymbol{W}$(该关系可以通过 LLE 算法求得)。然后保持重构关系(即权值矩阵$\boldsymbol{W}$)不变，通过训练样本的高分辨率的图像块$\boldsymbol{B}_s^h$，即可重构待复原的高分辨率的图像块$\boldsymbol{B}_t^h$。

基于上述分析可知，基于 LLE 重构算法的主要思想是低分辨率图像中的块可由训练

库中与其相邻的低分辨率图像块重构，设重构系数矩阵为 $\boldsymbol{W}$。保持重构系数矩阵 $\boldsymbol{W}$ 不变，即可用训练库中高分辨率图像块重构待复原的高分辨率图像块，算法的框图如图 9-4 所示。就算法而言，只需要求出其重构关系(即权值矩阵 $\boldsymbol{W}$)，即只使用 LLE 算法的前两个步骤即可。

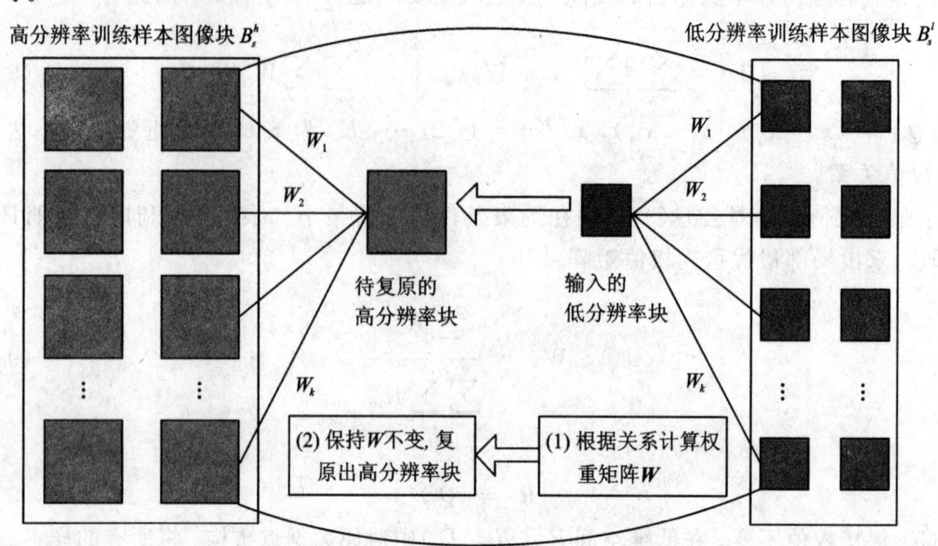

图 9-4　基于 LLE 的超分辨率算法的框图

9.2.3　特征提取

在具体实现算法的过程中，需要考虑特征选择的问题。最简单的方法是直接采用灰度特征，但存在两个方面的问题：

(1) 如果训练样本和待复原的图像光照环境不同，则需要消除光照等因素的影响，一般来说需要对其进行特征提取。

(2) 对于复原高分辨率图像而言，低分辨率图像的高频部分比低频部分包含更多有用的信息，因此需要对灰度图像进行特征提取(主要提取高频特征)。

与 Chang 的方法不同，这里加入了高斯差分(Difference of Gaussian，DoG)特征，与改进的一阶、二阶梯度特征结合，共同组成特征。在 Chang 的方法中使用的一阶模板是[－1，0，1]，二阶模板是[1，0，2，0，1]，这两个模板对噪声的抑制能力有限，保留的信息不够充分，对人脸的特征提取不够丰富。对此，使用改进的一阶、二阶模板，即 [－1，8，0，－8，1]和[－1，－2，6，－2，－1]。该模板比 Chang 方法的模板能更好地抑制噪声的影响，保留更多的特征信息。图 9-5 所示为 Chang 方法的特征提取结果和本节方法的特征提取结果。图 9-5 中 Chang 方法的结果图从左到右分别是一阶、二阶模板提取的垂直方向的特征。同样本节方法的结果图从左到右分别为一阶、二阶模板提取的垂直方向的特征。从图 9-5 中可以看出无论是一阶还是二阶模板提取的特征，本节的特征都比 Chang 方法更细腻，保留了更多的高频细节特征。另外，Chang 方法只采用一阶、二阶梯度特征作为低分辨率块的特征，而本节增加了 DoG 特征。DoG 特征无方向性，能够更好地表示不同方向的特征。它突出的边缘细节，保持了图像鲜明的轮廓和清晰的边缘信息。

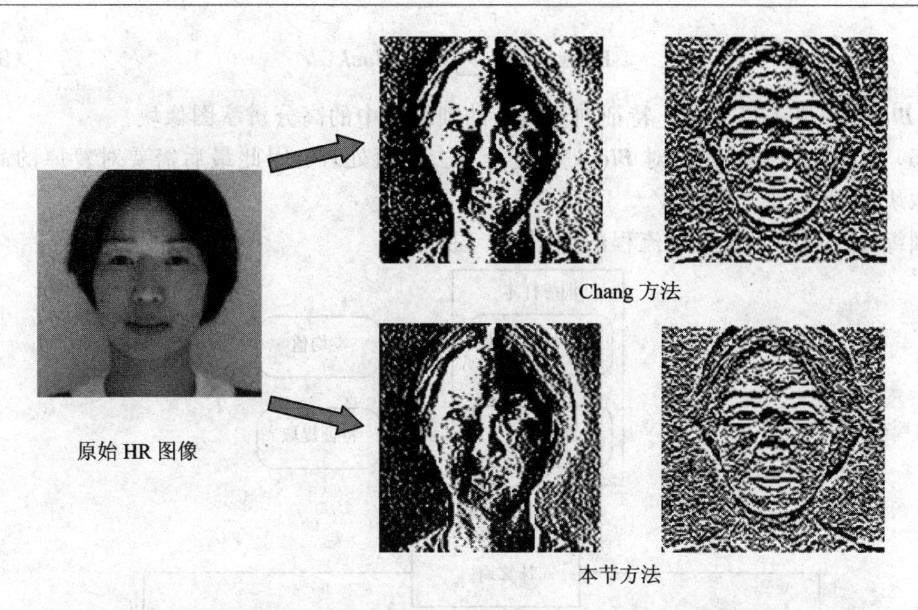

图 9-5　Chang 方法模板提取特征和本节模板提取特征的结果

9.2.4　算法实现

算法的实现分为两个过程，即训练过程和学习过程。训练过程是对训练样本进行处理，获得训练库中高、低分辨率图像的特征。学习过程是对待复原的低分辨率图像进行处理，获取特征，最终通过训练过程获得的信息得到最终的超分辨率图像。具体算法的步骤如下：

1. 训练过程

(1) 将输入的每一幅低分辨率训练样本图像划分成多个 $n\times n$（例如 3×3）的图像块 $\{\boldsymbol{Block}_L^i\}$，$i=1, 2, \cdots, s$，其中 s 为所有图像块之和（即块的总数）。同样，对应的高分辨率训练样本图像划分为多个 $(zn)\times(zn)$ 块 $\{\boldsymbol{Block}_H^i\}$，$i=1, 2, \cdots, s$，同时对高分辨率的图像块进行零均值处理。其中 z 表示低分辨率图像到高分辨率图像的放大倍数。

(2) 对每一个低分辨率的图像块 $\{\boldsymbol{Block}_L^i\}$，$i=1, 2, \cdots, s$，分别提取一阶、二阶梯度特征以及 DoG 特征，组成特征向量 $\{\boldsymbol{fea}_L^i\}$，$i=1, 2, \cdots, s$。

2. 学习过程

将输入的待复原的低分辨率图像划分成多个 $n\times n$ 小块。对第 i 个图像块 $\{\boldsymbol{BTest}_L^i\}$，$i=1, 2, \cdots$, count（其中 count 表示待复原的低分辨率图像的分块数）实施如下步骤：

(1) 计算输入低分辨率的图像块的均值 V_i，并提取输入低分辨率的图像块的一阶、二阶梯度特征以及 DoG 特征，组成特征向量 $\boldsymbol{fea}_{\text{test}}^i$。

(2) 在训练库中的低分辨率图像块的特征向量 $\{\boldsymbol{fea}_L^i\}$，$i=1, 2, \cdots, s$ 中寻找与 $\boldsymbol{fea}_{\text{test}}^i$ 相邻的 K 个特征向量。

(3) 根据 LLE 算法，使下式最小化，计算权值矩阵 $\boldsymbol{W}_i$：

$$\varepsilon(\boldsymbol{W}) = \left| \boldsymbol{fea}_{\text{test}}^i - \sum_j \boldsymbol{W}_{i,j} \boldsymbol{fea}_L^{i,j} \right| \tag{9-20}$$

其中，$\boldsymbol{fea}_L^{i,j}$，$j=1, 2, \cdots, K$ 表示训练样本库中与 $\boldsymbol{fea}_{\text{test}}^i$ 相邻的 K 个特征向量。

(4) 保持权值矩阵 $\boldsymbol{W}_i$ 不变，依据下式重构超分辨率图像块 $\boldsymbol{BTest}_H^i$：

$$BTest_H^i = \sum_j W_{i,j} Block_H^{i,j} \tag{9-21}$$

其中，$Block_H^{i,j}$ 表示与 $fea_L^{i,j}$ 特征向量对应的训练库中的高分辨率图像块。

(5) 由于在训练过程中对 $Block_H^{i,j}$ 进行了去均值处理，因此最后需要对复原的高分辨率图像块 $BTest_H^i$ 加上均值 V_i。

训练过程和学习过程的流程图如图 9-6 所示。

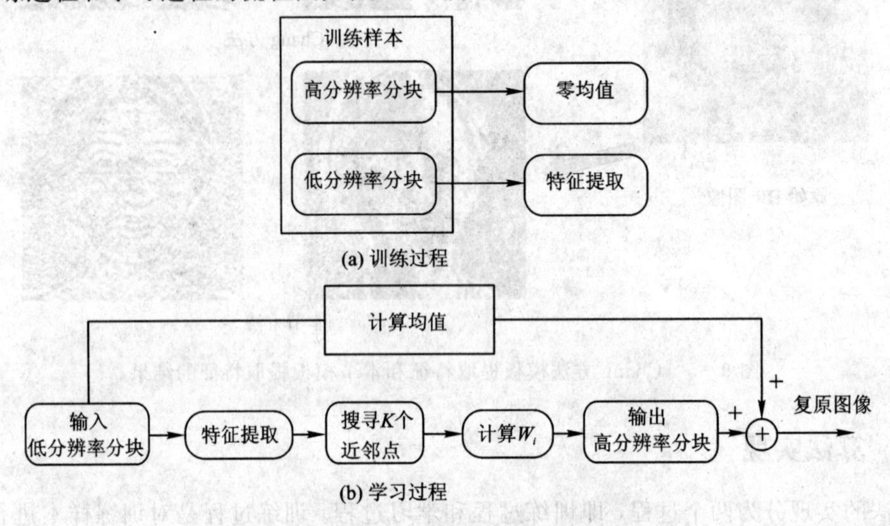

图 9-6 训练过程和学习过程的流程图

9.3 实验结果与分析

1. 实验一

实验一的目的是对不同的重构算法进行比较。实验一中使用了亚洲人脸标准图像数据库(IMDB)中的人脸图像。为了方便 LLE 重构与 PCA 重构的基于学习超分辨率复原算法进行比较，本节只提取人脸的面部图像，并进行归一化，归一化大小为 96×80。将 96×80 人脸图像作为高分辨率人脸图像，对其进行降质处理，降质为 48×40 的图像，将其作为低分辨率人脸图像。实验首先选取了所有不带眼镜的 75 人进行实验，每人选正面中性表情人脸 1 幅，共 75 幅。随机选择其中的 8 人，其中 4 名男性、4 名女性(共 8 幅人脸图像)作为测试样本，剩下的 67 人(67 幅人脸图像)作为训练样本。

将基于整幅图像 PCA 重构算法，基于位置无关(相关)的分块 PCA 重构算法以及基于位置无关(相关)LLE 重构算法共 5 种算法进行比较。在基于分块的算法中，低分辨率图像均采用 3×3 的分块，高分辨率图像采用 6×6 的分块。

图 9-7 为不同算法的实验结果。前 4 行是男性人脸图像，后 4 行是女性人脸图像。图 9-7(a)为基于整幅图像的 PCA 重构算法的复原结果。可以看出其效果很平滑，丢失了大部分的高频信息，使得复原的人脸图像看起来像平均人脸。这主要是因为 PCA 算法提取的是图像的主分量，忽略了细节，重构时也同样忽略了细节(即高频部分)。图 9-7(a)复原的结果中不能明显地看出复原的人脸图像是男性人脸图像还是女性人脸图像，这是由于区分人脸性别的特征主要集中在人脸的高频信息部分。

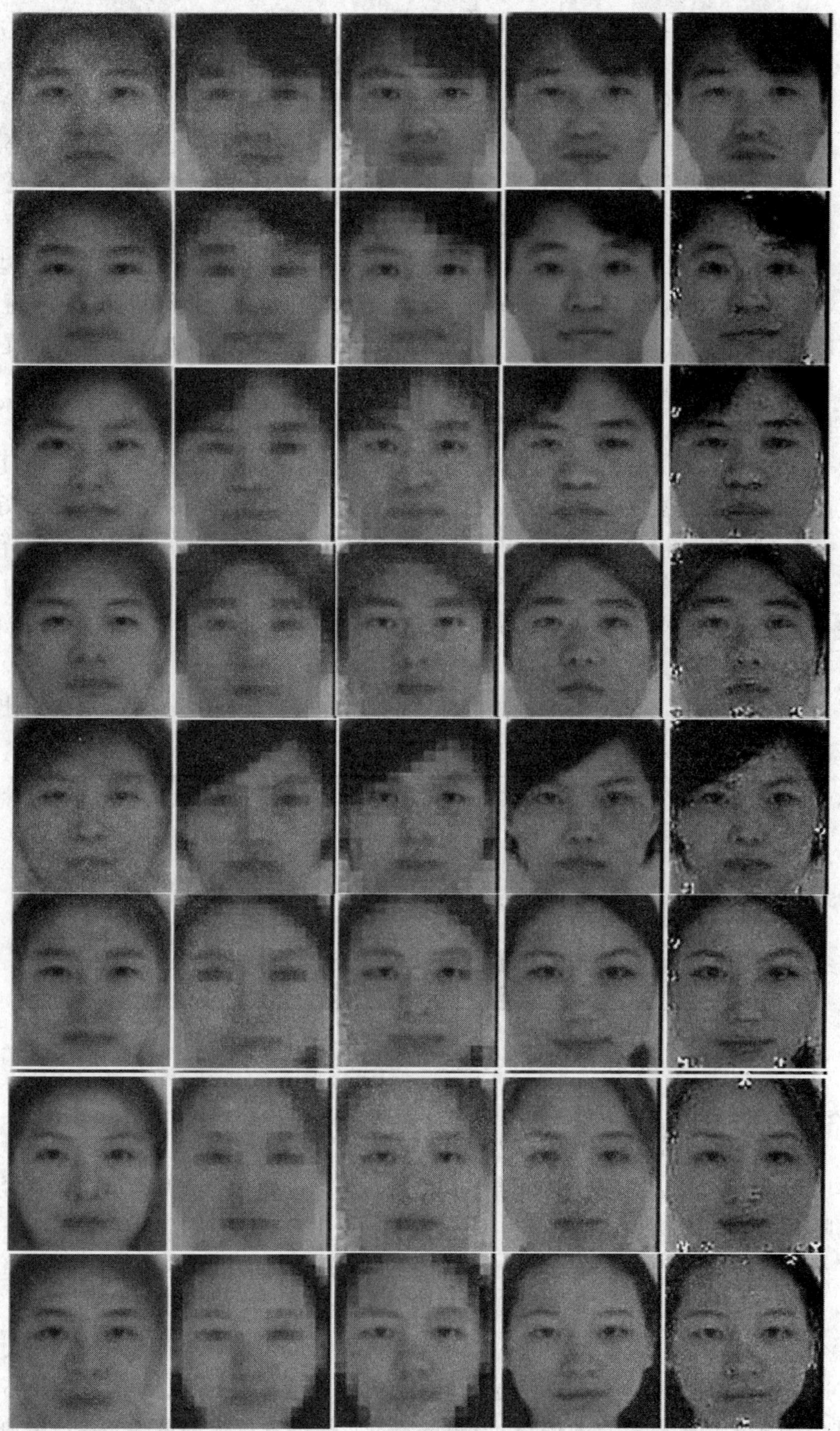

(a) 基于整幅图像的PCA重构算法结果　(b) 位置无关的分块PCA算法结果　(c) 位置相关的分块PCA算法结果　(d) 位置无关的LLE重构算法结果　(e) 位置相关的LLE重构算法结果

图 9-7　不同算法的实验结果

图 9－7(b)为位置无关的分块 PCA 算法结果，可以看出它的复原结果也较为平滑。这主要是由于 PCA 算法提取的是图像块(分块为 3×3)的主分量，忽略了细节，并且由于样本块的数目远远大于图像块的维数，这使得主分量的数量最多等于图像块的维数。低分辨率图像块的维数为 3×3＝9 维，高分辨率块的维数为 6×6＝36 维，这造成低分辨率图像块对应的主分量数最多为 9 个，也就是最多获得 9 个重构系数，而 9 个重构系数不足以对高分辨率图像块(36 维)进行重构，因此复原的图像块的结果较为平滑。

图 9－7(c)为位置相关的分块 PCA 算法结果。从视觉效果来看，位置相关的分块 PCA 算法结果与位置无关的分块 PCA 算法相比，图像更为清晰，并且边缘特征信息明显，但是存在严重的噪声。位置相关的分块 PCA 算法对每个位置的分块都进行主分量的提取，同样在重构中也只利用该位置的主分量进行重构，相对来说，(与位置无关的分块 PCA 算法相比)在进行重构时能够提取更多的细节信息，当然同时也引入了噪声。

图 9－7(d)为位置无关的 LLE 重构算法结果，该方法不仅高频信息比较丰富，而且基本没有分块效应，能够较好地复原出图像的高频信息，更接近于原始高分辨率图像，效果最好。

图 9－7(e)为位置相关的 LLE 重构算法结果。与位置相关的 PCA 重构算法一样，只能在训练样本低分辨率图像对应位置寻找最相近的 K 个块。由于样本有限，使得重构存在较大的误差，这导致复原存在明显的噪声，因此总的说来获得的复原图像的峰值信噪比较低。

图 9－8 为采用不同方法时的 8 幅测试样本的平均峰值信噪比示意图。可以看出，LLE 重构方法的平均峰值信噪比明显比其他方法高很多。

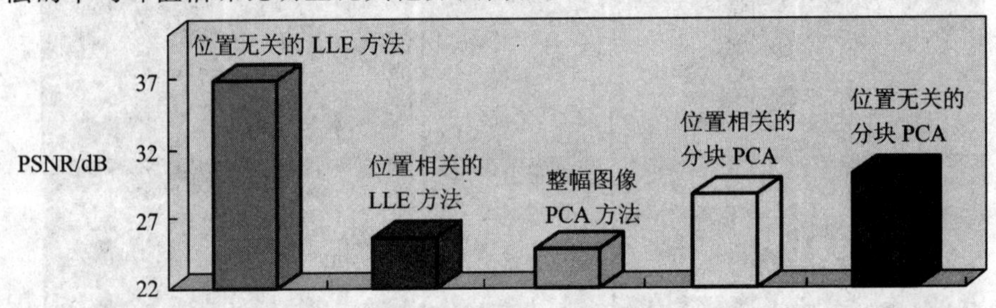

图 9－8　不同方法的平均峰值信噪比示意图

2. 实验二

由于位置无关的 LLE 重构算法效果最好，因此在实验二中，主要是对位置无关的 LLE 重构算法进行分析。实验二中同样使用亚洲人脸标准图像数据库(IMDB)中的人脸图像，将人脸图像归一化成每一幅图像为 128×128，把 128×128 人脸图像作为高分辨率人脸图像，对其进行降质处理，降质为 64×64 的人脸图像，并且将其作为低分辨率人脸图像。图 9－9 是亚洲人脸标准图像数据库中的部分人脸图像。

算法与训练样本的数量有一定的关系，实验首先选取了所有不带眼镜的 75 人进行实验，每人选 3 幅图(正面脸 1 幅，光照变化 1 幅，笑的表情 1 幅)，总共 75×3＝225 幅。随机选择其中的 4 人(12 幅人脸图像)作为测试数据。保持测试人脸图像不变，分别将 71、38、15、9、3 人(分别有 213、114、45、27、9 幅图像)作为训练数据。图 9－10 为不同数量的训练样本对复原图像的平均峰值信噪比的影响。从图 9－10 中可以看出，随着训练样本的增加，复原图像的峰值信噪比随之增加，但是随着训练样本的增加，峰值信噪比的增加幅度越来越小。

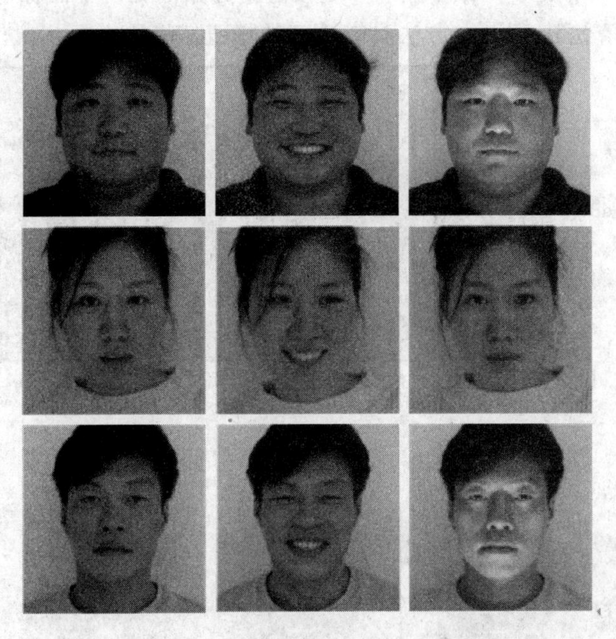

图 9-9 亚洲人脸标准图像数据库中部分人脸图像

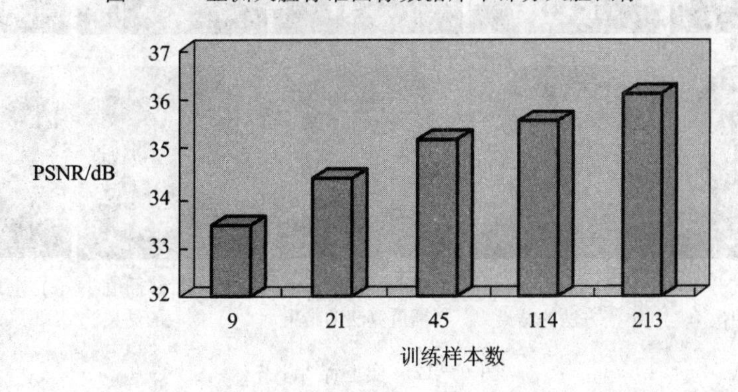

图 9-10 不同数量的训练样本对复原图像的平均峰值信噪比的影响

本章算法与 LLE 算法中的参数 K 的选取有一定的关系，K 的选取在算法中起到一定的作用，如果 K 取值太大，LLE 不能体现局部特性，可能使得重构误差较大；反之，LLE 不能保持样本点在低维空间中的拓扑结构，同样使得重构误差大。在下面的实验中，还是以前面随机选择的 4 人(12 幅人脸图像)作为测试数据，以剩下的 71 人(213 幅人脸图像)作为训练数据。图 9-11 为参数 K 对复原图像的平均峰值信噪比的影响。从图 9-11 可以看出，K 的不同对复原图像的峰值信噪比影响相对不大。在测试环境中，在 K 为 15 时峰值信噪比最小为 34.98 dB，K 为 6 时峰值信噪比最大为 36.65 dB。

最近邻插值算法、Cubic B-Spline 插值算法和 Chang 方法及本章算法的实验结果的比较如图 9-12 所示。实验条件为随机选择 4 人(12 幅人脸图像)作为测试数据，以剩下的 71 人(213 幅人脸图像)作为训练数据，固定 K 值为 10。从实验结果对比图中可以看出：最近邻插值算法、Cubic B-Spline 插值算法在平滑噪声的同时模糊了大部分的人脸细节，Chang 方法和本章算法都能恢复出人脸的细节，但是本章算法与 Chang 方法对比可以看出，本章算法比 Chang 方法具有更多的细节特征，更接近于原始高分辨率图像。定量的峰值信噪比分析可以看出本章算法比 Chang 方法具有更高的峰值信噪比。

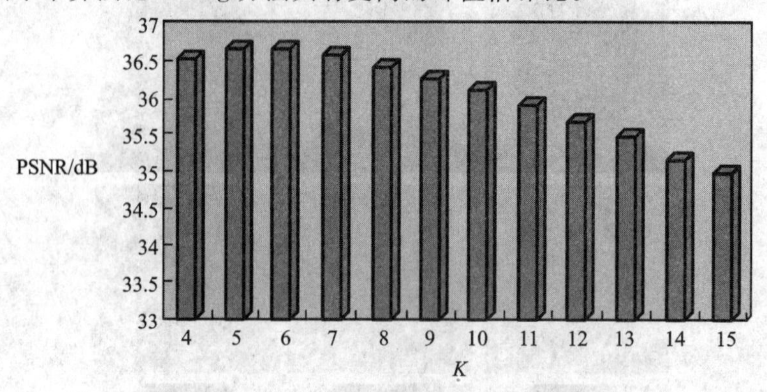

图 9-11　参数 K 对复原图像的平均峰值信噪比的影响

图 9-12　实验结果比较

图 9-13 为不同方法的平均峰值信噪比的示意图。从图 9-13 中看出，本章算法具有最高的平均峰值信噪比，最近邻插值算法具有最低的平均峰值信噪比，Chang 方法和Cubic B-Spline 插值算法的平均峰值信噪比介于它们之间。

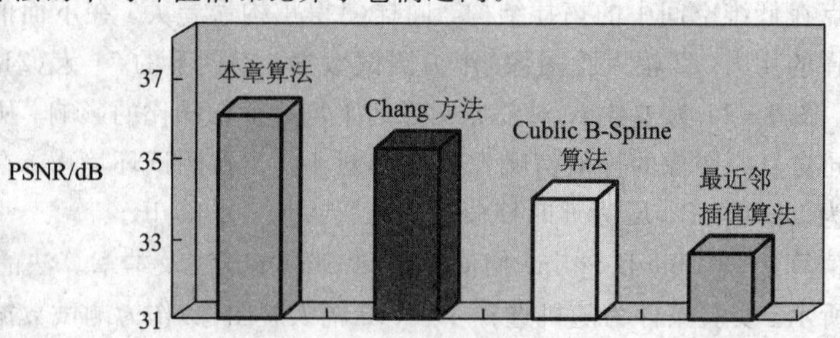

图 9-13　不同方法的平均峰值信噪比示意图

9.4　本章小结

本章首先介绍了基于整幅图像的PCA重构算法，然后提出了基于分块的PCA重构算法。实验表明，无论是基于分块的PCA重构算法还是基于整幅图像的PCA算法，其图像复原效果都有限。因此本章重点分析了流形学习中的LLE重构算法，将流形学习中的LLE算法融入到人脸图像超分辨率算法中，为了人脸图像取得更好的复原效果，加入了新的特征(DoG特征)，并且对一阶、二阶梯度特征提取模板进行了改进，使得新的一阶、二阶梯度特征提取模板能够更好地抑制噪声的影响，保留了更多的特征信息。该特征突出的边缘细节，保持了人脸图像鲜明的轮廓和清晰的边缘信息。

实验表明，本章改进的基于LLE重构的算法能够有效地提高超分辨率重构效果，通过本章算法复原出的超分辨率人脸图像更接近于真实图像，具有更高的峰值信噪比。

参考文献

[1] Wang X, Tang X. Hallucinating face by eigentransformation[J]. IEEE Transactions on Systems, Man and Cybernetics, Part C. 2005, 35(3): 425-434.

[2] Chang H, Yeung D Y, Xiong Y. Super-resolution through neighbor embedding[C]. Frances Titsworth. Proc. IEEE Computer Society Conference on Computer Vision and Pattern Recognition (CVPR). Los Alamitos, USA: IEEE Computer Society, 2004(1): 275-282.

[3] Sam T Roweis. Nonlinear dimensionality reduction by locally linear embedding[J]. Science, 2000, 290 (5500): 2323-2326.

[4] L K Saul, S T Roweis. Think globally, fit locally: unsupervised learning of nonlinear manifolds. Technical Report, MS CIS-02-18, University of Pennsylvania, 2003.

[5] Lawrence K S, Sam T R. An introduction to locally linear embedding. [EB/OL]. http: //www. cs. toronto/～roweis/lle/, 2001-06-10.

[6] Tenenbaum JB, de Silva V, Langford JC. A Global Geometric Framework for Nonlinear Dimensionality Reduction[J]. Science, 2000, 290(5500): 2319-2323.

[7] 杨晓敏，吴炜，何小海.一种基于流形学习的手写体数字识别[J].光电子·激光，2007，18(12)：1478-1481.

[8] Wu Wei, Yang Xiao ming, He Xiaohai. Handwritten numeral recognition by Model Reconstruction based on Manifold Learning[C]. Proceedings of the International Conference 2007 on Information Computing and Automation ICICA(2007), 2007(1): 43-46.

[9] 吴炜，杨晓敏，何小海，等. 基于主向量分析重建的人脸识别算法研究[J]. 光电子·激光，2008，19(2)：246-248.

[10] 吴炜，杨晓敏，陈默，等. 基于流形学习的人脸图像超分辨率技术研究[J]. 光学技术，2009，35(1)：84-88.

第十章　基于超完备字典的图像稀疏表示理论的超分辨率复原

10.1　概　述

10.1.1　信号的稀疏表示及其研究现状

在信号处理中，人们希望把信号变换到适当的域，然后利用信号在这个域的稀疏逼近替代原始信号。信号的稀疏表示有两方面的作用：一方面能够提供数字信号的压缩特性；另一方面能够有效地抓住信号的本质特征，为后续的信号处理提供便利。传统的信号处理通常将已知信号在给定的函数集上进行分解。例如，将信号在余弦函数上进行分解，得到该信号在频域上的展开；将信号在小波函数上进行分解，得到该信号小波域的展开。然而对于自然信号，采用单一的函数集或者函数集的联合往往不能有效地模拟出信号的结构。因此，一直以来，人们希望找到一种更为灵活的方式，它不仅能有效地表示出自然信号的结构，同时使用尽可能少的基函数。在数字信号处理领域，这种简洁、有效的信号表示方式，能够有效地降低信号处理成本，提高信号压缩率，具有重要的意义。

基于超完备字典的信号稀疏分解成为近年来研究的热点。这种新的信号表示理论用一种称为字典的超完备基去代替传统的正交基，由于字典的选择没有任何限制，它能够更加有效地表达出原始信号的结构。字典的每一列元素称为一个原子，信号的稀疏分解就是从给定的或者自适应建立的字典中选择最佳线性组合的一定数量原子，去稀疏逼近或者非线性逼近原始信号。对于哺乳类动物的视觉系统的一系列研究表明，视觉皮层对刺激的表达符合超完备稀疏表示的原则。在非线性逼近理论中，超完备系统能得到比传统正交基更好的逼近也得到了证明。

基于超完备字典的信号稀疏分解理论出现于20世纪90年代，Mallat和Zhang在1993年首次提出了这种信号分解思想并引入了一种贪婪算法——匹配跟踪(Marching Pursuit，MP)算法来求解这个问题。随后出现了基于MP算法的各种改进，例如正交匹配跟踪(Orthogonal Matching Pursuit，OMP)算法等。1999年，Donoho等人巧妙地用l^1范数代替l^0范数问题求解，提出了基追踪(Basis Pursuit，BP)算法，并在2001年给出了利用BP算法对信号进行稀疏分解唯一解的边界条件。

基于超完备字典的信号稀疏分解算法复杂、计算量巨大，阻碍了其在工程实践中的应用。目前信号超完备稀疏分解研究主要集中于以下几个方面：① 设计逼近程度更好且时间效率更高的信号稀疏表示算法；② 根据信号结构，设计超完备字典学习算法，字典对于原始信号的稀疏表示能够得到更高的信噪比，能够得到更快的收敛。目前已经出现很多优秀的超完备字典学习算法，例如 K-SVD 算法、在线字典学习(Online Dictionary Learning, ODL)算法和优化方向方法(Method of Optimized Directions, MOD)等。

近年来，基于超完备字典的图像稀疏表示理论得到了深入研究并取得了一系列突破，同时基于该理论的各种图像处理算法也不断涌现出来，而由 Candès 和 Donoho 等人提出的压缩感知(Compressive Sensing, CS)理论更是将信号稀疏表示理论提升到了一个新的高度，它从理论上证明，在满足一定条件的情况时可以对信号以低于奈奎斯特采样速率的方式进行采样，并能够精确地重构出原始信号，突破了奈奎斯特采样定律的限制。超完备信号稀疏表示的广阔应用前景已经日益凸显出来，它已经逐渐应用到信号处理的各种领域，并开始影响当今信息社会的日常生活。

10.1.2　信号稀疏性表示

稀疏性是信号表示的一种普遍属性。在信号表示中，信号常常由大量疑似因素中的少量因素决定。一种信号的稀疏性表示与表示手段和度量方式有着密不可分的联系。考虑空间 $\mathscr{R}^M$ 由一组线性独立的矢量 $\boldsymbol{\Theta}=\{\boldsymbol{\Psi}_i\}_i^N$ 组成基，它们张成整个空间。对于 $\mathscr{R}^M$ 中的任意给定信号 $\boldsymbol{X}\in\mathscr{R}^M$，都可以用 $\{\boldsymbol{\Psi}_i\}_i^N$ 的线性组合来表示：

$$\boldsymbol{X}=\sum_{i=1}^{N}a_i\boldsymbol{\Psi}_i \tag{10-1}$$

其中，a_i 为展开系数，它由信号 $\boldsymbol{X}$ 在基上的投影 $a_i=\langle\boldsymbol{X},\boldsymbol{\Psi}_i\rangle$ 求得。由于张成空间 $\mathscr{R}^M$ 的基向量 $\{\boldsymbol{\Psi}_i\}_i^N$ 是线性独立的，这样的展开式是唯一确定的。进一步说，如果 $\boldsymbol{\Psi}_i\perp\boldsymbol{\Psi}_j$，$i\neq j$，则 $\{\boldsymbol{\Psi}_i\}_i^N$ 称为一组正交基。同样的，可以得到下式的矩阵形式：

$$\boldsymbol{X}=\boldsymbol{\Theta}\boldsymbol{\alpha} \tag{10-2}$$

如果把上式看做一种信号的变换，则 $\boldsymbol{X}$ 和 $\boldsymbol{\alpha}$ 分别为同一信号在时域和 $\boldsymbol{\Theta}$ 域的不同表示。其中，$\boldsymbol{\alpha}$ 为系数矩阵，如果 $\boldsymbol{\alpha}\in\mathscr{R}^{N\times 1}$ 中只有 S 个非零项，当 $S\ll N$ 时，系数矩阵是稀疏的。对于基矩阵 $\boldsymbol{\Theta}\in\mathscr{R}^{M\times N}$，它的每一列即一个基向量，如果 $N\ll M$，则 $\mathscr{R}^M$ 空间中的某个信号 $\boldsymbol{X}$ 不可能完整地表示为基向量的线性组合，这时基矩阵为非完备(Incomplete)的。如果 $N=M$，这 N 个线性无关的基向量 $\{\boldsymbol{\Psi}_i\}_i^N$ 称为一组完备基(Complete)。如果 $N\gg M$，信号 $\boldsymbol{X}$ 在基向量上的展开则有无数种可能，即展开系数矩阵 $\boldsymbol{\alpha}$ 不是唯一确定的，这时基矩阵为冗余的(Redundant)或者超完备(Over Complete)的。在度量一个信号的稀疏性时，通常也用 l^0 范数来定义：$\|\boldsymbol{\alpha}\|_0$，它代表了系数矩阵中非零系数的个数。

10.1.3　超完备字典的基本概念

1993 年由 Mallat 和 Zhang 首次提出了超完备字典的概念，它实质是一种超完备基。超完备字典的优越性能引起了人们的重视，并在最近几年得到了快速的发展。目前超完备字典的研究主要集中在超完备字典学习算法、基于超完备字典信号稀疏分解算法及它们的应用领域上。

给定一个集合 $\boldsymbol{D}=\{\boldsymbol{d}_r, r=1,2,3\cdots, K\}$，它的每一个元素是张成希尔伯特空间 $H=\mathscr{R}^N$ 的单位矢量，其中 $K\gg N$，$\boldsymbol{D}$ 称为超完备字典，它的每一列元素称为一个原子。对于任意给定的信号 $\boldsymbol{X}$，希望在字典中自适应地选择一定数量的原子对信号进行逼近，即信号表示为字典原子的一组线性组合：

$$\boldsymbol{X}=\boldsymbol{D}\boldsymbol{\alpha} \tag{10-3}$$

其中，$\boldsymbol{\alpha}$ 为稀疏系数矩阵，它只包含少量的非零元素。从示意图 10－1 中可以看到，信号 $\boldsymbol{X}$ 可以由字典 $\boldsymbol{D}$ 中三个原子的线性组合来稀疏表示，此时可以用只包含三个非零项的稀疏表示矩阵 $\boldsymbol{\alpha}$ 来描述信号 $\boldsymbol{X}$。在数学上，可通过最小化 l^0 范数问题求解稀疏表示：

$$\min_{\alpha}\|\boldsymbol{\alpha}\|_0 \quad \text{s.t.} \quad \boldsymbol{X}=\boldsymbol{D}\boldsymbol{\alpha} \tag{10-4}$$

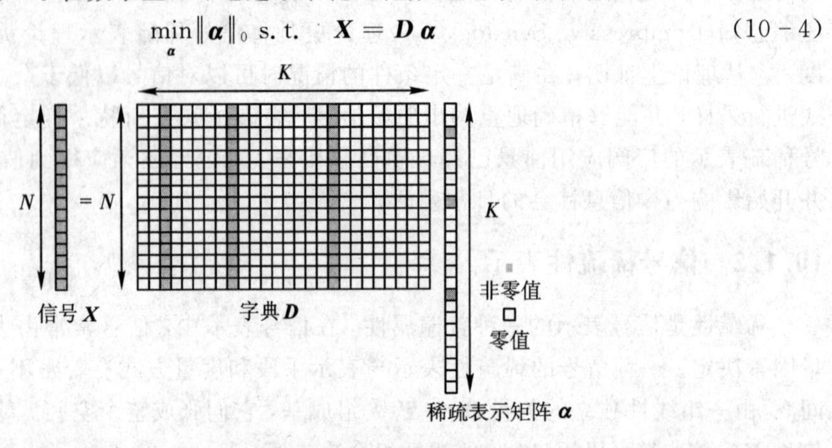

图 10－1 信号在超完备字典上的稀疏表示

在实际运算中，通常在三种约束条件下解决稀疏表示这个问题。第一种是以稀疏度 L 为约束条件：

$$\min_{\alpha}\|\boldsymbol{D}\boldsymbol{\alpha}-\boldsymbol{X}\|_2^2 \quad \text{s.t.} \quad \|\boldsymbol{\alpha}\|_0^0 \leqslant L \tag{10-5}$$

第二种是以求解信号残差为约束条件：

$$\min_{\alpha}\|\alpha\|_0^0 \quad \text{s.t.} \quad \|\boldsymbol{D}\boldsymbol{\alpha}-\boldsymbol{X}\|_2^2 \leqslant \varepsilon^2 \tag{10-6}$$

第三种是综合考虑稀疏度和信号残差：

$$\min_{\alpha}\{\|\boldsymbol{D}\boldsymbol{\alpha}-\boldsymbol{X}\|_2^2+\lambda\|\boldsymbol{\alpha}\|_0^0\} \tag{10-7}$$

这样，求解信号稀疏表示问题转换为了解决约束条件下的近似问题。然而，由于字典 $\boldsymbol{D}$ 是冗余的，$K \gg N$，得到信号的稀疏扩展是一个非确定多项式(Nondeterministic Polynomial，NP)问题，对于大规模的数据无法直接求解。求解 l^0 范数问题主要有两种解决方法：第一种是直接求解 l^0 范数，该类方法有纯贪婪算法和门限算法两种；第二种是把 l^0 范数放松为 l^1 范数问题再进行求解。

10.2 信号稀疏分解算法

10.2.1 引言

近年来，人们对找到一种新的信号表示方法表现了极大的兴趣。从传统的傅立叶基到小波基，随后涌现出大量基于字典的信号表示法，例如分段小波、Gabor 字典、多尺度 Gabor字典、小波包、余弦包等等。目前出现的很多新的信号表示方法都是基于超完备字典的。基于这种超完备字典的信号分解不是唯一确定的，但是这样的不确定性又同时保证了信号分解的自适应性。一种最优的自适应信号分解算法需要同时满足以下三个条件：

(1) 稀疏性。算法能够找到信号尽可能最稀疏的表示，系数矩阵包含最少的非零项。

(2) 分辨率。算法相较于传统非自适应信号分解算法能够得到更高的信号分辨率。

(3) 时间效率。对于一个给定信号的分解，算法的分解时间应该能达到 $O(n)$ 或者 $O(n\lg(n))$ 级别。

基于超完备字典的信号分解算法很多，比较常用的算法有基追踪(Basis Pursuit，BP)算法、框架算法(Method of Frames，MOF)、匹配追踪(Matching Pursuit，MP)算法及其变种。还有一些基于特殊字典的算法，如最佳正交基(Best Orthogonal Basis，BOB)算法等。以下将阐明这些算法的步骤并分析它们的优缺点。

10.2.2　框架算法

框架算法(MOF)指出，在所有解中，如果系数矩阵满足最小化 l^2 范数：

$$\min_{\alpha}\|\alpha\|_2^2 \quad \text{s.t.} \quad \boldsymbol{X}=\boldsymbol{D}\boldsymbol{\alpha} \tag{10-8}$$

这样的解就是唯一确定的，记为 $\alpha^{\dagger}$。式(10-8)的所有解为 $\mathscr{R}^N$ 的子空间，框架算法就是在这个子空间中找到最逼近原信号的原子，通常把它称为最小长度解(Minimum Length Solution)。已知一个矩阵 $\boldsymbol{D}^{\dagger}$，它是 $\boldsymbol{D}$ 在广义上的一个倒置，求最小长度解就是在线性系统中解决下列问题：

$$\boldsymbol{\alpha}^{\dagger}=\boldsymbol{D}^{\dagger}\boldsymbol{X}=\boldsymbol{D}^{\mathrm{T}}(\boldsymbol{D}\boldsymbol{D}^{\mathrm{T}})^{-1}\boldsymbol{X} \tag{10-9}$$

框架算法存在两个重要的问题。首先，框架算法不是以稀疏性为度量的，如果一个信号能在一个字典上有获得稀疏表示的潜力，由框架方法分解的信号在稀疏性上往往不能够达到要求。其次，框架算法有固有的分辨率限制。重建信号的特征分辨率受到 $\boldsymbol{D}^{\dagger}\boldsymbol{D}$ 的限制，不能超过它所允许的范围。例如，一个信号有稀疏分解为 $\alpha=1$ 的潜力，但是用框架算法对信号进行分解，只能达到 $\boldsymbol{\alpha}\boldsymbol{D}^{\dagger}\boldsymbol{D}$ 的稀疏度。

10.2.3　匹配追踪算法

匹配追踪(MP)算法是一种局部最优的贪婪算法，它通过局部求解 l^0 范数问题代替全局求解来减少计算复杂度。匹配追踪算法是一种迭代的过程，在每一次迭代的过程中从字典中选取最能够匹配原信号结构的原子，在约束条件下通过这种迭代获得信号的一组稀疏分解。

设原始信号为 $\boldsymbol{f}$，字典 $\boldsymbol{D}=\{\boldsymbol{d}_r,\ r=1,\ 2,\ 3,\cdots,\ K\}$ 中的所有原子的范数为 1，初始残余项 $\boldsymbol{R}_0=\boldsymbol{f}$。匹配追踪算法首先将原始信号 $\boldsymbol{f}$ 投影到字典的一个原子 $\boldsymbol{d}_{r0}$ 上，得到 $\langle\boldsymbol{d}_{r0},\boldsymbol{R}_0\rangle\boldsymbol{d}_{r0}$，这时信号可以分解为

$$\boldsymbol{R}_0=\langle\boldsymbol{d}_{r0},\boldsymbol{R}_0\rangle\boldsymbol{d}_{r0}+\boldsymbol{R}_1 \tag{10-10}$$

由于 $\boldsymbol{R}_1$ 和 $\boldsymbol{d}_{r0}$ 是正交的，有下式：

$$\|\boldsymbol{R}_0\|^2=|\langle\boldsymbol{d}_{r0},\boldsymbol{R}_0\rangle|^2+\|\boldsymbol{R}_1\|^2 \tag{10-11}$$

为了使残余量 $\boldsymbol{R}_1$ 最小，需要求得 $|\langle\boldsymbol{d}_{r0},\boldsymbol{R}_0\rangle|$ 的极大值，设定：

$$|\langle\boldsymbol{d}_{rm},\boldsymbol{R}_m\rangle|=\sup_{r\in I}|\langle\boldsymbol{d}_{rm},\boldsymbol{R}_m\rangle| \tag{10-12}$$

$$\boldsymbol{f}_{m+1}=\boldsymbol{f}_m+\langle\boldsymbol{d}_{r+1},\boldsymbol{R}_{m+1}\rangle\boldsymbol{d}_{r+1} \tag{10-13}$$

$$\boldsymbol{R}_{m+1}=\boldsymbol{f}-\boldsymbol{f}_{m+1} \tag{10-14}$$

这时通过对剩余量进行 M 次迭代，可以得到

$$f = \sum_{m=0}^{M-1} \langle \boldsymbol{d}_{rm}, \boldsymbol{R}_m \rangle \boldsymbol{d}_{rm} + \boldsymbol{R}_M \tag{10-15}$$

其中剩余量 $\boldsymbol{R}_M$ 满足

$$\|\boldsymbol{R}_M\|^2 = \|\boldsymbol{f}\|^2 - \sum_{m=0}^{M-1} |\langle \boldsymbol{d}_{rm}, \boldsymbol{R}_m \rangle|^2 \tag{10-16}$$

此时有定理指出：对于任意 $\lambda>0$，当 m 趋于无穷时，有 $\|\boldsymbol{R}_f^m\| \leqslant 2^{-\lambda m}\|\boldsymbol{f}\|$，可知 $\|\boldsymbol{R}_f^m\|$ 按指数收敛到 0。最后可以得到

$$\|\boldsymbol{f}\|^2 = \sum_{m=0}^{M-1} |\langle \boldsymbol{d}_{rm}, \boldsymbol{R}_m \rangle|^2 \tag{10-17}$$

这样就完成了对原始信号 $\boldsymbol{f}$ 在字典 $\boldsymbol{D}$ 上的分解。很多类似的算法也不断涌现出来，Qian 和 Chen 提出了一种基于 Gabor 字典的分解方法，Villemoes 提出了一种基于 Walsh 字典的分解算法。匹配追踪算法只需要比较少次数的迭代就能够得到足够稀疏的信号分解，可以通过设定信号分解的目标稀疏度和信号的逼近误差来终止算法迭代。

当字典不是正交时，在算法初始迭代的阶段如果选择了错误的原子来匹配原信号，则在接下来的阶段会耗费大量时间来纠正一开始的错误，而且这样的情况时常发生。正交匹配追踪(Orthogonal Matching Pursuit，OMP)算法对所有原子进行正交投影解决了这个问题，它在工程中得到了广泛的应用。其后又出现了基于 OMP 算法的优化算法，使得其时间效率得到很大提升。

10.2.4 最佳正交基算法

对于一个特定的字典，可以根据字典的特点设计信号分解算法，最佳正交基(BOB)算法就是这样一个例子。BOB 算法由 Coifman 和 Wickerhauser 提出，它在很多基中自适应选择一个单独的正交基底作为“最佳基”。如果定义 $(\boldsymbol{s}[\boldsymbol{\beta}]_I)_I$ 为正交基 $\boldsymbol{\beta}$ 中的基 $\boldsymbol{s}$ 的系数向量，定义熵：

$$\varepsilon(\boldsymbol{s}[\boldsymbol{\beta}]) = \sum_I e(\boldsymbol{s}[\boldsymbol{\beta}]_I) \tag{10-18}$$

其中，$e(\boldsymbol{s})$ 是标量函数。算法通过解决下面问题来得到信号的稀疏分解：

$$\min\{\varepsilon \mid (\boldsymbol{s}[\boldsymbol{\beta}]) : \boldsymbol{\beta} \quad \text{ortho} \quad \text{basis} \subset \boldsymbol{D}\} \tag{10-19}$$

如果一个信号能够在正交基上稀疏表示，用 BOB 算法对这个信号进行分解也能够得到很好的效果。如果信号包含一些非正交成分，这时 BOB 算法则不能得到非常稀疏的分解。由于 BOB 算法的这种局限性，当需要在某些特定字典上对信号进行稀疏分解时，才采用此算法。

10.2.5 全局最优算法

最常用的全局最优算法是基追踪(BP)算法，它把最小化 l^0 范数问题放松为 l^1 范数问题，然后通过解决一个凸优化(Convex Optimization)问题得到信号在超完备字典上的稀疏表示：

$$\min_{\boldsymbol{\alpha}} \|\alpha\|_1 \quad \text{s.t.} \quad \boldsymbol{X} = \boldsymbol{D\alpha} \tag{10-20}$$

l^1范数问题则可以通过线性规划(Linear Programming，LP)的方法求解。可以看到，与 MOF 算法把 l^0 范数问题转换为 l^2 范数问题类似，BP 算法把 l^0 范数问题转化为 l^1 范数问题，然而这种简单的差异却导致相差很大的算法效果。MOF 算法在线性等式的约束下解决最小二次优化问题，本质还是在线性系统下面求解。而 BP 算法需要求解的则是凸优化问题，这样一种凸优化问题显得更复杂，但是能够得到更好的效果。

把 BP 算法和线性规划(LP)问题建立联系，LP 就是在标准形式下解决一个约束优化问题：

$$\min \quad \boldsymbol{c}^{\mathrm{T}}\boldsymbol{x} \quad \text{s.t.} \quad \boldsymbol{A}\boldsymbol{x} = \boldsymbol{B}, \quad x \geqslant 0 \tag{10-21}$$

其中，$\boldsymbol{x}\in\mathscr{R}^m$ 是一组变量，$\boldsymbol{c}^{\mathrm{T}}\boldsymbol{x}$ 是目标函数，$\boldsymbol{A}\boldsymbol{x}=\boldsymbol{B}$ 是一个约束等式，$\boldsymbol{x}\geqslant 0$ 是设定的一个边界，核心问题是找到为零的那些变量。把标准形式(10-21)通过下列约束关系转换为一个线性规划问题：

$$\begin{aligned} m\Leftrightarrow 2p, \quad \boldsymbol{A}\Leftrightarrow(\boldsymbol{\Phi},-\boldsymbol{\Phi}), \quad \boldsymbol{B}\Leftrightarrow \boldsymbol{s} \\ \boldsymbol{c}\Leftrightarrow(1;1), \quad \boldsymbol{x}\Leftrightarrow(\boldsymbol{u};\boldsymbol{v}), \quad \boldsymbol{\alpha}\Leftrightarrow \boldsymbol{u}-\boldsymbol{v} \end{aligned} \tag{10-22}$$

可通过等效的解决线性规划问题求解式(10-20)的 l^1 范数问题，这种思路最早出现在19世纪50年代,把 BP 算法和线性规划联系起来的思路在解决很多问题上都得到了运用。由于 l^1 范数的可微性，这样的优化准则保证 BP 算法能得到比 MOF 算法更稀疏的信号分解。另一方面由于 BP 算法是一种全局优化算法，它能够得到比局部最优(MP)算法更平稳的解。

10.3　超完备字典学习算法

字典的选择是信号稀疏表示理论的一个基本问题。字典通常可以通过两种方式得到：第一种方式是由已知的信号变换构造出字典，例如小波变换、Curvelet 变换、Contourlet 变换等；第二种方式是通过对给定训练集进行自适应学习的过程构造字典，即字典学习算法。近年来，超完备字典学习算法被广泛应用于信号的稀疏表示、非线性逼近等相关领域。字典学习问题可以描述为:给定一个训练集，希望通过字典学习算法求得一个字典，使得信号 X 能在其上得到稀疏分解，或者稀疏表示系数中的非零项最少。本节首先重点介绍 K-SVD 字典学习算法，然后简要介绍其他一些常用的字典学习算法，最后给出它们在性能上的对比。

10.3.1　常用的字典学习算法

字典学习算法首先从训练集开始。设 $\boldsymbol{X}$ 为一组训练集，当 $\boldsymbol{X}$ 长度有限时，把它放入一个 $N\times L$ 的矩阵中，即 $\boldsymbol{X}\in\mathscr{R}^{N\times L}$。字典训练算法的目标就是同时求得字典 $\boldsymbol{D}\in\mathscr{R}^{N\times K}$ 和对应的稀疏表示系数 $\boldsymbol{\alpha}\in\mathscr{R}^{K\times L}$，这时的约束条件为保证信号残差 $\varepsilon=\boldsymbol{X}-\boldsymbol{D}\boldsymbol{\alpha}$ 和稀疏表示系数 $\boldsymbol{\alpha}$ 的非零项均为最小：

$$\{\boldsymbol{D},\boldsymbol{\alpha}\} = \min_{D,\alpha}\lambda\|\boldsymbol{\alpha}\|_1 + \|\boldsymbol{X}-\boldsymbol{D}\,\boldsymbol{\alpha}\|_2^2 \tag{10-23}$$

1. K-SVD 字典学习算法

K-SVD 字典学习算法由 Michal Aharon 在 2006 年提出，随后它在图像压缩、图像去噪、图像超分辨等领域得到了广泛的运用。K-SVD 算法是一种自适应字典学习算法，它通过迭代的升级字典来得到信号 $\boldsymbol{X}$ 更为稀疏的表示，在迭代终止时解决式(10-23)中的优化问题。K-SVD 算法包含两个基本步骤：

(1) 给定一个初始化的字典 $\boldsymbol{D}_0$，把信号 $\boldsymbol{X}$ 在这个初始化的字典上进行稀疏分解，得到稀疏表示系数 $\boldsymbol{\alpha}$。

(2) 升级字典原子，得到信号 $\boldsymbol{X}$ 在该新字典上的稀疏表示系数。

信号的稀疏分解通过正交匹配跟踪(OMP)算法实现，在字典升级过程中，通常只对字典中的一个原子单独进行，此时其他原子保持不变。K-SVD 算法的主要创新来自字典原子升级步骤，字典的升级过程始终在式(10-23)的约束条件下进行。定义 I 为用字典中第 j 个原子表示的信号 $\boldsymbol{X}$ 的索引，字典升级通过在字典原子和稀疏表示矩阵的对应行上解决下列优化问题：

$$\|\boldsymbol{X}_I - \boldsymbol{D}\boldsymbol{\alpha}_I\|_2^2 \tag{10-24}$$

问题的结果可以通过下面一个简单的逼近问题得到：

$$\{\boldsymbol{d}, \boldsymbol{g}\} = \min_{d,g}\|\boldsymbol{E} - \boldsymbol{d}\boldsymbol{g}^{\mathrm{T}}\|_2^2 \quad \text{s. t.} \quad \|\boldsymbol{d}\|_2 = 1 \tag{10-25}$$

$$\boldsymbol{E} = \boldsymbol{X}_I - \sum_{i\neq j}\boldsymbol{d}_j\boldsymbol{\alpha}_{i,I} \tag{10-26}$$

其中 $\boldsymbol{E}$ 为去掉第 j 个原子的残差矩阵，$\boldsymbol{d}$ 为字典中升级的原子，$\boldsymbol{g}^{\mathrm{T}}$ 为稀疏系数矩阵中新的一行，随后可以通过 SVD 分解或者其他的数值方法来解决这个问题。

2. MOD 算法和迭代最小二乘字典学习算法

MOD(Method of Optimized Directions)算法和迭代最小二乘字典学习(Iterative Least Squares Dictionary Learning Algorithms，ILS-DLA)算法属于 MOD 算法族，都可以被应用于解决式(10-23)中的优化问题。与 K-SVD 算法类似，它们包含以下两步迭代过程：

(1) 首先初始化字典 $\boldsymbol{D}_0$，保持字典不变，求解信号在字典上的稀疏表示系数 $\boldsymbol{\alpha}$。

(2) 保持稀疏表示系数 $\boldsymbol{\alpha}$ 不变，升级字典 $\boldsymbol{D}$ 原子。可表示为

$$\boldsymbol{D} = (\boldsymbol{X}\boldsymbol{\alpha}^{\mathrm{T}})(\boldsymbol{\alpha}\boldsymbol{\alpha}^{\mathrm{T}})^{-1} = \boldsymbol{B}\boldsymbol{A}^{-1} \tag{10-27}$$

为了更方便地定义这个等式，设 $\boldsymbol{B}=\boldsymbol{X}\boldsymbol{\alpha}^{\mathrm{T}}, \boldsymbol{A}=\boldsymbol{\alpha}\boldsymbol{\alpha}^{\mathrm{T}}$。MOD 算法中迭代的第一步计算量大，这样字典原子每次升级一次都伴随着大量的计算，字典学习过程的时间效率较低，当训练样本较大时更是如此。

MOD 算法的一类改进是当训练样本较大时，改进 MOD 算法，提升字典学习的时间效率，可把这类改进称为 large-MOD 算法。在这种改进中，训练集被随机分为 m 个相同大小的子集，记为 $\boldsymbol{B}_i$，$i=1$，…，m。在迭代过程的第一步，算法只取一个或者少部分子集参与计算，这些子集通常是随机选取的或者按最长时间未使用的原则选择。通过这样的处理，在迭代算法的第一步，求解得到的只是部分训练集在字典 $\boldsymbol{D}$ 上的稀疏表示系数 $\boldsymbol{\alpha}$，就有效地减少了计算量。在迭代过程的第二步，$\boldsymbol{A}$ 矩阵和 $\boldsymbol{B}$ 矩阵则变为

$$\boldsymbol{A} = \sum_m \boldsymbol{\alpha}_m\boldsymbol{\alpha}_m^{\mathrm{T}} \quad \boldsymbol{B} = \sum_m \boldsymbol{X}_m\boldsymbol{\alpha}_m^{\mathrm{T}} \quad \boldsymbol{D} = \boldsymbol{B}\boldsymbol{A}^{-1} \tag{10-28}$$

其中，$\boldsymbol{\alpha}_m$ 为稀疏系数矩阵 $\boldsymbol{\alpha}$ 的子矩阵。

最小二乘字典学习算法(Least Squares Dictionary Learning Algorithms，LS-DLA)是 MOD 算法大类中的另一种具体算法，它包含一个遗忘因子(Forgetting Factor)λ_i，$0\leqslant\lambda_i\leqslant1$，通过设定 λ 可以影响初始化字典被升级替换的速度。LS-DLA 算法可以训练无限大的训练集。设下标 i 表示

第 i 次迭代过程中相应的训练子集为 $\boldsymbol{X}_i$，这样建立起迭代次数和相应训练子集的关系。$\boldsymbol{D}_{i-1}$ 用来求解稀疏逼近问题，得到稀疏表示系数 $\boldsymbol{\alpha}_i$，字典升级的步骤可以表示为

$$\boldsymbol{A}_i = \boldsymbol{\lambda}_i \boldsymbol{A}_{i-1} + \boldsymbol{\alpha}_i \boldsymbol{\alpha}_i^{\mathrm{T}} \quad \boldsymbol{B}_i = \boldsymbol{\lambda}_i \boldsymbol{B}_{i-1} + \boldsymbol{X}_i \boldsymbol{\alpha}_i^{\mathrm{T}} \quad \boldsymbol{D}_i = \boldsymbol{B}_i \boldsymbol{A}_i^{-1} \tag{10-29}$$

上式是相当灵活的，如果训练集是完整且有限的，$\boldsymbol{X}_i = \boldsymbol{X}$，$\lambda_i = 0$，这时算法退化为 MOD 算法。另一方面，当每一个训练集为一个向量时，$\boldsymbol{X}_i = \boldsymbol{X}$，$\lambda_i = 1$，这时算法和递归最小二乘字典学习(RLS-DLA)算法一致，与在线字典学习算法非常相似。

3. 在线字典学习算法

在线字典学习算法(Online Dictionary Learning，ODL)能用式(10-29)进行解释，当训练集为一个向量 $\boldsymbol{x}_i$ 或者为小批量(mini-batch)训练集 $\boldsymbol{X}_i$ 时，对应的稀疏表示系数 $\boldsymbol{\alpha}_i$ 通过式(10-29)($\lambda_i = 1$)得到。在 ODL 算法中，字典每列(原子)的升级通过下式得到：

$$\boldsymbol{d}_j \leftarrow \boldsymbol{d}_j + (\boldsymbol{b}_j - \boldsymbol{D}\boldsymbol{a}_j)/\boldsymbol{a}_j(j), \quad j = 1, 2, \cdots, K \tag{10-30}$$

其中，$\boldsymbol{d}_j$、$\boldsymbol{b}_j$ 和 $\boldsymbol{a}_j$ 分别为 $\boldsymbol{D}$、$\boldsymbol{A}_i$ 和 $\boldsymbol{B}_i$ 的列，值得注意的是，当式(10-30)重复计算时，字典学习通常是在很少步骤的迭代后就会收敛为最小平方问题：$\boldsymbol{D}_i = \boldsymbol{B}_i \boldsymbol{A}_i^{-1}$。

4. 递归最小二乘字典学习算法

递归最小二乘字典学习算法(Recursive Least Squares Dictionary Learning Algorithm，RLS-DLA)与 ODL 算法类似，在一次迭代过程中只处理一个训练向量，在第 i 次迭代过程中，当前的字典 $\boldsymbol{D}_{i-1}$ 用来求取对应的稀疏表示系数 $\boldsymbol{\alpha}_i$。与 LS-DLA 算法相比，RLS-DLA 算法的主要改进在于字典升级过程不是求解一个最小平方问题，通过下面的一个简单的式子得到：

$$\boldsymbol{C}_i = \boldsymbol{A}_i^{-1} = (\boldsymbol{C}_{i-1}/\lambda_i) - \boldsymbol{\beta}\, \boldsymbol{u}\boldsymbol{u}^{\mathrm{T}} \quad \boldsymbol{D}_i = \boldsymbol{D}_i + \boldsymbol{\beta}\, \boldsymbol{\varepsilon}_i \boldsymbol{u}^{\mathrm{T}} \tag{10-31}$$

其中，$\boldsymbol{u} = (\boldsymbol{C}_{i-1}/\lambda_i)\boldsymbol{\alpha}_i$，$\boldsymbol{\beta} = 1/(1 + \boldsymbol{\alpha}_i^{\mathrm{T}} \boldsymbol{u})$。$\boldsymbol{\varepsilon}_i = \boldsymbol{x}_i - \boldsymbol{D}_{i-1}\boldsymbol{\alpha}_i$ 表示稀疏表示的错误。RLS-DLA 算法相比 K-SVD 算法和 MOD 算法一个比较大的优势就是遗忘因子 λ 带来的算法灵活性。RLS-DLA 呈现出一种搜索并收敛的思路，这样的思路是在迭代的初始阶段设定遗忘因子 λ 在一个很小的值，然后在字典学习的过程中 λ 不断增大，趋向于 1。字典原子升级的方法和 λ 的选择会使得初始化的字典能够很快地被升级替换，字典学习也会在一个合理数量的迭代中收敛。不同 λ 对收敛结果的影响和搜索过程不断收敛的思路将会在下一节实验结果中说明。

10.3.2　超完备字典学习算法的比较

在这一节中，将对比几种常用超完备字典学习算法的性能进行分析，然后将阐明遗忘因子 λ 对 RLS-DLA 字典学习算法性能的影响以及搜索并收敛的 RLS-DLA 算法的体现，最后将对比几种算法在给定字典上重建效果的对比。

1. 常用超完备字典学习算法的性能对比

取一个 16×4000 的矩阵 $\boldsymbol{X}$ 作为训练样本，目标稀疏度设为 4。用超完备字典学习算法对训练样本 X 进行训练，计算得到一个超完备字典和非零元素为 4 的稀疏表示系数，这时训练样本 X 能用字典中四个原子的线性组合表示。此时通过稀疏表示信号的信噪比和算法的收敛曲线来对比几种常用超完备字典学习算法的性能。K-SVD 算法、ILS-DLA(MOD)算法、RLS-DLA 算法的迭代次数都被设定为 200 次，且能够基本达到收敛，它们的收敛曲线如图 10-2 所示。

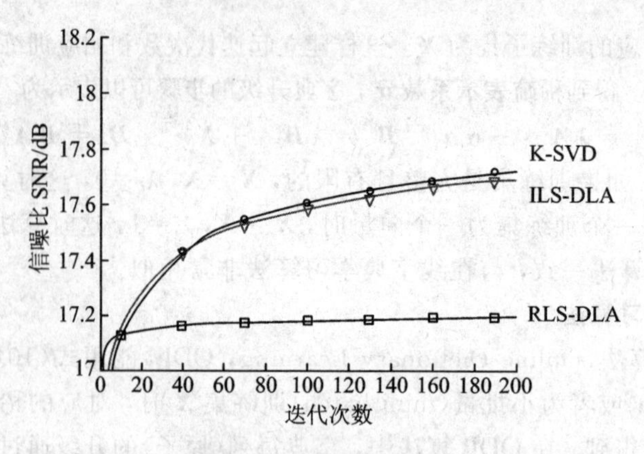

图 10-2　K-SVD 算法、ILS-DLA 算法和 RLS-DLA 算法性能对比

从图中可以看到，K-SVD 算法和 ILS-DLA 算法性能类似，RLS-DLA 算法的遗忘因子 λ 设置为 1，算法性能最差。当迭代次数到达 200 次时，它们稀疏表示信号的 SNR 分别为 17.72 dB(K-SVD)、17.69 dB(ILS-DLA)、17.20 dB(RLS-DLA)。

2. 遗忘因子对 RLS-DLA 算法性能的影响

在上一节中提到遗忘因子 λ 的大小关系到初始字典原子更新的速率，同时也对算法性能产生影响。这一节里，将讨论遗忘因子对 RLS-DLA 算法性能的影响，第一个实验设 λ 为固定值，可得到一组 RLS-DLA 算法的收敛曲线，如图 10-3 所示。

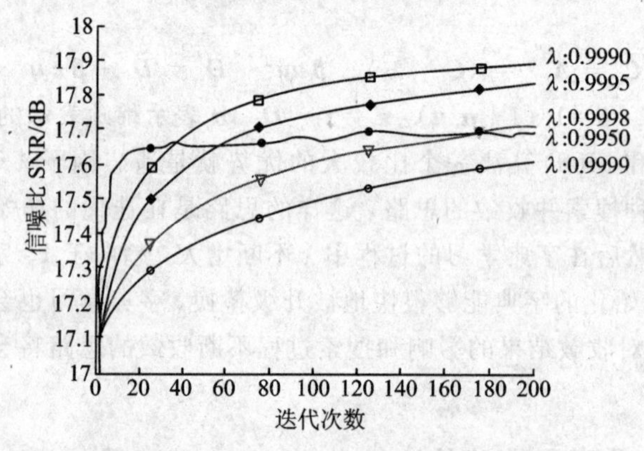

图 10-3　λ 对 RLS-DLA 算法性能的影响

从收敛曲线可以看出不同的 λ 对算法性能影响相当大，可通过调整 λ 来改善算法性能，但是这通常来说是相当困难的。在上一节提到 RLS-DLA 算法呈现一种搜索并收敛的思路，通过不断地增大 λ 使得算法在合理的迭代次数后得到收敛，第二个实验将自适应地改变 λ 的值，这时 RLS-DLA 算法的收敛曲线为图 10-4 所示。由图可知，当 λ 自适应增长时，RLS-DLA 算法性能相较于 λ 固定时有很大提升。λ 增长率对算法收敛速度影响很大，λ 增长率为 0.25 时算法收敛速度最快。同时可以看到，不同的 λ 增长率对稀疏表示信号的信噪比影响不大，但是几种情况都表现出优异的性能，信号信噪比超过了 K-SVD 算法和 ILS-DLA 算法。

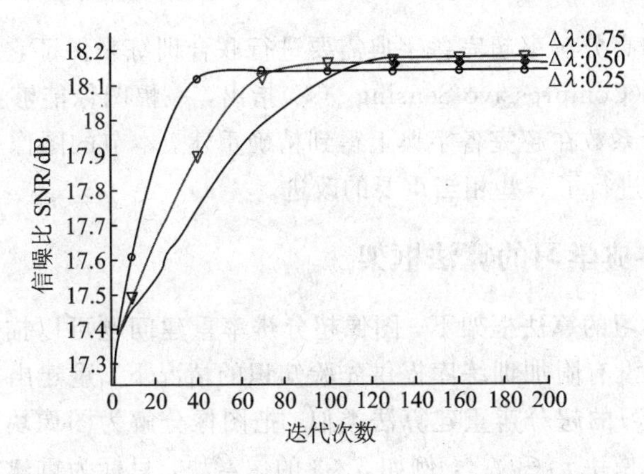

图 10-4 λ增长率对 RLS-DLA 算法性能的影响

10.4 基于图像稀疏表示的单幅图像超分辨率算法

图像超分辨率重建的目标是从一幅或多幅低分辨率(Low Resolution，LR)图像重建出高分辨率(High Resolution，HR)图像，传统的基于重建的图像超分辨率算法需要同一场景的多幅超分辨率图像作为输入，每一幅低分辨率图像给出了一组关于未知高分辨率图像的线性约束条件，当输入的低分辨率图像数量足够多时，这样的多组线性约束条件就能够求得一个唯一确定的解，可以通过这个解重建出高分辨率图像。然而在实际应用中，得到同一场景的多幅低分辨率图像是相当困难的，且当目标放大倍数较大时，重建效果急剧下降。由于传统图像超分辨率重建算法的诸多局限性，单幅图像(基于学习的)超分辨率重建算法得到了更广泛的应用。

在基于学习的图像超分辨算法中，低分辨率图像块和高分辨率图像块的映射关系(先验知识)通过一个包含低分辨率和高分辨率图像块对的训练库学习而来，这样的映射关系被应用到输入的单幅低分辨率图像，重建出它对应的最有可能的高分辨率版本。基于学习的图像超率算法打破了传统的基于重建的图像超分辨率算法的诸多限制，但是它同时也表现出一些缺点：一方面，不同于传统的图像超分辨率算法，基于学习的图像超分辨率算法重建出的图像高分辨细节信息不能保证是完全真实的；另一方面，基于学习的图像超分辨率重建算法通常需要一个包含大量低分辨率和高分辨率图像块对的训练库来学习得到先验知识，当训练库包含的样本数目过少时，重建效果急剧下降。针对这两个弊端，本节算法采取了以下策略：

(1) 超分辨率重建所需的先验知识应该尽可能由输入的单幅高分辨率图像提供而不是额外的训练样本，这样就在一定程度上保证了重建高分辨率信息的真实性。

(2) 超分辨率算法不要过于依赖训练库样本的数目，甚至不需要提供附加的训练库。

本节介绍的超分辨率重建算法以近年来信号稀疏表示理论的研究为基础，并受到 Yang 等人提出的图像超分辨率算法基本思想的启发。Yang 算法的基本思想为输入单幅低分辨率图像，它的每一个图像块能够在一个低分辨率超完备字典上得到一组稀疏表示系数，这时高分辨率图像块能够用同样的稀疏表示系数在给定的高分辨率超完备字典上进行重建，然后由高分辨率图像块连接得到完整的高分辨率图像。这种基本思想的前提是，低分辨率超完备字典和高分辨率超完备字典需要进行联合训练来保证它们稀疏表示系数的一致性。压缩感知理论(Compressive Sensing, CS)指出，一幅图像能够在非常苛刻的条件下由它的一组稀疏表示系数在超完备字典上得到精确重建。本节的图像超分辨率算法以这个基本思想为基础，并进行了一些相当重要的改进。

10.4.1　自训练字典学习的算法框架

在自训练字典学习的算法框架下，图像超分辨率重建问题可以描述为：单幅低分辨率图像 $\boldsymbol{I}_l$ 作为输入，在没有附加训练库提供先验知识的情况下，重建出相应的高分辨率图像 $\boldsymbol{I}_h$。与其他的基于学习的超分辨重建算法类似，把图像分解为图像块进行处理。单幅低分辨率图像 $\boldsymbol{I}_l$ 分解为图像块 $\boldsymbol{p}_l \in \mathscr{R}^{l\times l}$，例如 3×3 的像素块，目标为重建出相应的高分辨率图像块 $\boldsymbol{p}_h \in \mathscr{R}^{h\times h}$。定义超分辨重建操作为 Q，此时重建的约束条件可以表示为

$$\boldsymbol{p}_h = Q(\boldsymbol{p}_l) \tag{10-32}$$

超分辨率重建操作 Q 与 Freeman 的方法类似，可以抽象地理解为两个步骤：首先，通过插值算法(例如，双三性插值算法)把单幅输入的低分辨率图像放大到目标分辨率大小，得到一张模糊的且缺乏高频信息的插值图像；其次，把重建得到的高频信息，例如边缘、纹理信息等，填入上一步得到的插值图像。最后可以得到目标分辨率大小且具有丰富高频信息的高分辨率图像。由于从低分辨率图像 $\boldsymbol{I}_l$ 重建出相应的高分辨率图像 $\boldsymbol{I}_h$(图像高频信息)是一个高度病态的问题，因此可通过这两个步骤来解决这个问题。

1. 通过自训练字典学习得到先验知识

由于没有附加的训练样本，本节将通过输入的低分辨率图像块 $\boldsymbol{p}_l$ 来获取进行超分辨重建的先验知识。定义 B 为一种模糊操作(点扩展函数)，s 为图像下采样操作。假设每一个低分辨率图像块 $\boldsymbol{p}_l$ 都可以通过对应的高分辨率图像块 $\boldsymbol{p}_h$ 模糊后下采样得到：

$$\boldsymbol{p}_l = (\boldsymbol{p}_h * \boldsymbol{B})_s \tag{10-33}$$

其中，$*$ 为卷积操作。用高斯低通滤波器作为本节算法的模糊函数，它是一个 2 维的 3×3 模板：

$$\boldsymbol{B} = \frac{1}{16}\begin{bmatrix} 1 & 2 & 1 \\ 2 & 4 & 2 \\ 1 & 2 & 1 \end{bmatrix} \tag{10-34}$$

对于输入的低分辨率图像块 $\boldsymbol{p}_l$，可以模糊和下采样得到 $\boldsymbol{p}_{ll}$，以此用来模拟超分辨率重建的反过程：

$$\boldsymbol{p}_{ll} = (\boldsymbol{p}_l * \boldsymbol{B})_s \tag{10-35}$$

由式(10-33)和式(10-35)可知通过 $\boldsymbol{p}_{ll}$ 和 $\boldsymbol{p}_l$ 的关系来预测 $\boldsymbol{p}_l$ 和 $\boldsymbol{p}_h$ 是合理的。

基于图像稀疏表示理论，定义 $\boldsymbol{D}_l = \{\boldsymbol{d}_r,\ r=1,2,3,\cdots,K\}$ 为通过输入低分辨率图像训练得到的超完备字典，它的原子 $\boldsymbol{d}_r$ 张成整个希尔伯特空间 $H = \mathscr{R}^{N\times K}$，其中 $K \geqslant N$。这时，可把 $\boldsymbol{p}_{ll}$ 看做低分辨率图像块，同时把 $\boldsymbol{p}_l$ 看做对应的高分辨率图像块，那么相应的低分辨率图像块 $\boldsymbol{p}_{ll}$ 可以在低分辨率字典 $\boldsymbol{D}_l$ 上得到稀疏表示：

$$\boldsymbol{p}_{ll} = \boldsymbol{\alpha}\boldsymbol{D}_l \tag{10-36}$$

其中，$\boldsymbol{\alpha}$ 为包含很少非零分量的稀疏表示系数。希望在 $\boldsymbol{D}_l$ 中自适应地选择 m 个原子去非线性逼近图像块 $\boldsymbol{p}_{ll}$，由于 $\boldsymbol{D}_l$ 是冗余的($K \geqslant N$)，这样的稀疏表示系数 $\boldsymbol{\alpha}$ 不是唯一确定的。求

解稀疏表示系数 $\boldsymbol{\alpha}$ 转换为求解一个基于错误容差的优化问题：

$$\min\|\boldsymbol{\alpha}\|_0 \quad \text{s.t.} \quad \|\boldsymbol{p}_{ll} - D_l\boldsymbol{\alpha}\|_2^2 < \varepsilon \tag{10-37}$$

式中，$\|\boldsymbol{\alpha}\|_0$表示非零分量的数目，$\varepsilon$ 表示非线性逼近的错误容差，这是一个 l^0 范数问题。在前面已经阐述了解决 l^0 范数问题的两类方法，在这里可通过优化的正交匹配追踪(OMP)算法来求解稀疏表示系数 $\boldsymbol{\alpha}$。根据 Yang 算法的基本思想，高分辨率图像块 $\boldsymbol{p}_l$ 可以用同样的稀疏表示系数，在高分辨率字典 $\boldsymbol{D}_h$ 上得到稀疏表示：

$$\boldsymbol{p}_l = \boldsymbol{\alpha}\boldsymbol{D}_h \tag{10-38}$$

由高分辨率图像块 $\boldsymbol{p}_l$ 和稀疏表示系数 $\boldsymbol{\alpha}$，可以求得高分辨率字典 $\boldsymbol{D}_h$。这个等式的实质是训练高分辨率图像得到高分辨率字典，具体训练算法将在下一节中详述。此时通过输入低分辨率图像得到低分辨率字典 $\boldsymbol{D}_l$ 和高分辨率字典 $\boldsymbol{D}_h$ 的联合就组成了先验知识($\boldsymbol{D}_l$,$\boldsymbol{D}_h$)。在自训练字典学习框架下获取先验知识的过程如图 10-5 所示。

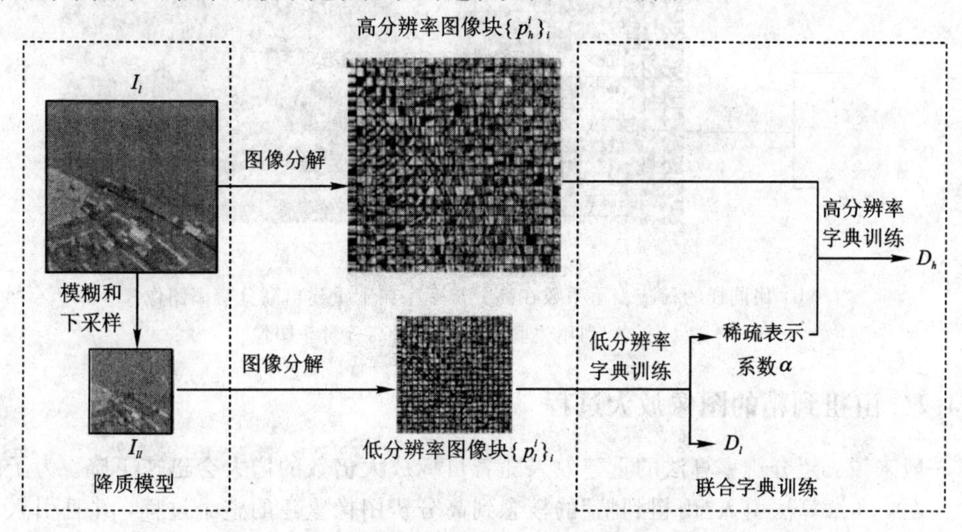

图 10-5　在自训练字典学习的框架下获取先验知识

2. 利用先验知识重建高分辨率图像

得到由自训练字典学习得到的先验知识($\boldsymbol{D}_l$,$\boldsymbol{D}_h$)后，接下来就是利用这个先验知识重建对应的高分辨率图像块 $\boldsymbol{p}_h$。与上一个步骤不同，这里把 $\boldsymbol{p}_l$ 看做低分辨率图像块，同时把 $\boldsymbol{p}_h$ 看做对应的高分辨率图像块。低分辨率图像块 $\boldsymbol{p}_l$ 在低分辨率字典 $\boldsymbol{D}_l$ 上得到稀疏表示：

$$\boldsymbol{p}_l = \boldsymbol{\beta}\boldsymbol{D}_l \tag{10-39}$$

新的稀疏表示系数 $\boldsymbol{\beta}$ 通过求解下列一个基于错误容差的优化问题得到：

$$\min\|\boldsymbol{\beta}\|_0 \quad \text{s.t.} \quad \|\boldsymbol{p}_l - \boldsymbol{D}_l\boldsymbol{\beta}\|_2^2 < \varepsilon \tag{10-40}$$

此时需要重建的高分辨率图像块 $\boldsymbol{p}_h$ 可由同样的稀疏表示系数在高分辨率字典上得到重建：

$$\boldsymbol{p}_h = \boldsymbol{\beta}\boldsymbol{D}_h \tag{10-41}$$

这样得到的高分辨率图像 $\boldsymbol{I}_h$ 的每个图像块 $\boldsymbol{p}_h \in \mathbb{R}^{h\times h}$ 都通过这样的步骤得到重建，最后把这些图像块融合起来可得到完整的高分辨率图像 $\boldsymbol{I}_h$。通过先验知识重建出高分辨率图像 $\boldsymbol{I}_h$ 的过程如图 10-6 所示。

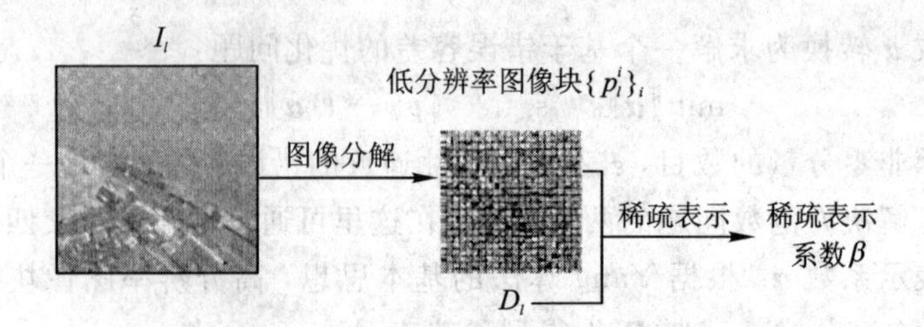

(a) 低分辨率图像在低分辨率字典上得到稀疏表示

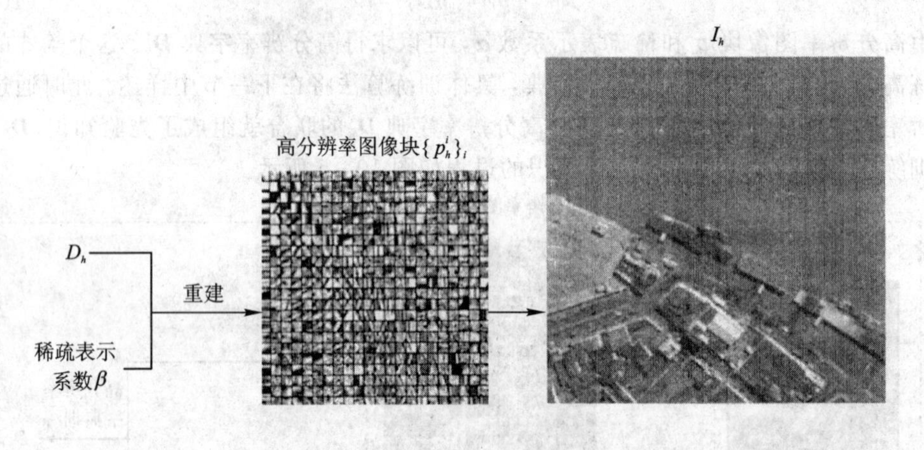

(b) 用同样的稀疏表示系数在高分辨率字典上重建出高分辨率图像

图 10-6 利用先验知识重建出高分辨率图像

10.4.2 由粗到精的图像放大过程

一般来说，超分辨率算法的重建效果随着目标放大倍数的增大会迅速下降。为了解决这个问题，本章算法引入"由粗到精"的概念到高分辨图像重建的整个过程，并且引入反向投影(Back Projection，BP)算法作为全局约束条件，保证每次重建得到的高分辨率图像$\{\boldsymbol{I}_{hn}\}(n=0, 1, \cdots)$与输入的单幅低分辨率图像$\boldsymbol{I}_l$保持一致。输入单幅低分辨率图像$\boldsymbol{I}_l$，本节中不直接把它放大到目标分辨率，而是采取一种逐渐放大的过程，在这个过程中用于重建的先验知识($\boldsymbol{D}_l, \boldsymbol{D}_h$)不断更新。具体来讲，可定义超分辨重建的目标放大倍数为m，它需要$n(n\geqslant 2)$次放大过程去达到目标放大倍数。那么对于每一次放大过程，放大倍数则为$m^{\frac{1}{n}}$：

$$m = \underbrace{m^{\frac{1}{n}} \times \cdots m^{\frac{1}{n}}}_{n} \tag{10-42}$$

假设$n=2$，即输入单幅低分辨率图像$\boldsymbol{I}_l$需要两次放大过程才能达到目标放大倍数m，那么每次放大过程的放大倍数为$\sqrt{m}$。输入的单幅低分辨率图像$\boldsymbol{I}_l$通过自训练字典学习的方法得到初始先验知识($\boldsymbol{D}_{l0}, \boldsymbol{D}_{h0}$)，然后利用这个先验知识重建出第一次放大过程的高分辨率图像$\boldsymbol{I}_{h0}$，具体计算如上一节所述。这时为了保证第一次放大过程得到的高分辨率图像$\boldsymbol{I}_{h0}$和输入单幅低分辨率图像的一致性，防止第一次放大过程引入的错误像素不被扩散，可用反向投影算法来校正第一次重建高分辨率图像$\boldsymbol{I}_{h0}$中的高分辨像素。

反向投影算法主要分为两个步骤。第一步，把第n次放大过程得到的高分辨率图像$\boldsymbol{I}_{hn}$

通过下采样操作 s 得到$(\boldsymbol{I}_{hn})_s$，$(\boldsymbol{I}_{hn})_s$的分辨率与输入的单幅低分辨率图像$\boldsymbol{I}_l$保持一致。第二步为$\boldsymbol{I}_{hn}$高分辨率像素校正的步骤。首先计算$(\boldsymbol{I}_{hn})_s$与$\boldsymbol{I}_l$的差值图像$\boldsymbol{I}_{diff}$：

$$\boldsymbol{I}_{diff} = \boldsymbol{I}_l - (\boldsymbol{I}_{hn})_s \tag{10-43}$$

其次，把差值图像$\boldsymbol{I}_{diff}$通过插值操作b（例如双三性插值）得到$(\boldsymbol{I}_{diff})_b$，它与$\boldsymbol{I}_{hn}$分辨率一致。最后，$(\boldsymbol{I}_{diff})_b$与一个高斯低通滤波器$\boldsymbol{B}$进行卷积，把结果与$\boldsymbol{I}_{hn}$求和，最终得到高分辨率像素校正后的图像$\boldsymbol{I}_{hn}(BP)$：

$$\boldsymbol{I}_{hn}(BP) = \boldsymbol{I}_{hn} + (\boldsymbol{I}_{diff})_b * \boldsymbol{B} \tag{10-44}$$

输入低分辨率图像I_l和校正后的高分辨率图像$\boldsymbol{I}_{h0}(BP)$经过字典训练算法得到更新后的先验知识$(\boldsymbol{D}_{l1}, \boldsymbol{D}_{h1})$。此时再用这个先验知识去重建第二阶段放大的图像$\boldsymbol{I}_{h1}$，$\boldsymbol{I}_{h1}$通过反向投影算法投影到原始输入低分辨率图像上，经过高分辨率像素校正后得到$\boldsymbol{I}_{h1}(BP)$，$\boldsymbol{I}_{h1}(BP)$即最终重建出的高分辨率图像。

为了达到目标放大倍数m，输入的低分辨率图像I_l通过两次放大过程逐渐达到目标分辨率，并且每次放大过程得到的高分辨率图像都用反向投影算法进行约束，保证了和输入单幅高分辨率图像像素信息一致性的同时有效减少差错的扩散。当放大次数$n>2$时，情况与上述类似，最终重建的高分辨率图像要经历多次放大过程和先验知识更新。这样一种“由粗到精”的图像放大过程，使得本章算法在目标放大倍数较大时仍然能够重建出效果满意的高分辨率图像，具体实验结果将在后面详述，整个图像放大过程如图 10－7 所示。

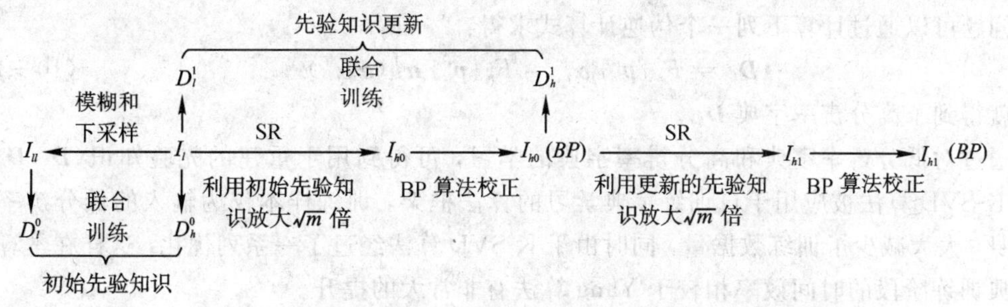

图 10－7　“由粗到精”的图像放大过程

10.4.3　低分辨率和高分辨率超完备字典学习算法

K-SVD 算法及其优化方法已经在前面进行过详述，本节将阐明如何利用 K-SVD 算法在自训练字典学习的算法框架中得到低分辨率和高分辨率超完备字典，它们联合组成了用于超分辨率重建的先验知识。

超分辨率重建操作Q可以抽象地分为两步：第一步为插值放大过程，第二步为在插值图像中填入高频信息得到高分辨率图像。第一步插值放大过程可以通过插值算法（例如双三性插值）把输入低分辨率图像放大到目标分辨率，插值算法简单且容易实现。第二步通过字典学习得到的先验知识来重建出高分辨率图像的高频信息，再把这些信息填入插值图像重建得到高分辨率图像。

超分辨率重建的关键是如何有效地计算出高分辨率图像中的高频信息。因此，在本章算法中不直接对灰度图像块进行训练，而是专注于这些图像块中的特征（高频信息），建立低分辨率图像块和高分辨率图像块中特征的映射关系，这样可更准确地得到高频信息的先验知识，重建出高分辨率图像。

1. 低分辨率字典学习

算法不是直接对低分辨率图像分解得到的低分辨率图像块$\{\boldsymbol{p}_l^i\}_i$，$(i=1, 2, \cdots, m)$进行训练，而是对获得的低分辨率图像的特征集进行训练。设F_l和F_h分别为低分辨率和高分辨率图像块的特征提取操作，将该操作分别应用于高低分辨率图像块，则可以得到低分辨率图像块特征$F_l\{\boldsymbol{p}_l^i\}_i$，$(i=1, 2, \cdots, m)$和高分辨率图像块特征$F_h\{\boldsymbol{p}_h^i\}_i$，$(i=1, 2, \cdots, m)$。基于图像稀疏表示理论，低分辨率图像块特征可以在低分辨率字典D_l上得到稀疏表示：

$$F_l\{\boldsymbol{p}_l^i\}_i = \boldsymbol{D}_l\boldsymbol{\alpha}_i, \ \boldsymbol{\alpha}_i \in \mathscr{R}^K \tag{10-45}$$

算法把优化的K-SVD算法应用到低分辨率图像块特征，问题可以转换为求解如下一个优化问题：

$$\min_{D_l, \alpha}\| F_l\{\boldsymbol{p}_l^i\}_i - \boldsymbol{D}_l\boldsymbol{\alpha}\|_F^2 \quad \text{s.t.} \quad \forall i, \|\boldsymbol{\alpha}_i\|_0 < K \tag{10-46}$$

对于上述等式，低分辨率字典$\boldsymbol{D}_l$和低分辨率图像块特征在其上的稀疏表示系数$\boldsymbol{\alpha}$通过K-SVD算法计算得到，K-SVD算法的具体步骤已经在第四章中详述过。

2. 高分辨率字典学习

根据Yang的基本思想，高分辨率图像块特征$F_h\{\boldsymbol{p}_h^i\}_i$，$(i=1, 2, \cdots, m)$也可以用同样的稀疏表示系数$\boldsymbol{\alpha}$在高分辨率字典上得到稀疏表示：

$$F_h\{\boldsymbol{p}_h^i\}_i = \boldsymbol{D}_h\boldsymbol{\alpha}_i \tag{10-47}$$

这个问题可以通过计算下列一个伪逆计算式求得：

$$\boldsymbol{D}_h = F_h\{\boldsymbol{p}_h^i\}_i\boldsymbol{\alpha}_i^+ = F_h\{\boldsymbol{p}_h^i\}_i\boldsymbol{\alpha}_i^{\mathrm{T}}(\boldsymbol{\alpha}_i\boldsymbol{\alpha}_i^{\mathrm{T}})^{-1} \tag{10-48}$$

这样就得到了高分辨率字典$\boldsymbol{D}_h$。

通过对低分辨率字典和高分辨率字典的学习，可得到用于重建的先验知识$(\boldsymbol{D}_l, \boldsymbol{D}_h)$。由于K-SVD算法被应用于自训练字典学习的算法框架，训练样本仅为输入的低分辨率图像自身，大大减少了训练数据量，同时由于K-SVD算法经过了一系列优化，这样在本算法的字典训练阶段的时间效率相较于Yang算法有非常大的提升。

10.5 实验结果及分析

本节将把本章算法的超分辨率重建效果与其他超分辨率算法对比，随后将讨论影响重建效果的一些因素，比如图像特征提取算法、目标放大倍数、超完备字典尺寸等。由于人眼对亮度信息比对色度信息更为敏感，本章算法只对YUV色彩空间的亮度分量进行处理。同样的，峰值信噪比(Peak Signal to Noise Ratio，PSNR)的计算结果也只在Y通道上给出，PSNR的计算公式为

$$\text{PSNR} = 10 \times \lg\left(\frac{255^2}{\text{MSE}}\right) \tag{10-49}$$

$$\text{MSE} = \frac{\sum_{n=1}^{\text{size}}(I^n - P^n)}{\text{size}} \tag{10-50}$$

其中，MSE是均方根误差，I^n定义为原始图像的第n个像素，P^n是处理后图像对应位置上

的像素。PSNR 的计算值越高，意味着重建出来的图像质量越高。

10.5.1 文本图像放大实验

在本节实验中将对单幅文本图像进行超分辨率实验。给定一幅 600×600 的文本图像作为原始图像，通过对其下采样 2 倍得到一幅 300×300 的低分辨率图像作为单幅输入图像。图像目标放大倍数设为 2 倍，在自训练字典学习的框架下，输入单幅 300×300 的低分辨率图像作为唯一的训练样本，通过字典学习算法对样本的训练可得到用于超分辨率重建的先验知识。同时，将输入的低分辨率图像通过双三性插值算法、最近邻插值算法放大 2 倍后作为本节实验结果的对比。

低分辨率图像和高分辨率图像的特征提取算法如前面所述，对低分辨率图像采用 4 个梯度滤波器联合拉普拉斯滤波器进行特征提取，对于高分辨率图像则直接移除它的低频成分得到特征图像。K-SVD 字典学习算法迭代次数设为 40 次，字典尺寸设定为 30×300，即字典包含 300 个原子。目标稀疏度设为 4，每个图像块可以用字典中 4 个原子的线性组合来得到稀疏表示。本章算法、双三性插值算法和最近邻插值算法超分辨重建效果对比如图 10－8 所示。

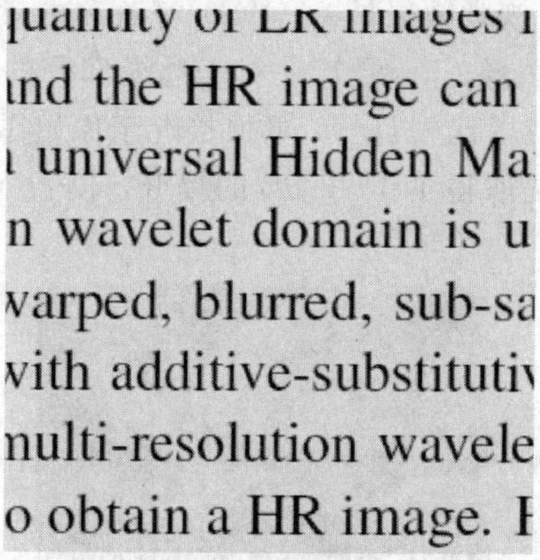

(a) 原始图像

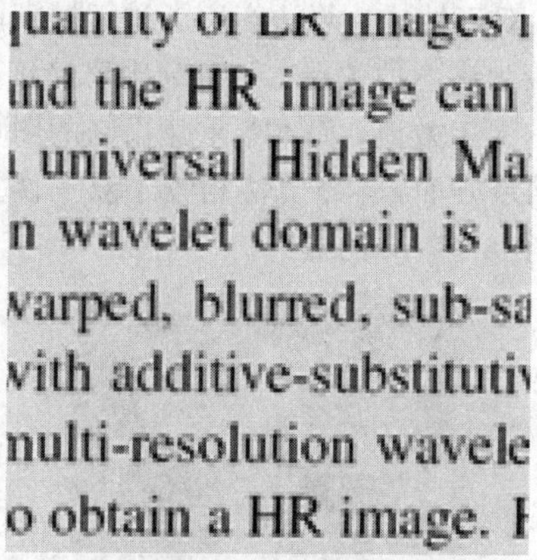

(b) 最近邻插值算法(18.71 dB)

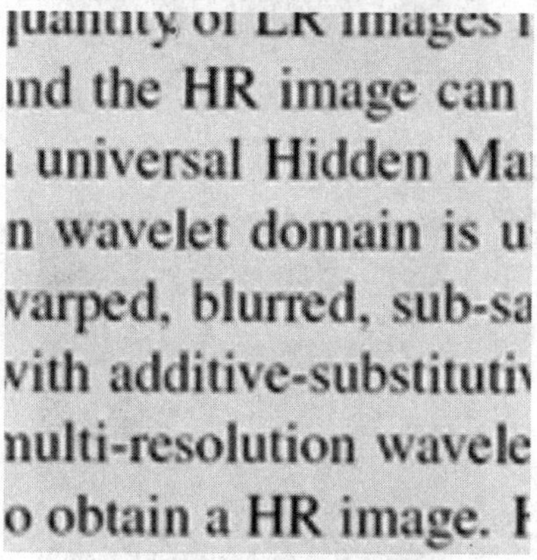

(c) 双三性插值算法(19.85 dB)

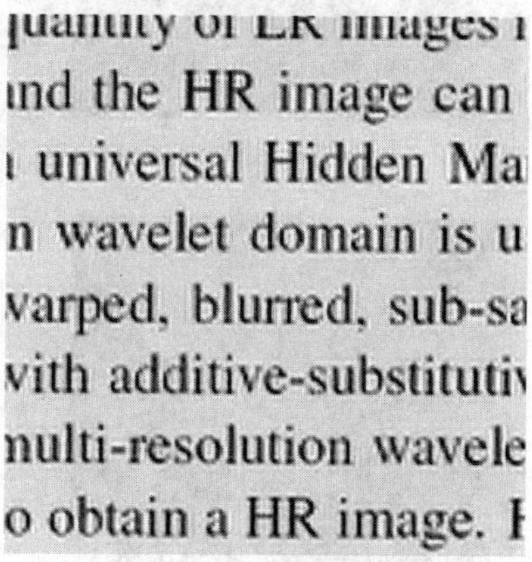

(d) 本章算法(22.02 dB)

图 10－8　文本放大实验

通过图 10-8 可以看出，本章算法重建结果在视觉效果上明显优于插值算法的结果。最近邻插值算法结果最差，失真明显；双三性插值算法的结果过于模糊且缺乏高频信息。对重建结果图像进行 PSNR 分析(如图 10-8 所示)可得，本章算法相较最近邻插值算法取得了 3.31 dB 的提升，相对于双三性插值算法取得了 2.17 dB 的提升。

10.5.2 与其他基于学习超分辨率算法对比

在上小节中，主要把本章算法和基于插值算法进行了对比，本章算法的超分辨率重建效果明显好于简单的插值算法。在这里将把本章算法和 Yang 的基于图像稀疏表示理论的超分辨率算法作对比。在本小节以下的所有实验中，对于 Yang 算法，超完备字典尺寸设置为 1000，图像块设置为 5×5，每个图像块之前有 4 个像素点的交叠。在本章算法中，K-SVD算法在自训练字典学习的框架下，通过 40 次迭代达到收敛，字典尺寸设定为 50；每个3×3的图像块之间有 1 个像素点的交叠，且每个图像块能用字典中的 3 个原子进行稀疏表示。在与 Yang 算法的对比实验中，先对一幅 256×256 的标准 Lena 图像进行超分辨率实验，目标放大倍数为 2 倍。几种算法重建效果与原始图像的对比如图 10-9 所示。由图可知，双三性插值算法产生了过于模糊的图像，视觉效果最差，Yang 算法和本章算法均能得到较为满意的效果。仔细对比肩膀细节部分图像，Yang 算法对于边缘部分的重建出现过多的人工效应，而本章重建出来的图像则表现得比较自然，更加接近于原始图像。在 PSNR 结果方面，本章算法相较于双三性插值算法取得了 1.73 dB 的提升，较于 Yang 算法也取得 0.43 dB 的提升。

(a) 原始图像

(b) 双三性插值算法(34.93 dB)

(c)Yang 算法(36.33 dB)

(d) 本章算法(36.66 dB)

图 10-9 Lena 标准图像放大实验

对取自南加州大学(University of Southern California，USC)SIPI图像库的14幅图像，分别用本章算法、双三性插值算法和Yang算法进行处理。目标放大倍数设置为2倍，超分辨率重建效果(选取其中的5幅图像)对比如图10-10所示。可以看到本章算法重建出来的图像在视觉效果上比双三性插值算法有明显提升，相较于Yang算法，本章算法重建的高分辨率有效减少了人工痕迹，呈现的高频信息更加自然，重建效果更加接近于原始图像。实验结果的PSNR结果对比如表10-1所示，可以看到在PSNR评价上，本章算法相较于Yang算法也取得了0.36 dB的提升。

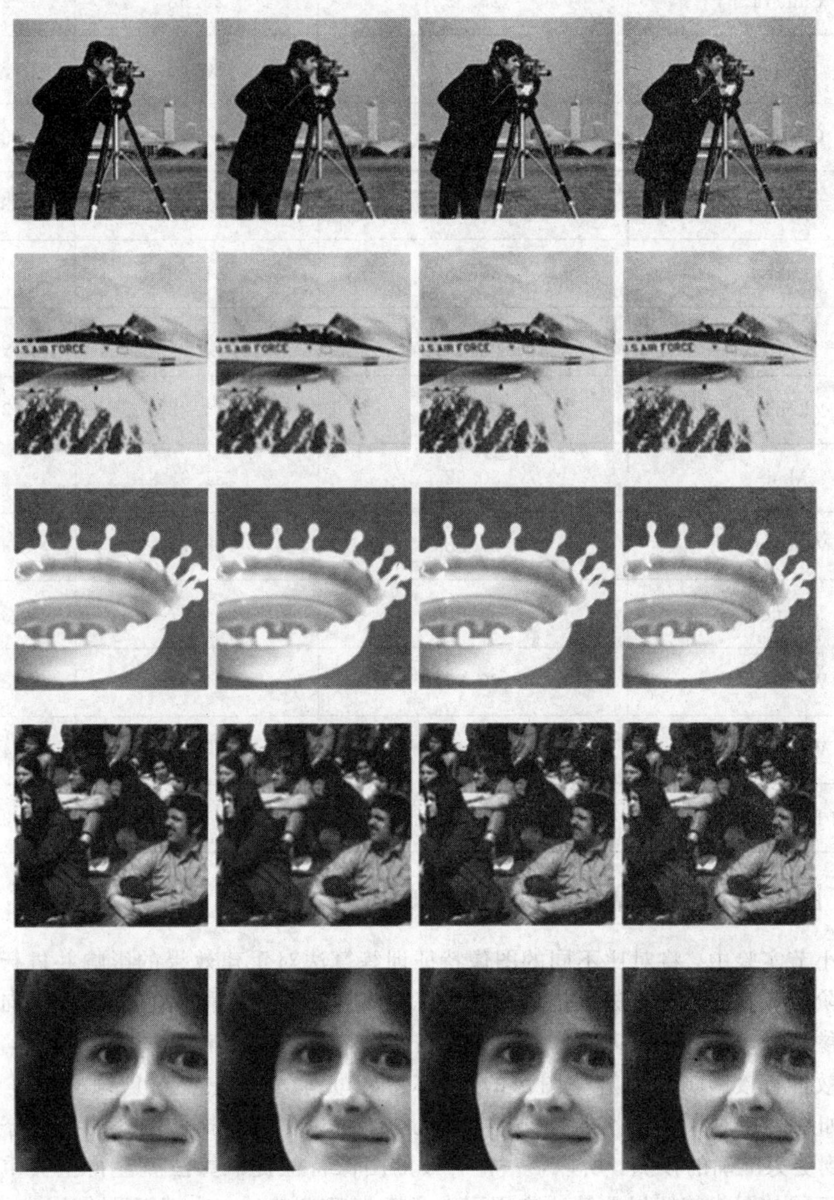

(a) 原始图像　　(b) 双三性插值算法　　(c)Yang 算法　　(d) 本章算法

图 10-10　SIPI图像库放大实验视觉效果对比

表 10-1 SIPI 图像库放大实验的 PSNR 值对比

图片名称	双三性插值算法	Yang 算法	本章算法
Baboon	25.19	25.88	25.86
Barbara	26.68	27.34	27.30
Camera	25.99	26.98	27.93
Coupe	29.42	30.42	30.60
Crowed	32.50	34.16	34.63
Elaine	32.99	33.43	33.54
Lake	30.48	31.58	31.74
Lax	25.19	25.84	26.02
Lena	34.93	36.23	36.66
Man	30.92	31.93	32.39
Milkdrop	37.68	38.74	39.70
Plane	33.09	34.67	35.20
Woman1	30.29	31.04	31.24
Woman2	41.43	42.39	42.65
平均 PSNR 值/dB	30.96	31.97	32.33

10.5.3 图像特征提取算法对重建效果的影响

在本小节实验中，将对比不同的图像特征训练算法对重建效果的影响并进行分析。在字典学习阶段，字典学习算法不是直接对训练样本进行训练，而是它们的特征向量。基于学习的图像超分辨率算法的基本思想为利用先验知识预测高分辨率图像的高频信息，先验知识的有效性直接影响高分辨率图像的重建效果。先验知识主要对训练样本进行学习得到，这时如果直接对训练样本的特征进行学习，则可以更好地抓住图像的高频分量之间的联系，得到更为准确的预测，所以，一种有效的图像特征提取算法就显得至关重要。实验中把几种不同的图像特征提取算法应用到本章算法框架中，并对 SIPI 图像库中的 14 幅图像进行放大实验，平均 PSNR 值由表 10-2 给出。拉普拉斯联合一阶、二阶梯度滤波作为低分辨率图像的图像特征提取算法能取得更高的 PSNR 值，同时它也是本章算法的图像特征提取算法。

表 10－2　图像特征提取算法对 PSNR 值的影响

图像特征提取算法	PSNR 值/dB
一阶、二阶梯度滤波	32.25
拉普拉斯滤波	32.20
拉普拉斯联合一阶、二阶梯度滤波	32.33
索贝尔滤波	32.19

10.5.4　目标放大倍数对重建效果的影响

在本小节实验里，对一幅卫星遥感图像用不同的目标放大倍数进行放大，重建图像视觉效果对比如图 10－11 所示。由图可以看到，当放大倍数增大时，几种算法的视觉效果均有下降。由于本章算法是“由粗到精”的图像放大过程，在目标放大倍数增大时能够取得更为稳定的视觉效果。当目标放大倍数增加时，几种不同算法的 PSNR 值对比如表 10－3 所示，可以看到本章算法在图像客观评价上相较于其他算法也显示出一定的优势。

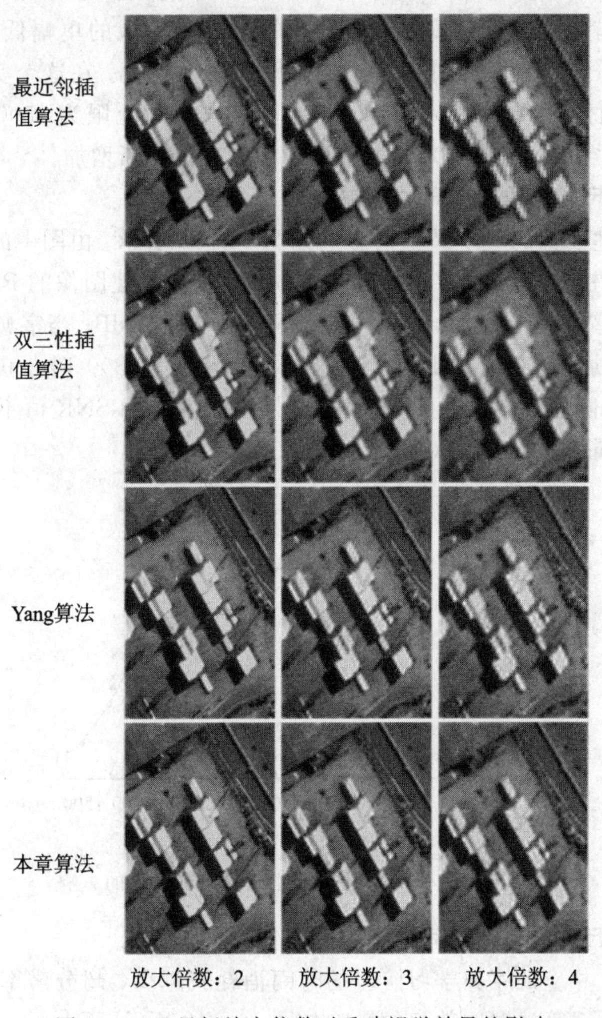

图 10－11　目标放大倍数对重建视觉效果的影响

表 10－3　目标放大倍数对 PSNR(dB)值的影响

放大倍数	2	3	4
最近邻插值算法	28.18	25.20	23.59
双三性插值算法	30.93	27.57	25.62
Yang 算法	32.58	28.53	26.44
本章算法	34.03	29.05	27.10

10.5.5　超完备字典尺寸对本章算法的影响

在本节中将分别讨论超完备字典尺寸对超分辨率重建效果和算法时间效率的影响。在自训练字典学习的框架下，保持 K-SVD 字典学习算法迭代次数 40 次和目标稀疏度 3 不变，通过改变字典尺寸来讨论其对超分辨率重建效果和时间效率的影响。在自训练字典学习的框架下由于没有附加的训练库，字典尺寸的上限和输入的单幅低分辨率图像尺寸有关，输入的单幅低分辨率图像尺寸越大，字典尺寸上限越大。在这个实验中，使用 256×256 的标准 Lena 图像作为单幅输入图像，相应的字典尺寸上限为 1500。字典初始尺寸设置为 10 和 50，随后字典尺寸从 100 开始，以 100 为单位不断增加。

1. 超完备字典尺寸对重建效果的影响

字典尺寸对重建图像的 PSNR 值的影响如图 10－12 所示。由图中的曲线可以看到，整个曲线呈现出类抛物线趋势。当字典尺寸在 100 以下时，重建图像的 PSNR 值对字典尺寸变化表现得比较敏感；字典尺寸为 10 时，PSNR 值为 36.34 dB；当字典尺寸上升为 50 时，PSNR 值则迅速增加为 36.55 dB；当字典尺寸增大为 300 时，获得最高 PSNR 值(36.66 dB)。随后，随着字典尺寸的不断增加，重建图像的 PSNR 值不断下降，当字典尺寸为 1500 时，到达最低 PSNR 值(36.18 dB)。

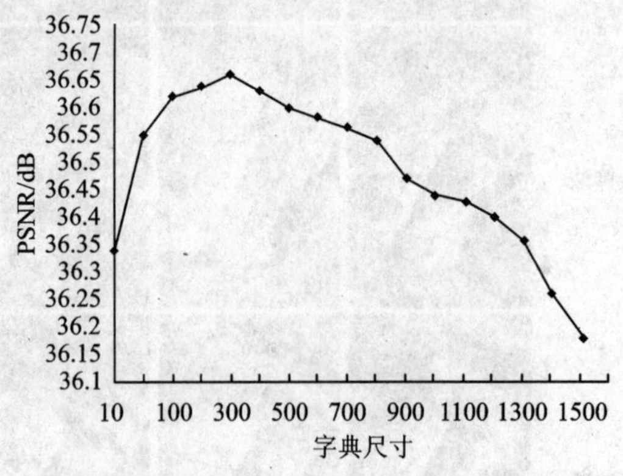

图 10－12　字典尺寸对重建图像 PSNR 值的影响

2. 超完备字典尺寸对重建时间效率的影响

字典尺寸越小，相应的字典学习阶段的时间消耗就越少，超分辨率重建算法的时间效率也越高。字典尺寸对算法时间效率的影响如图 10－13 所示。

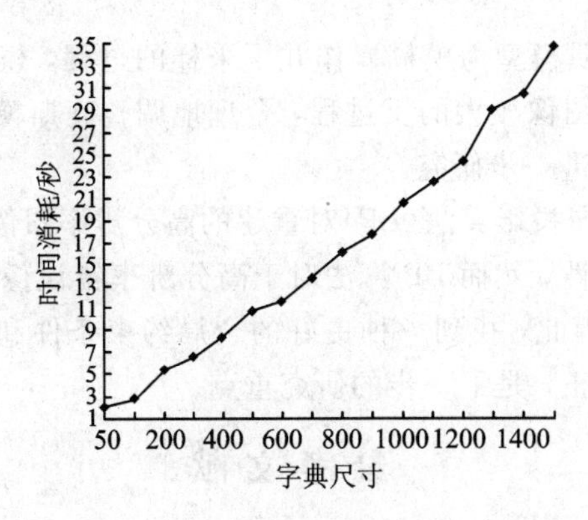

图 10-13　字典尺寸对算法时间效率的影响

由该图中可以看到，算法的时间消耗随字典尺寸呈线性增长趋势，字典尺寸为 50 时，算法的时间消耗最少为 2.15 秒；当字典尺寸增加为 1500 时，算法的时间消耗最高到达了 34.72 秒。由本节的实验可知，当字典尺寸在 300 左右时本章算法能够取得比较好的重建效果。在本章算法中，字典尺寸设定为 300 时兼顾了算法重建效果和时间效率。当字典尺寸为 300 时，时间消耗为 6.96 秒，这时相比 Yang 算法在时间效率方面则显示出巨大的优势。Yang 算法在离线字典训练阶段的时间长达几十个小时，而本章算法在字典学习阶段和图像放大的整体过程中时间消耗不超过一分钟，这也使得本章算法更加接近实际应用。

10.6　本章小结

基于学习的超分辨率算法突破了传统基于重建超分辨率算法的诸多限制，但是由于学习模型复杂度高，导致算法时间效率低，阻碍了其在工程领域的应用。同时，高分辨率图像的重建效果也对学习模型的有效性提出了新的要求。针对这两方面要求，本章通过图像稀疏表示理论进行深入和系统的研究，介绍了一种基于图像稀疏表示学习模型的图像超分辨率算法。

(1) 介绍了一种基于自训练字典学习的图像超分辨率算法。与其他基于学习的图像超分辨率算法不同，本算法不需要附加的训练样本。

(2) 介绍了一种“由粗到精”的图像放大方法。应用该方法到图像放大过程，能够达到更高的目标放大倍数，更好地保证重建高分辨率图像和输入单幅低分辨率图像的一致性。

(3) 本章的算法框架的时间效率得到明显提升。通过合理调整算法参数，本章算法的时间消耗可以低至 1 秒左右，相较于其他基于学习的超分辨率算法在时间效率上有明显提升，使得其在工程领域的应用成为可能。

通过实验证明，本章算法相较于插值算法和 Yang 的超分辨率算法在重建图像视觉效果和图像客观评价上均显示出相当大的优势，同时算法时间效率也得到明显提升。就本章介绍的算法而言，仍有如下几方面值得继续深入探讨：

(1) 在本章算法的超完备字典训练阶段，为了对先验知识得到更准确的预测，训练样本为图像特征。对于低分辨率图像，本章算法使用了一阶、二阶梯度滤波联合拉普拉斯的图像特征提取器；对于高分辨率图像，则简单地去除其低频成分。对高分辨率图像如何更加有效地提取出其图像特征，以及更加有效地建立起与低分辨率图像高频成分之间的联系，有必要进行更深入的研究。

（2）本章算法图像降质模型为模糊操作并下采样的过程，模糊操作使用的是高斯模糊滤波器。降质模型模拟了图像放大的反过程，合理地调整高斯模糊滤波器的参数或者选取更加有效的模糊操作值得进一步研究。

（3）本章算法通过反向投影算法(BP)对重建的高分辨率图像进行全局约束，保证了重建图像和输入图像的一致性，然而BP算法对于高分辨率错误像素的校正表现出相当大的局限性，约束条件单一。因此，找到一种更好的全局约束条件和局部约束条件，并配合对高分辨率重建图像进行校正，是下一步的研究重点。

参考文献

[1] 杜小勇. 稀疏成分分析及在雷达成像处理中的应用[D]. 国防科技大学，2005.

[2] F Bergeaud S Mallat. Matching pursuit of images. In Proc. International Conference on Image Processing，1995，1：53-56.

[3] R Neff，A Zakhor. Very low bit rate video coding based on matching Pursuits. IEEE Trans. Circuits Syst. Video Technol，Feb. 1997，7：158-171.

[4] P J Phillips. Matching pursuit filters applied to face identification. IEEE Trans action on Image Processing，1998，7(8)：1150-1164.

[5] Lei Xiang，Wu Wei，Liang Zifei，et al. Single Remote Sensing Image Supper-resolution based on Sparse Representation Theory with Self-trained Dictionary Learning. Journal of Computational Information Systems 8：8 (2012) 3269-3283.

[6] E Candès，D L Donoho. New Tight Frames of Curvelets and Optimal Representations of Objects with Piecewise C2 Singularities Communications on Pure and Applied Mathematics. 2003，57(2)：219-266.

[7] S Mallat，Z Zhang. Matching Pursuit with Time-frequency Dictionaries. IEEE Trans action on Signal Processing，1993，41(12)：3397-3415.

[8] Y C Pati，R Rezaiifar，P S Krishnaprasad. Orthogonal Matching Pursuit：Recursive Function Approximation with Applications to Wavelet Decomposition. IEEE Proceedings of the 27th Annual Asilomar Conference in Signals，Systems，and Computers. Los Alamitos，1993，1 (11)：40-44.

[9] Stephane Mallat. 信号处理的小波导引[M]. 杨力华，等译. 北京：机械工业出版社，2003.

[10] E L Pennec，S Mallat. Sparse geometric image representations with bandelets [J]. IEEE Transaction on Image Processing，2005，14(4)：423-438.

[11] S Chen，D L Donoho，M Saunders. Atomic Decomposition by Basis Pursuit. SIAM Journal on Scientific Computing，1999，20(1)：33-61.

[12] Michal Aharon，Michael Elad，Alfred Bruckstein. K-SVD：An Algorithm for Designing Overcomplete Dictionaries for Sparse Representation. IEEE Transactions on Signal Processing，2006，54 (11)：4311-4322.

[13] J Mairal，F Bach，J Ponce，G Sapiro. Online dictionary learning for sparse coding. International Conference on Machine Learning (ICML)，2009.

[14] Kjersti Engan Karl Skretting John Håkon Husøy Family of iterative LS-based dictionary learning algorithms，ILS-DLA，for sparse signal representation. Digital Signal Processing，2007，17 (1)：32-49.

[15] W T Freeman，T R Jones，E C Pasztor. Example based super-resolution. Comp. Graph. Appl，(2)，2002.

[16] Yang Jianchao，John Wright，Thomas Huang，et al. Image Super-Resolution via Sparse Representa-

tion. IEEE Transaction on Image Processing, September 2010.

[17] M Irani, S Peleg. Iterated Back Projection: an iterative back projection algorithm Improving resolution by image registration. Graphical Models and Image Processing, 1991:53, 231-239.

[18] B A Olshausen, D J Field. Sparse coding with an overcomplete basis set: a strategy employed by V1 [J]. Vision Research, 1997, 37(23): 3311-3325.

[19] M N Do, M Vetterli. The contourlet transform: an efficient directional multiresolution image representation [J]. IEEE Transaction on Image Processing, 2005, 14(12): 2091-2106.

[20] Karl Skretting. Kjersti Engan Recursive Least Squares Dictionary Learning Algorithm. IEEE Trans. Signal Process, 2010, 58(4):

[21] Na Fan. Super-Resolution using Regularized Orthogonal Matching Pursuit based on Compressed Sensing Theory in theWavelet Domain. IEEE Conference on Computer Graphics, Imaging and Visualization, 2009: 49 -354.

[22] R Rubinstein, M Zibulevsky, M Elad. Efficient Implementation of the KSVD Algorithm using Batch Orthogonal Matching Pursuit, Technical Report - CS Technion, April 2008.

第十一章　基于回归方法的超分辨率图像复原研究

基于回归的超分辨率复原方法是将高分辨率图像和低分辨率图像的关系看做一种函数关系。设低分辨率图像为 $\boldsymbol{x}_i$，高分辨率图像为 $\boldsymbol{y}_i$，低分辨率图像与高分辨率图像之间的关系可以表示为 $(\boldsymbol{x}_1;\boldsymbol{y}_1),(\boldsymbol{x}_2;\boldsymbol{y}_2),\cdots,(\boldsymbol{x}_n;\boldsymbol{y}_n)$，基于回归的超分辨率复原需要解决的核心问题是建立输入 $\boldsymbol{x}_i$ 与输出 $\boldsymbol{y}_i$ 的关系，即求回归模型函数 f：

$$\boldsymbol{y}_i = f(\boldsymbol{x}_i) \tag{11-1}$$

首先依据高、低分辨率图像的关系建立回归模型，即求取回归模型函数 f；然后在进行超分辨率复原时，只需输入待复原的已知低分辨率图像，利用已经建立的回归模型 f 进行回归，以获得未知高分辨率图像。

由于对整幅图像做回归处理会使得计算量太大，并且由于维数(例如 200×200 的图像为 40 000 维)远远大于样本数(样本数通常为 100 左右)，造成预测可能存在较大的误差。因此通常对基于回归的超分辨率复原方法采用分块复原的方法。图 11-1 所示为基于回归的超分辨率算法框架的一个示意图。

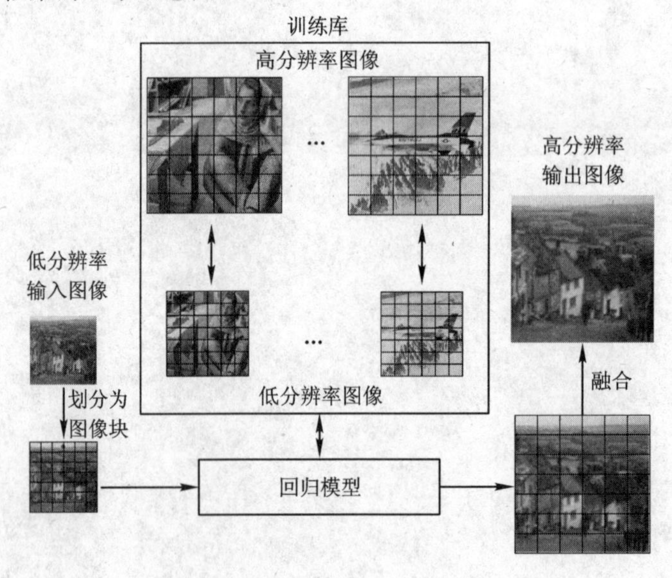

图 11-1　基于回归的超分辨率算法框架

为了提高算法的性能，在基于回归的超分辨率算法中一般不直接使用图像的灰度信息，而是对图像进行特征提取，使用特征来表示高、低分辨率图像。

基于回归的超分辨率复原方法主要是针对基于分类的超分辨率复原方法的缺点提出的，它能够克服基于分类的超分辨率中使用了“分类算法”而造成的“量化误差”问题。

通常，基于回归的超分辨率复原算法的第一步是分别提取高、低分辨率图像块的高频信息和中频信息(在本章中中频信息是指低分辨率图像的高频信息)作为建立回归关系的特征，然后使用某种回归算法建立回归模型，最后在复原时将待复原的低分辨率图像的中频特征输入已经建立的回归模型，得到需要的高频信息。

本章将介绍回归方法中的支持向量回归(Support Vector Regression，SVR)和核偏最小二乘法(Kernel Partial Least Squares，KPLS)回归在基于学习的超分辨率中的应用。

11.1　支持向量回归

支持向量回归(SVR)是AT&T BELL实验室的Vapanik提出的基于结构风险最小化原理的统计学习理论。它的基本思想是让维数(泛化误差)的上限最小化，从而经验风险最小化，最终使训练数据的误差最小化。但是，在支持向量回归算法中，主要是针对多输入单输出的情况。基于学习超分辨率属于一个多维多元回归分析问题，这就需要将支持向量回归算法推广到多输出的情况，以解决多维多元非线性回归问题。

对于线性回归问题，给定训练样本$(\boldsymbol{x}_i,\boldsymbol{y}_i)$，$\boldsymbol{x}_i \in R^n, \boldsymbol{y}_i \in R^m$，$i=1,\cdots,l$，所需要的是求出输入$\boldsymbol{x}_i$与输出$\boldsymbol{y}_i$的关系，即在经验风险最小化原则下求回归函数：

$$F(\boldsymbol{x}) = \begin{bmatrix} F_1(\boldsymbol{x}) \\ F_2(\boldsymbol{x}) \\ \cdots \\ F_m(\boldsymbol{x}) \end{bmatrix} = \begin{bmatrix} (\boldsymbol{w}_1 \cdot \boldsymbol{x}) + b_1 \\ (\boldsymbol{w}_2 \cdot \boldsymbol{x}) + b_2 \\ \cdots \\ (\boldsymbol{w}_m \cdot \boldsymbol{x}) + b_m \end{bmatrix} \tag{11-2}$$

其中，$(\boldsymbol{w}_j \cdot \boldsymbol{x})$为内积，$b_j$为阈值，$\boldsymbol{w}_j = [w_{i1}, \cdots, w_{in}]^{\mathrm{T}}$，$j=1, \cdots, m$。

根据结构风险最小化原则，可得到原始最优化问题：

$$\begin{cases} \min \dfrac{1}{2}\|\boldsymbol{W}\|^2 + C\sum\limits_{i}\sum\limits_{i=1}^{l}(\xi_{ij} + \xi_{ij}{}^*) \\ \text{s.t.}\quad F_j(\boldsymbol{x}_i) - \boldsymbol{y}_{ij} \leqslant \varepsilon + \xi_{ij} \quad i = 1, 2, L;\ j = 1, 2, L, m \\ \qquad \boldsymbol{y}_{ij} - F_j(\boldsymbol{x}_i) \leqslant \varepsilon + \xi_{ij}{}^* \end{cases} \tag{11-3}$$

其中，$\|\boldsymbol{W}\| = \left(\sum\limits_{i=1}^{m}\sum\limits_{j=1}^{n} w_{ij}^2\right)^{\frac{1}{2}}$，$C$为平衡常数，且大于零。$\xi_{ij}$、$\xi_{ij}{}^*$为松弛因子，$\boldsymbol{y}_i = [y_{i1},\cdots,y_{im}]^{\mathrm{T}}$。

引入拉格朗日函数，可以得到式(11-3)的Wolfe对偶问题：

$$\begin{cases} \min \dfrac{1}{2}\sum\limits_{k=1}^{m}\sum\limits_{i,j=1}^{l}(\alpha_{ik} - \alpha_{ik}^*)(\alpha_{jk} - \alpha_{jk}^*)\left((x_i \cdot x_j) + \dfrac{1}{C}\delta_{ij}\right) \\ \quad + \varepsilon\sum\limits_{k=1}^{m}\sum\limits_{i=1}^{l}(\alpha_{ik}^* + \alpha_{ik}) - \sum\limits_{k=1}^{m}\sum\limits_{i=1}^{l} y_i(\alpha_{ik}^* - \alpha_{ik}) \\ \text{s.t.}\ \sum\limits_{i=1}^{l}(\alpha_{ik} - \alpha_{ik}^*) = 0,\ k = 1, 2, \cdots, m \\ \qquad \alpha_{ik}, \alpha_{ik}^* \geqslant 0,\ i = 1, 2, \cdots l \end{cases} \tag{11-4}$$

其中，δ_{ij} 在 $i\neq j$ 时为 1，在 $i=j$ 时为 0。

求解问题(11-4)，可得(α_{ik}，α_{ik}^*)。最后得出回归函数：

$$F(\boldsymbol{x})=\begin{bmatrix}(\boldsymbol{w}_1\cdot\boldsymbol{x})+b_1\\(\boldsymbol{w}_2\cdot\boldsymbol{x})+b_2\\\cdots\\(\boldsymbol{w}_m\cdot\boldsymbol{x})+b_m\end{bmatrix}=\begin{bmatrix}\sum\limits_{i=1}^{l}(\alpha_{i1}-\alpha_{i1}^*)(\boldsymbol{x}_i\cdot\boldsymbol{x})+b_1\\\sum\limits_{i=1}^{l}(\alpha_{i2}-\alpha_{i2}^*)(\boldsymbol{x}_i\cdot\boldsymbol{x})+b_2\\\cdots\\\sum\limits_{i=1}^{l}(\alpha_{im}-\alpha_{im}^*)(\boldsymbol{x}_i\cdot\boldsymbol{x})+b_m\end{bmatrix}\tag{11-5}$$

对于非线性多输出支持向量回归模型，解决的办法是通过某一非线性函数 $\phi(\boldsymbol{x})$将输入样本向量 $\boldsymbol{x}$ 映射到一个高维特征空间，然后在这个特征空间中进行线性函数的逼近。

根据 KKT 条件，对原始最优化问题可以转化，最后得到回归函数：

$$F(\boldsymbol{x})=\begin{bmatrix}\sum\limits_{i=1}^{l}(\alpha_{i1}-\alpha_{i1}^*)K(\boldsymbol{x}_i\cdot\boldsymbol{x})+b_1\\\sum\limits_{i=1}^{l}(\alpha_{i2}-\alpha_{i2}^*)K(\boldsymbol{x}_i\cdot\boldsymbol{x})+b_2\\\cdots\\\sum\limits_{i=1}^{l}(\alpha_{im}-\alpha_{im}^*)K(\boldsymbol{x}_i\cdot\boldsymbol{x})+b_m\end{bmatrix}\tag{11-6}$$

式中，$K(\boldsymbol{x}_i,\boldsymbol{x})=\phi(\boldsymbol{x}_i)\cdot\phi(\boldsymbol{x})$为满足 Mercer 条件的核函数 $K(\boldsymbol{x}_i,\boldsymbol{x})$，即利用核函数的性质，把特征空间的内积转化为输入空间中某些计算。常用的核函数包括线性核函数、多项式核函数、径向基核函数等，它们的形式分别为

(1) 线性核函数：$K(\boldsymbol{x},\boldsymbol{y})=(\langle\boldsymbol{x},\boldsymbol{y}\rangle)^d$

(2) 多项式核函数：$K(\boldsymbol{x},\boldsymbol{y})=(\langle\boldsymbol{x},\boldsymbol{y}\rangle+1)^d$

(3) 径向基核函数：$K(\boldsymbol{x},\boldsymbol{y})=\exp\{-|\boldsymbol{x}-\boldsymbol{y}|^2/2\sigma^2\}$

在基于支持向量回归的超分辨率复原算法中，本章选取常用的径向基核函数作为核函数。

11.2 核偏最小二乘法回归

将支持向量回归(SVR)方法应用于基于学习的超分辨率，能够取得不错的效果，但是支持向量回归方法存在一定的缺陷，如它本质是一个单值回归算法(虽然 SVR 可以实现多值回归)。在基于 SVR 的超分辨率方法中，实质上是将多值回归问题分解为多个单值回归问题进行处理，但是这样处理没有充分考虑各个单值之间的相关性(即像素之间的相关性)，而图像相邻像素间存在较大的相关性，这一点在设计算法时需要考虑。另外，支持向量回归还存在众多的参数需要调节。

考虑到实际超分辨率回归问题本质上是一个多值回归问题(回归时必须考虑不同像素之间的相关性)，使用单值回归方法对其进行研究不是非常合适。核偏最小二乘法(KPLS)是一种典型的非线性多值回归方法，并且它只有少量参数需要调节，非常适合于超分辨率复原。

核偏最小二乘法是从偏最小二乘法发展起来的，因此首先对偏最小二乘法进行介绍。

11.2.1　偏最小二乘法

偏最小二乘法(PLS)是由瑞典的 Herman Wold 教授在提出非线性迭代偏最小二乘法(Nonlinear Iterative Partial LeastSquares，NIPALS)后迅速发展起来的。上世纪 80 年代，计量化学研究者首先将 PLS 成功地运用于计量化学，后来工业设计工作者应用该方法同样获得巨大成功，引起各方面的极大关注。由此，偏最小二乘法的统计理论和算法研究取得了极大的发展，其应用也迅速地扩展到其他领域。

目前偏最小二乘法被广泛用于许多领域。它在光谱分析、药物分析和医药、水文观测和地质勘查以及市场分析、金融等方面有广泛的应用。

偏最小二乘法不同于一般的数据分析方法，它集多元线性回归分析、典型相关分析和主成分分析的基本功能于一体。它可以实现多种数据分析方法的综合应用，因此也被称为第二代回归方法。偏最小二乘法有如下几个主要特点：

(1) 偏最小二乘法能够提供多自变量的回归方法，将建模预测类型的数据分析方法与非模型式的数据认识性分析有机地结合起来，能很好地解决自变量集合内部存在的严重多重相关性问题，其分析结论更加可靠，整体性更强。

(2) 偏最小二乘法可以实现多种统计分析方法的综合应用。在同一算法下，可以同时实现回归建模、数据结构简化(主成分分析)以及两组变量间的相关分析(典型相关分析)。

(3) 偏最小二乘法能够解决变量之间的多重相关性问题，适合在样本容量小于变量个数的情况下进行回归建模。在有些实验中，常常会有许多必须考虑的变量，但由于经费、时间等条件的限制，所能得到的样本数却小于变量数。在这种情况下，普通多元回归无法取得理性的回归结果，而偏最小二乘法能够解决这个问题。

(4) 偏最小二乘法在提取主成分的时候，提取的主成分能同时反映输入变量和响应变量的信息，在回归和预测方面能达到很好的效果。作为一个多元线性回归方法，偏最小二乘法的主要目的是建立一个线性模型：

$$\boldsymbol{Y}=\boldsymbol{X}\boldsymbol{B}+\boldsymbol{E} \tag{11-7}$$

式中，$\boldsymbol{X}=\{\boldsymbol{x}_1, \boldsymbol{x}_2, \cdots, \boldsymbol{x}_n\}$，其中 $\boldsymbol{x}_i\in R^M$，是一个由 n 个输入变量构成的 $n\times M$ 的矩阵；$\boldsymbol{Y}=\{\boldsymbol{y}_1, \boldsymbol{y}_2, \cdots, \boldsymbol{y}_n\}$，其中 $\boldsymbol{y}_i\in R^L$，是一个由 n 个输出 L 维响应构成的 $n\times L$ 的矩阵。$\boldsymbol{B}$ 是回归系数矩阵，大小为 $M\times L$。$\boldsymbol{E}$ 为噪音校正模型，与 $\boldsymbol{Y}$ 有相同的维数。在通常情况下，变量矩阵 $\boldsymbol{X}$ 和 $\boldsymbol{Y}$ 被零均值后再用于计算。

偏最小二乘法分别在 $\boldsymbol{X}$ 和 $\boldsymbol{Y}$ 中提取出成分 $\boldsymbol{t}$、$\boldsymbol{u}$。在提取上述两个成分时，为了回归分析的需要，须满足下述条件：

(1) $\boldsymbol{t}$ 和 $\boldsymbol{u}$ 应尽可能多地携带它们各自数据表中的变异信息，使用数学公式可表示为

$$\max \operatorname{var}(\boldsymbol{t}) \qquad \max \operatorname{var}(\boldsymbol{u}) \tag{11-8}$$

其中，var 表示方差。

(2) $\boldsymbol{t}$ 和 $\boldsymbol{u}$ 的相关程度能够达到最大，使用数学公式可表示为

$$\max \operatorname{corr}(\boldsymbol{t},\boldsymbol{u}) \tag{11-9}$$

其中，$\operatorname{corr}(\boldsymbol{t},\boldsymbol{u})$表示 $\boldsymbol{t}$、$\boldsymbol{u}$ 的相关系数。综合式(11-8)、式(11-9)就是使得 $\boldsymbol{t}$、$\boldsymbol{u}$ 的协方差达到最大：

$$\max \operatorname{cov}(\boldsymbol{t},\boldsymbol{u}) = \max(\operatorname{corr}(\boldsymbol{t},\boldsymbol{u})\sqrt{\operatorname{var}(\boldsymbol{t})\operatorname{var}(\boldsymbol{u})}) \tag{11-10}$$

其中，$\operatorname{cov}(\boldsymbol{t},\boldsymbol{u})$表示$\boldsymbol{t}$、$\boldsymbol{u}$的协方差。

上述条件表明，$\boldsymbol{t}$和$\boldsymbol{u}$应尽可能好地代表数据$\boldsymbol{X}$和$\boldsymbol{Y}$，同时输入变量的成分$\boldsymbol{t}$对响应变量的成分$\boldsymbol{u}$又有最强的解释能力。在第一个成分$\boldsymbol{t}$和$\boldsymbol{u}$被提取以后，偏最小二乘法分别实施$\boldsymbol{X}$对$\boldsymbol{t}$的回归及$\boldsymbol{Y}$对$\boldsymbol{u}$的回归。如果回归方程已经达到满意的精度，则算法终止；否则将利用$\boldsymbol{X}$被$\boldsymbol{t}$解释后的残余信息，以及$\boldsymbol{Y}$被$\boldsymbol{u}$解释后的残余信息进行第二轮成分的提取。如此往复，直到达到一个较为满意的精度。若对$\boldsymbol{X}$共提取了m个成分($\boldsymbol{t}_1$，$\boldsymbol{t}_2$，…，$\boldsymbol{t}_m$)，PLS算法的建模示意图如图11-2所示。

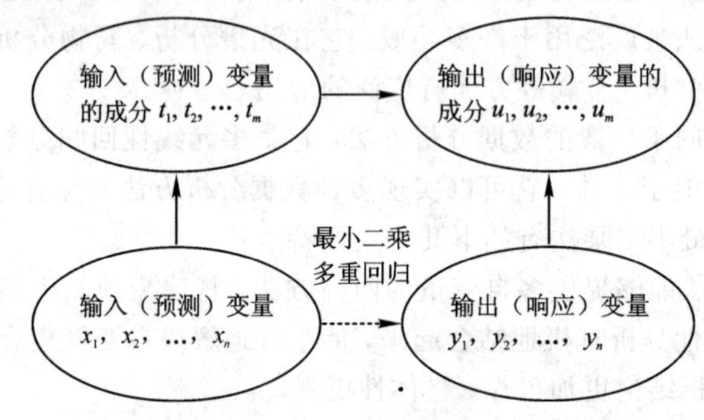

图 11-2　PLS算法建模示意图

11.2.2　核偏最小二乘法

由于偏最小二乘法是一种线性方法，不能对非线性问题进行分析，而在实际中所求解的问题大多是非线性问题，因此在线性PLS算法基础上发展了许多非线性偏最小二乘(Nonlinear PLS，NLPLS)方法。KPLS是利用核方法发展起来的非线性偏最小二乘法。KPLS算法的本质是特征空间中的PLS算法，通过非线性映射$\phi(\cdot)$将原空间数据映射到高维特征空间，然后在特征空间中建立线性PLS模型，这样就能够有效地改善PLS算法在非线性场合的效果，因此得到了广泛研究。

通常不需要知道非线性映射$\phi(\cdot)$的形式和特征空间的维数H，只需选择合适的核函数K即可。依靠线性变换$\phi(\cdot)$，能将原始输入空间映射到特征空间。特征空间的维数很高，并且可能是无穷维(当使用高斯核时)。这就需要使用核技巧来解决$\phi(\cdot)$映射的问题。只要函数$K(\cdot)$满足Mercer条件，都可以作为核函数。如果核函数$K(x, y)$选择得当，就可以将输入空间的非线性问题转化为特征空间的线性问题。

假设存在一个非线性映射ϕ将输入变量$\boldsymbol{x}_i$映射到特征空间F：

$$\phi: \boldsymbol{x}_i \in R^M \rightarrow \phi(\boldsymbol{x}_i) \in F \tag{11-11}$$

KPLS的目标是在特征空间F建立线性PLS回归，这样就可以在原始的输入空间实现非线性回归。设$\boldsymbol{\Phi}$为$n\times H$的矩阵，其中第i行是向量$\phi(\boldsymbol{x}_i)$。NIPALS的核形式即(KPLS)为

(1) 随机初始化向量u；

(2) $\boldsymbol{t}=\boldsymbol{\Phi}\boldsymbol{\Phi}^{\mathrm{T}}\boldsymbol{u}, \boldsymbol{t}\leftarrow \boldsymbol{t}/\|\boldsymbol{t}\|$；

(3) $\boldsymbol{c}=\boldsymbol{Y}^{\mathrm{T}}\boldsymbol{t}$；

(4) $\boldsymbol{u}=\boldsymbol{Y}\boldsymbol{c}$，$\boldsymbol{u}\leftarrow \boldsymbol{u}/\|\boldsymbol{u}\|$；

(5) 重复步骤(2)～(4)直到收敛；

(6) 退化 $\boldsymbol{\Phi\Phi}^{\mathrm{T}}$ 以及 $\boldsymbol{Y}$ 矩阵：$\boldsymbol{\Phi\Phi}^{\mathrm{T}} \leftarrow (\boldsymbol{\Phi} - tt^{\mathrm{T}}\boldsymbol{\Phi})(\boldsymbol{\Phi} - tt^{\mathrm{T}}\boldsymbol{\Phi})^{\mathrm{T}}, \boldsymbol{Y} \leftarrow \boldsymbol{Y} - tt^{\mathrm{T}}\boldsymbol{Y}$。

$\boldsymbol{\Phi\Phi}^{\mathrm{T}}$ 表示 $n \times n$ 的核矩阵 K；其中 $K(x_i, x_j) = \phi(\boldsymbol{x}_i)^{\mathrm{T}}\phi(\boldsymbol{x}_j)$。提取 m 个成分后，回归系数矩阵 $\boldsymbol{B}$ 可以通过式(11－12)获得

$$\boldsymbol{B} = \boldsymbol{\Phi}^{\mathrm{T}}\boldsymbol{U}(\boldsymbol{T}^{\mathrm{T}}\boldsymbol{K}\boldsymbol{U})^{-1}\boldsymbol{T}^{\mathrm{T}}\boldsymbol{Y} \tag{11-12}$$

其中，矩阵 $\boldsymbol{T} = \{\boldsymbol{t}_i\}_{i=1,2,\cdots,m}$，$\boldsymbol{U} = \{\boldsymbol{u}_i\}_{i=1,2,\cdots,m}$。

这样使用 x_t 预测 $\boldsymbol{Y}_t$ 为

$$\hat{\boldsymbol{Y}}_t = \boldsymbol{\Phi}_t\boldsymbol{B} = \boldsymbol{K}_t\boldsymbol{U}(\boldsymbol{T}^{\mathrm{T}}\boldsymbol{K}\boldsymbol{U})^{-1}\boldsymbol{T}^{\mathrm{T}}\boldsymbol{Y} \tag{11-13}$$

式中，$\boldsymbol{\Phi}_t$ 是测试样本的映射，$\boldsymbol{K}_t$ 为 $1 \times n$ 的矩阵，其中元素 $\boldsymbol{K}_j = K(\boldsymbol{x}_t, \boldsymbol{x}_j)$，其中 $\{\boldsymbol{x}_j\}$，$j = 1, 2, \cdots, n$ 为训练样本。

核函数的选取对算法的回归性能有一定的影响。在基于核偏最小二乘法的超分辨率复原算法中，本章选取应用较为广泛的径向基核函数：

$$K(\boldsymbol{x}, \boldsymbol{y}) = \exp\{-|\boldsymbol{x} - \boldsymbol{y}|^2 / 2\sigma^2\} \tag{11-14}$$

11.3　基于回归方法的超分辨率复原的基本原理

11.3.1　超分辨率图像复原原理

理想的高分辨率图像退化为低分辨率图像，其退化模型可表示为

$$g(x,y) = \downarrow [f(x,y) * h(x,y)] + n(x,y) \tag{11-15}$$

式中，$f(x,y)$、$g(x,y)$、$n(x,y)$ 分别为原始清晰图像、退化图像和加性噪声；$h(x,y)$ 为成像系统的点扩展函数 PSF；$\downarrow$ 表示下采样。图像的超分辨率复原是上述过程的逆过程。即从给定的退化的低分辨率图像 $g(x,y)$ 获得高分辨率图像 $f(x,y)$ 的过程。

也可将上述过程写为矩阵形式，表示为

$$\boldsymbol{I}_L = \boldsymbol{D}\boldsymbol{I}_H + \boldsymbol{n} \tag{11-16}$$

式中，$\boldsymbol{I}_L$ 表示低分辨率图像，为 $(N \times M) \times 1$ 的向量；$\boldsymbol{I}_H$ 表示高分辨率图像，为 $(kN \times kM) \times 1$ 的向量；$\boldsymbol{n}$ 表示噪声，为 $(N \times M) \times 1$ 的向量；$\boldsymbol{D}$ 是大小为 $[N \times M] \times [kN \times kM]$ 的降质矩阵，它包含高斯模糊过程和下采样过程。

基于回归的超分辨率复原算法是将训练库中的高分辨率图像和低分辨率图像的关系看做一种函数关系。将训练库中的低分辨率图像 $\boldsymbol{x}_i$ 作为回归模型的输入，高分辨率图像 $\boldsymbol{y}_i$ 作为回归模型的输出，最后通过特定的回归算法建立 $\boldsymbol{x}_i$ 与 $\boldsymbol{y}_i$ 的非线性映射关系模型 f，使得

$$\boldsymbol{y}_i \approx f(\boldsymbol{x}_i) \tag{11-17}$$

然后使用获得的非线性映射关系模型 f 对实际低分辨率图像进行复原。映射关系 f 的建立不需要知道图像退化的具体模型，只需通过学习训练获得。

由于对整幅图像做回归会使得计算量太大，并且由于维数远远大于样本数，将造成预测可能存在较大的误差，因此基于回归的超分辨率复原通常采用分块复原的方法，将图像进行分块，然后分别对每一个图像块进行回归分析。

11.3.2　特征表示

超分辨率技术是已知低分辨率图像的情况下，复原(预测)其丢失的高频信息的技术。

低分辨率图像的低频部分提供的信息有限，而中频部分(在本章中指的是低分辨率图像的高频信息)能提供更多的有用信息，一般可认为最高频信息条件独立于最低频信息，有

$$P(\boldsymbol{H}|\boldsymbol{M},\boldsymbol{L}) = P(\boldsymbol{H}|\boldsymbol{M}) \tag{11-18}$$

式中，$\boldsymbol{H}$ 表示高频信息，$\boldsymbol{M}$ 表示中频信息，$\boldsymbol{L}$ 表示最低频信息。

这样，超分辨率的任务转化为已知图像的中频信息，恢复其高频信息。为了获得高频信息，将训练库中的低分辨率图像进行插值(例如通过最近邻插值)放大到与高分辨率图像相同的分辨率。然后将其与其对应的高分辨率图像进行差分，获得的该差值图像即高频信息。在超分辨率复原时，只需要复原出它们的差值部分(即高频信息)。而对中频信息的提取，本章采用先对训练库中的低分辨率图像进行插值(例如通过最近邻插值)放大，然后通过对放大后的图像提取 DoG 特征来获取中频信息。

本章将分别采用位置相关方法和位置无关方法对人脸图像和车牌图像进行基于学习的超分辨率复原。正面人脸图像相对于其他图像具有一些特殊性，它具有全局约束，即不同人的鼻子、嘴、眼睛的位置相对于正面人脸来说，基本上是固定不变的。在建立回归模型时，本章利用这种位置相关的性质，对不同位置的分块建立不同的回归模型，这样既加快了运算速度又可以使得回归模型建立得更为准确。

而对于车牌图像复原的信息是位置无关的，在建立回归模型时，需要将训练库中所有的不同位置的图像块建立一个单一的回归模型。但是考虑到对训练库中所有的不同位置的图像块建立一个单一的回归模型运算量太大(核矩阵的大小为训练样本数×图像的分块数，如果训练样本为 100，图像为 120×120，分为 6×6 的块，不考虑块与块之间的重叠，则核矩阵为 40 000×40 000的矩阵。这将导致运算量巨大，为了减少运算量，本章在训练库中寻找与每个待复原的图像块最相似的 K(例如 $K=300$)个图像块，然后根据这 K 个图像块建立相应的回归模型，再依据该回归模型对相应的图像块进行复原。图 11-3 所示为建立回归模型的示意图，图中(a)表示位置相关方法建立的回归模型，(b)表示位置无关方法建立的回归模型。

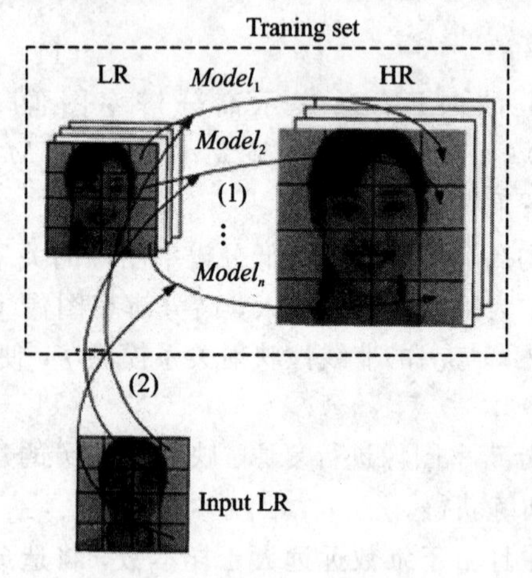

（1）建立回归模型；
（2）将待复原的图像块输入回归模型

(a) 位置相关方法建立的回归模型

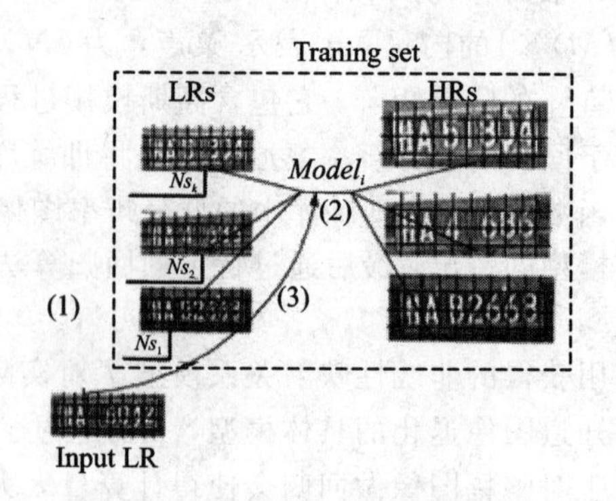

（1）寻找与待复原的图像块最相似的 N 的图像块；
（2）建立回归模型；
（3）将待复原的图像块输入回归模型

(b) 位置无关方法建立的回归模型

图 11-3　建立回归模型的示意图

11.3.3　基于回归的图像超分辨率复原算法

基于回归的图像超分辨率复原算法的流程图如图 11-4 所示，算法可分为两个独立过程，即训练过程和学习过程。训练过程使用回归算法对训练库中的图像进行训练，获得回归模型。学习过程是利用训练部分获取的回归模型对待复原的低分辨率图像进行复原。

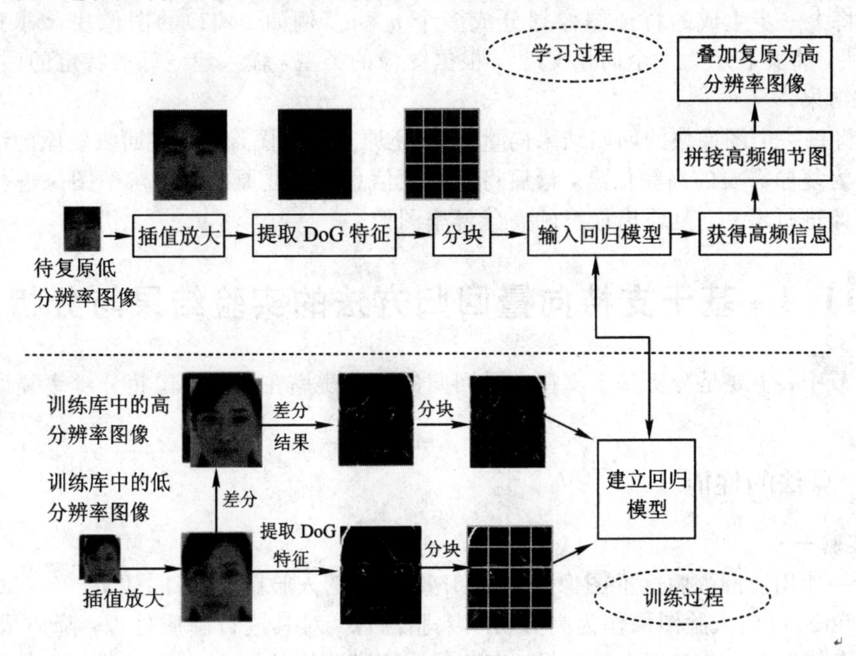

图 11-4　基于回归的图像超分辨率复原算法的流程图

1. 训练过程

训练过程的具体步骤如下：

(1) 将每一幅低分辨率训练样本图像进行插值(使用 Cubic B-Spline 插值算法)放大，并将其对应的高分辨率图像进行差分，得到高频特征图像。

(2) 提取上一步生成的插值放大图像的 DoG 特征，即图像的中频信息。

(3) 将第(1)步和第(2)步生成的高频特征图像和中频特征图像划分成多个 $n\times n$ (例如 6×6)的图像块，高频特征图像的每一个图像块表示为一个特征矢量 $\boldsymbol{VH}^{i,j,k}$，中频特征图像的每一个图像块可表示为 $\boldsymbol{VL}^{i,j,k}$。其中(i, j)表示块在图像中的位置为(i, j)；k 表示第 k 个训练样本对应的图像块。

(4) 根据图像的类型，建立模型时分为位置相关模型和位置无关模型。

对于人脸图像，需要建立位置相关模型。因此将其所有样本中位置为(i, j)的中频特征图像块构成一个向量矩阵 $\boldsymbol{BL}^{i,j}=\{\boldsymbol{VL}^{i,j,k}\}$。其中，$k=1, 2, \cdots, N$，$N$ 为样本数。同样所有样本中位置为(i, j)的高频特征图像块都可以构成一个向量矩阵 $\boldsymbol{BH}^{i,j}=\{\boldsymbol{VH}^{i,j,k}\}$，其中，$k=1, 2, \cdots, N$。最后将位置为$(i, j)$的向量矩阵 $\boldsymbol{BL}^{i,j}$ 和 $\boldsymbol{BH}^{i,j}$ 作为回归输入和回归输出代入回归算法，以获得位置为(i, j)的回归模型。

而车牌图像需要建立位置无关模型。在建立回归模型时，为了减少运算量，可在训练库中寻找与每个待复原的中频特征图像块(设图像块的位置为(i, j))最相似的 K(例如 $K=300$)个中频特征图像块 $\boldsymbol{BL}\ =\{\boldsymbol{VL}^{v}\}$及其对应的高频特征图像块 $\boldsymbol{BH}\ =\{\boldsymbol{VH}^{v}\}$，其中，$v=1, 2, \cdots, K$。然后根据这 K 个图像块对建立相应的回归模型。

2. 学习过程

学习过程的具体步骤如下：

(1) 将输入的待复原的低分辨率图像进行插值(使用最近邻插值法)放大，提取插值放大后图像的 DoG 特征。

(2) 将上一步生成的特征图像划分成多个 $n\times n$ (例如 2×2)的图像块，对于位置为(i, j)的块，将其表示为一个向量 $\boldsymbol{VT}^{i,j}$，根据图像的类型，输入建立好的特定的回归模型，得到回归结果。

(3) 将每一个图像块的回归结果向量 $\boldsymbol{VR}^{i,j}$ 还原为二维图像块。将回归复原的结果按照顺序拼接为复原需要的高频信息，最后将该高频信息和待复原的低分辨率图像进行插值放大后的图像进行求和，复原出最终的高分辨率图像。

11.4 基于支持向量回归方法的实验结果与分析

在本节中，主要是分析基于支持向量回归的超分辨率在人脸图像超分辨率复原中的效果和性能。

11.4.1 算法的性能

1. 实验一

实验一使用亚洲人脸标准图像数据库(IMDB)中的人脸图像，归一化成 96×80 的人脸图像。将 96×80 的人脸图像作为高分辨率人脸图像，对其进行降质处理，降质成 48×40 的图像，将其作为低分辨率人脸图像。实验选取不带眼镜的 75 人进行实验，每人选正面中性表情人脸一幅，共 75 幅。随机选择其中的 8 人，其中 4 名男性、4 名女性(8 幅人脸图像)，作为测试样本，剩下的 67 人(67 幅人脸图像)作为训练库中的样本图像。

将 Cubic B-Spline 插值方法和最近邻插值方法、Baker 算法、基于 LLE 算法与本章算法的实验结果进行了比较(SVR 参数设置为：惩罚系数 $C=10$，不敏感损失系数 $\varepsilon=0.01$，核函数参数 $2\sigma^2=100$)，如图 11-5 所示。

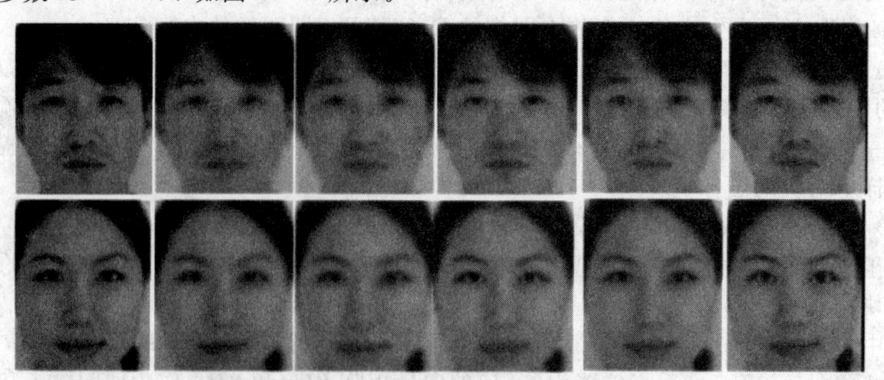

(a) 真实的高分辨率图像 (b) 最近邻插值算法放大的结果 (c) Cubic B-Spline 算法插值放大的结果 (d) 本章算法的结果 (e) Baker算法的结果 (f) 基于 LLE 算法的结果

图 11-5 不同算法的复原结果图

从实验结果对比图中可以看出：最近邻插值算法和 Cubic B-Spline 插值算法在插值复原放大时模糊了大部分的人脸细节，而 Baker 算法的结果、基于 LLE 算法的结果及本节算法的结果可以清楚地复原出人脸图像的细节，复原的图像高频细节更为丰富。但是仔细对比可以发现，本节算法的结果比 Baker 算法的结果、基于 LLE 算法的结果具有更细腻的高频细节、更少的噪声。

图 11-6 为不同方法的峰值信噪比示意图，从客观的评价标准峰值信噪比来看，本节算法也取得了最高的峰值信噪比结果。

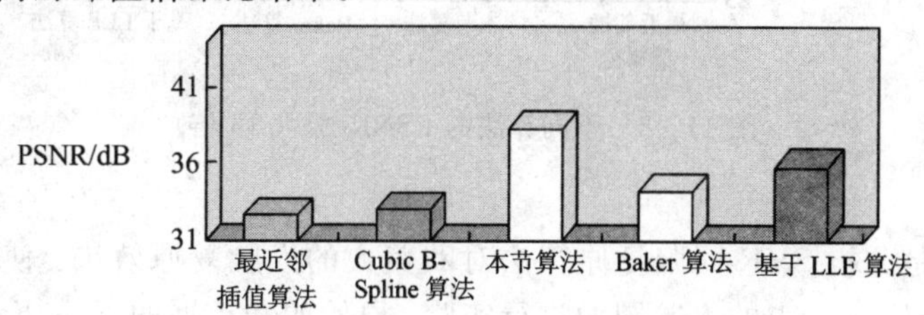

图 11-6 不同算法的 PSNR

2. 实验二

实验二是对算法的性能在放大倍数较大(16 倍)的情况下进行分析。与实验一相同，使用亚洲人脸标准图像数据库(IMDB)中的人脸图像。提取 IMDB 中人脸的面部图像，并进行归一化，归一化为 192×160。把 192×160 的人脸图像作为高分辨率人脸图像，对其进行降质处理，降质成 48×40 的图像，作为低分辨率人脸图像(这样图像复原时需要放大 16 倍)。实验首先选取了所有不带眼镜的 75 人进行实验，每人选正面人脸图像一幅，总共 75 幅。随机选择其中的 8 人(8 幅人脸图像)作为测试数据。

图 11-7 为实验结果。

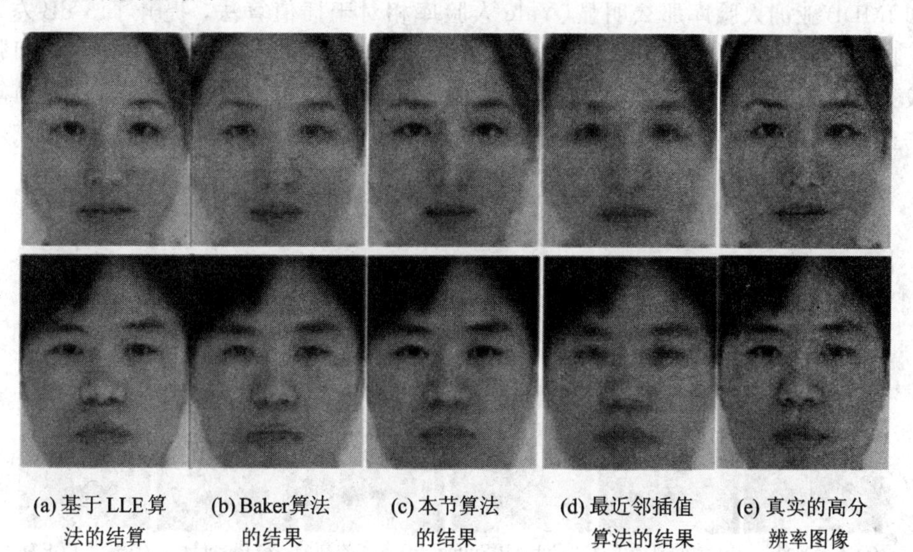

(a) 基于 LLE 算法的结算　(b) Baker算法的结果　(c) 本节算法的结果　(d) 最近邻插值算法的结果　(e) 真实的高分辨率图像

图 11-7 不同算法的复原结果(放大 16 倍)

从图 11-7 可以看出，在放大 16 倍的情况下，插值算法在复原放大时模糊了大部分的人脸细节，而 Baker 算法复原结果噪声较大，对人脸的细节部分复原效果较差，基于 LLE

算法的总体效果尚可，但是在细节部分(如眉毛、鼻子)噪声较大。本节算法总的来说取得了最好的结果，从视觉效果来看最接近于真实的人脸图像。并且从图 11-8 所示的峰值信噪比分析来看，本节算法取得了最高的峰值信噪比。

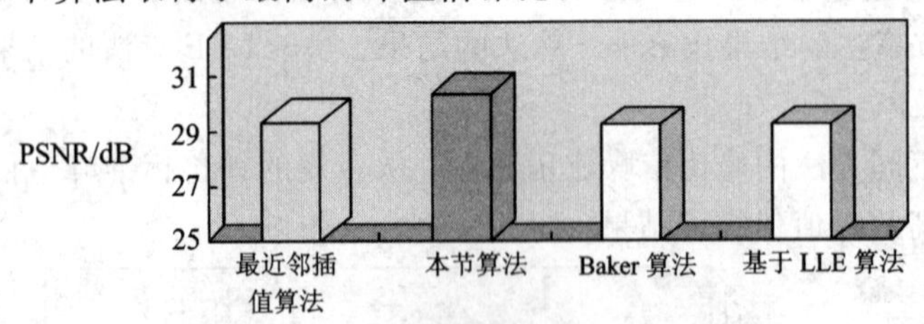

图 11-8　不同算法的 PSNR(放大 16 倍)

3. 实验三

实验三主要是分析 SVR 回归复原算法对欧美人的人脸复原效果。使用原始的和扩展的 Yale Face Database B 中的人脸图像进行实验。原始的和扩展的 Yale Face Database B 中共有 38 人，每人选正面脸且正面光照的图像幅，这样就有 38 幅正面人脸图像。选取其中的 36 幅作为训练样本，2 幅作为测试样本。将人脸图像进行对齐操作并归一化成每一幅图像为 80×96。将 80×96 的人脸图像作为高分辨率人脸图像，对其进行降质处理，降质成为 40×48 的图像，并且将其作为低分辨率人脸图像。

图 11-9 为不同算法的实验结果，从人眼主观观察可以看出本节算法复原结果具有更多的高频细节，视觉效果比 Cubic B-Spline 插值算法和最近邻插值算法的好；而与 Baker 算法的结果、基于 LLE 算法的结果比较可以看出，本节算法复原的结果噪声更少、更接近于真实的高分辨率图像。表 11-1 为不同算法的峰值信噪比，从客观的峰值信噪比分析来看，本节算法取得了最高的峰值信噪比。在放大两倍的情况下，Yale 人脸库实验的复原效果不如 IMDB 亚洲人脸库那么明显(Yale 人脸库相对于插值算法，提升了 3 dB 左右；而 IMDB 亚洲人脸库提升了近 5 dB)。这主要是由于 Yale 人脸库样本较少，建立的回归模型误差较大，因此获得的复原效果没有亚洲人脸库那样显著。通过实验三验证了本节算法有较强的鲁棒性，无论是对于亚洲人还是欧美人，都能够得到较好的结果。

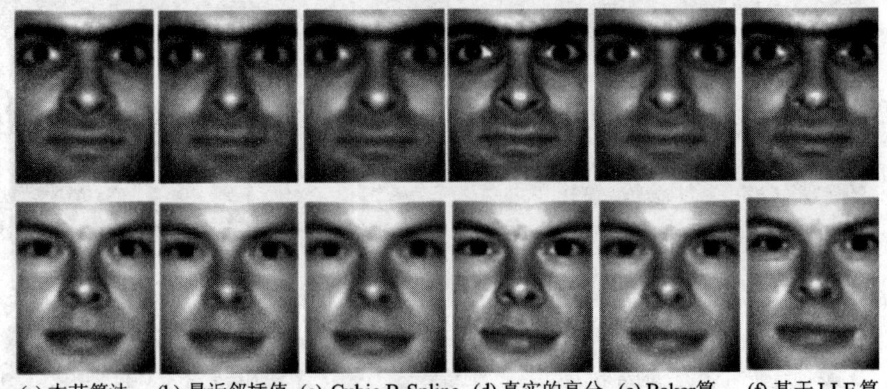

(a) 本节算法的结果　(b) 最近邻插值算法的结果　(c) Cubic B-Spline 插值算法的结果　(d) 真实的高分辨率图像　(e) Baker算法的结果　(f) 基于 LLE 算法的结果

图 11-9　不同算法对 Yale 人脸库的实验结果

表 11-1　不同算法对 Yale 人脸库的 PSNR

算　法	PSNR/dB	算　法	PSNR/dB
最近邻插值算法	27.65	Cubic B-Spline 算法	29.07
本节算法(SVR)	31.97	Baker 算法	28.48
基于 LLE 算法	29.42		

4. 实验四

为了进一步验证算法的效果，在实验四中将算法应用于真实的环境。图 11-10(a)为使用数码相机拍摄的包含真实低分辨率的人脸图像。将该图像中的人脸部分提出，转化为灰度图像，并归一化为 48×40，作为待复原图像，使用实验二中采用的训练样本。图 11-10(b)从左到右分别为本节算法、插值算法的结果。从图 11-10(b)中可以看出本节的结果明显优于插值方法的结果，具有比插值算法更多的高频细节。

(a) 真实的低分辨率图像

(b) 本节算法和插值算法的结果

图 11-10　在真实环境下的实验结果

11.4.2　算法参数分析

SVR 的参数对算法性能有较大的影响，因此在下面的实验中将对参数对算法的影响进行了分析和实验，实验条件与上一小节中实验一的条件一样。在支持向量回归算法中，惩罚系数 C、不敏感损失系数 ε、核函数及其参数的选择直接影响到模型的复杂程度和预测精度，对回归模型的学习精度和推广能力的好坏起着决定性作用。

图 11-11 为惩罚系数 C 对复原结果 PSNR 的影响(将参数 ε 设置为 0.01，$2\sigma^2$ 设置为 100)。如果 C 过小，对超出 ε 的样本数据惩罚就小，可能导致模型过于简单，训练误差变

大，因此复原效果较差。如果 C 过大，学习精度相应提高，但目标就变成了最小化经验风险，可能导致模型过于复杂，得不到好的推广能力，同样使得复原效果较差。

图 11－12 为核函数参数 σ 对复原结果 PSNR 的影响（将参数 ε 设置为 0.01，C 设置为 10）。图中横坐标的单位是 $1/2\sigma^2$。如果 σ 过小，支持向量间的联系比较松弛，学习机器相对复杂，推广能力得不到保证，这使得复原效果较差。如果 σ 过大，支持向量间的影响过强，回归模型难以达到足够的精度，同样使得复原效果差。

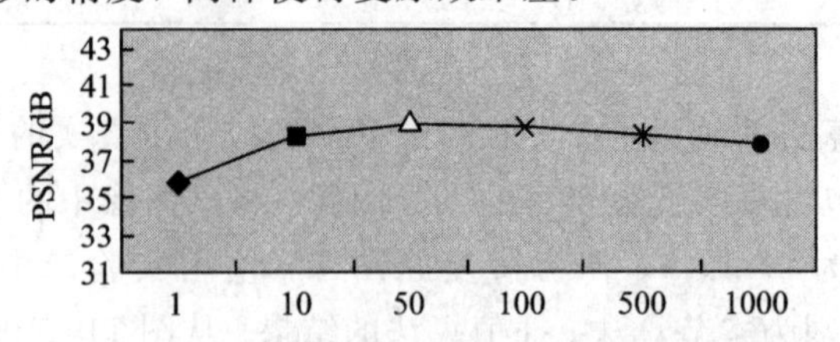

图 11－11　参数 C 对复原图像的平均峰值信噪比的影响

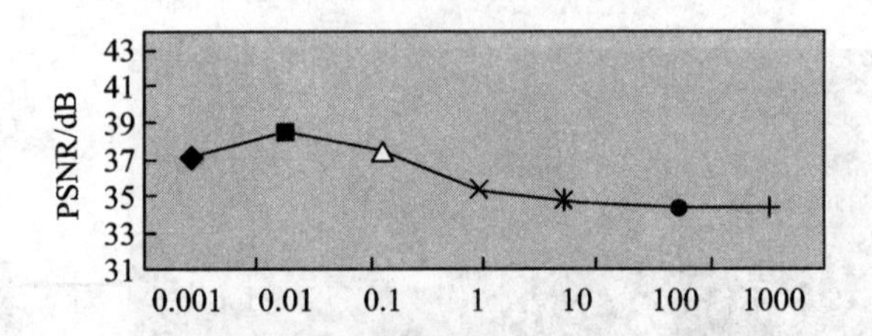

图 11－12　参数 σ 对复原图像的平均峰值信噪比的影响

对于误差控制 ε，实验结果表明在设定参数 $2\sigma^2$ 为 100、C 为 10 时，ε 的大小对算法复原效果影响不大。

11.5　基于核偏最小二乘法的超分辨率实验结果与分析

本节主要是分析基于核偏最小二乘法的超分辨率在人脸图像和车牌图像的超分辨率复原中的效果和性能。

1. 实验一　人脸图像的超分辨率复原实验

实验一使用亚洲人脸标准图像数据库（IMDB）中的人脸图像。这里提取人脸的面部图像，并进行归一化，归一化成 192×160。将 192×160 的人脸图像作为高分辨率人脸图像，对其进行降质处理，降质为 48×40 的图像，作为低分辨率人脸图像。实验首先选取了所有不带眼镜的 75 人进行实验，每人选正面中性表情人脸图像一幅，共 75 幅。随机选择其中的 8 人，其中 4 名男性、4 名女性（8 幅人脸图像），作为测试样本，剩下的 67 人（67 幅人脸图像）作为训练样本。Cubic B-Spline 插值方法和最近邻插值方法及基于 SVR 的超分辨率算法与本节提出的基于KPLS的超分辨率算法的实验结果的比较如图11-13所示。其中图(a)为基于 SVR 的超分辨率算法的结果；图(b)为本节的基于 KPLS 的算法的结果（对高、低分辨率图像块的特征都采用 6×6 的分块，核函数参数 $2\sigma^2=60$）；图(c)为最近邻插值算法放大的结果；图(d)为 Cubic B-Spline 算法插值放大的结果；图(e)为真实的高分辨率图像。从实验结果的对比中可以看出：最近邻插值算法和 Cubic B-Spline 插值算法在插值复原放大时模糊了大部分的人脸细节，基于 SVR 回归算法的结果复原出部分人脸图像的细节，而基于 KPLS 算法的结果较为清楚地复原出人脸图像的细节。

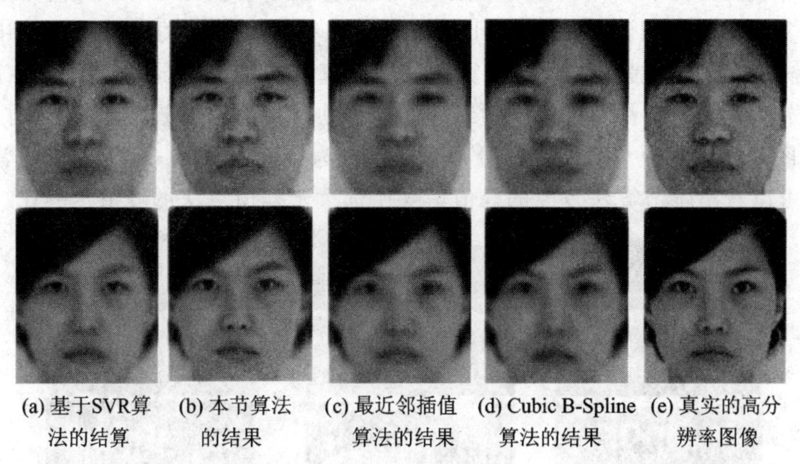

图 11－13　实验结果

图 11－14 为不同方法的平均峰值信噪比。

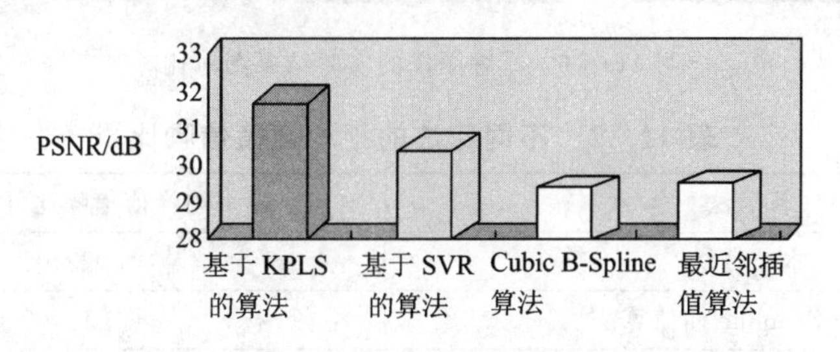

图 11－14　不同方法的平均峰值信噪比

其中原始的高分辨率图像为 HR，由低分辨率图像复原得到的超分辨率图像为 SR，它们在像素点(x，y)上的灰度值分别为 HR(x，y)和 SR(x，y)。图像的长度和宽度以像素点数表征，分别为 M 和 N。从该图可以看出基于 KPLS 的回归算法取得了最高的峰值信噪比，基于 SVR 的回归算法取得了第二高的峰值信噪比，比本节算法低 1.3 dB。最近邻插值算法和 Cubic B-Spline 插值算法的峰值信噪比最低。

2. 实验二　车牌图像的超分辨率复原实验

在实验二中将车牌作为研究对象进行实验。收集 105 幅带有车牌的图像，将其车牌部分图像提取出来(为(180×68)像素)。将提取的车牌图像作为高分辨率图像，对其进行降质处理，分别降质为 45×17 的图像。实验中随机选择其中的 5 幅车牌图像作为测试样本，剩下的 100 幅车牌图像作为训练样本。图 11－15 为实验中的部分车牌图像。

图 11－15　实验中的部分车牌图像

图 11－16 为车牌图像的实验结果图对比。该图中第一行为最近邻插值算法的结果，第二行为 Cubic B-Spline 插值算法的结果，第三行为本节算法的结果，第四行为真实的高分

辨率车牌图像。从实验结果可以看出，最近邻插值算法字符复原结果的效果很差，复原图像的某些英文字母不是很清楚。Cubic B-Spline 算法插值效果稍好，但是车牌中的汉字还是较模糊，辨识出汉字较为困难。本节算法虽然与真实图像有差异，但无论是字母还是汉字都得到了较好的复原，都有清晰的边缘。总的来说，本节算法较好地复原出了高频信息。使得复原的图像在视觉上与真实的高分辨率图像较为接近。表 11－2 为不同方法的平均峰值信噪比。可以看出本节算法复原的峰值信噪比远大于插值算法的峰值信噪比。

图 11－16　车牌图像的实验结果图对比

表 11－2　不同算法的平均峰值信噪比

算　法	平均峰值信噪比(PSNR)/dB
本节算法	23.06
Cubic B-Spline 插值算法	17.99
最近邻插值算法	17.89

11.6 本 章 小 结

本章首先介绍了基于回归方法的超分辨率复原算法，然后详细介绍了两种回归算法(支持向量回归和核偏最小二乘法回归)在基于学习的超分辨率算法中的应用。在实验中分析了回归参数对复原效果的影响，通过实验结果表明，基于回归方法的超分辨率复原算法具有良好的性能，复原的图像更接近于真实图像，具有更高的峰值信噪比。

参 考 文 献

[1] Ni K S Ni, Truong Q Nguyen. Image Superresolution Using Support Vector Regression[J]. IEEE Transactions on Image Processing,2007,16(6)：1596-1610.

[2] Wu Wei, Liu Zheng, He Xiaohai. Learning-based super resolution using kernel partial least squares [J]. Image and Vision Computing, 2011, 29(6)：394-406.

[3] 邓乃扬，田英杰. 数据挖掘中的新方法——支持向量机[M]. 北京：科学出版社，2004.

[4] Roman Rosipal, Nicole Kramer. Overview and Recent Advances in Partial Least Squares[C]. Lecture Notes in Computer Science, 2006：34-51.

[5] Svante Wold. Personal memories of the early PLS development [J]. Chemometrics and Intelligent Laboratory Systems,2001,58：83-84.

[6] 梁林，李春富，王桂增．非线性递推部分最小二乘及其应用[J]．系统仿真学报，2001，13(9)：119-125.

[7] 白裔峰．偏最小二乘算法及其在基于结构风险最小化的机器学习中的应用．西南交通大学博士论文，2007.

[8] Roman Rosipal. Kernel Partial Least Squares Regression in Reproducing Kernel Hilbert Space[J]. Journal of Machine Learning Research，2001(2)：97-123.

[9] A Hoskuldsson. PLS Regression Methods[J]. Journal of Chemometrics，1988(2)：211-228.

[10] 吴炜，杨晓敏，陈默，等．基于偏最小二乘算法的人脸图像超分辨率技术[J]．光子学报，2009，38(11)：3025-3033.

第十二章　基于多分辨率金字塔和LLE算法的人脸图像超分辨率算法

基于学习的超分辨率除了以上几种典型的学习方法外，还有些混合方法。例如，Liu等人提出的结合PCA重构和马可夫随机场的超分辨率学习算法，Zhuang等人提出的基于RBF回归和局部线性嵌入(LLE)的超分辨率算法等。

本章将介绍一种结合多分辨率金字塔和LLE算法的人脸图像超分辨率算法。该算法采用多分辨率金字塔对基于学习的人脸图像超分辨率算法进行研究。针对Baker方法建立的图像金字塔提取高频细节不够丰富的缺点，采用Kirsch算子提取高频特征。Kirsch算子具有8个方向，能够提取不同方向的高频特征。它与一阶、二阶梯度算子结合，能够提取更多的图像信息，使得匹配过程更为准确。另外，本章将流形学习中的LLE算法的思想引入匹配复原过程中，使复原图像具有更完备的高频信息，获得的先验模型更为准确。实验结果表明，本章建立的先验模型更为准确，使得最终复原的人脸图像具有更好的视觉效果。

12.1　先验模型

选择人脸图像的高斯金字塔(Gaussian Pyramid)、拉普拉斯金字塔(Laplacian Pyramid)和特征金字塔(Feature Pyramid)，作为人脸图像的特征空间。对特征金字塔加入Kirsch特征，该特征能够表示不同方向的高频特征，克服了Baker方法提取高频细节不够丰富的缺点。

12.1.1　高斯金字塔

高斯金字塔的生成包含低通滤波和降采样的过程。设原图像G_1为高斯金字塔的最底层，即第1层，则第l层高斯金字塔由下式生成：

$$G_l(i,j)=\begin{cases}\sum_{m=-2}^{2}\sum_{n=-2}^{2}w(m,n)G_{l-1}(2i+m,2j+n), & i\leqslant\frac{M}{2},\ j\leqslant\frac{N}{2},\quad 1<l\leqslant K\\ G_1, & l=1\end{cases}\tag{12-1}$$

式中，$w(m,n)$是一个具有高斯低通滤波特性的窗口函数；M、N分别为图像G_{l-1}的行数和列数；K为金字塔的总层数。这一系列上一级比下一级缩小四倍的图像从低到高排列就形成了所谓图像的高斯金字塔。

12.1.2　拉普拉斯金字塔

拉普拉斯金字塔是高斯金字塔与其上一层通过插值放大的差值图像，而最高层是对应高斯金字塔本身的。由于上一层图像是下一层图像低通滤波后降采样得到的，拉普拉斯金塔字实际上是同级高斯金字塔的高频分量，即图像的细节部分。第 l 层拉普拉斯金字塔由下式生成：

$$L_l(\boldsymbol{I})=\begin{cases}G_l(\boldsymbol{I})-\mathrm{EXPAND}(G_{l+1}(\boldsymbol{I})), & 1\leqslant l<K\\ G_K(\boldsymbol{I}), & l=K\end{cases} \tag{12-2}$$

式中，EXPAND(·)表示插值放大。

12.1.3　特征金字塔

特征金字塔是对高斯金字塔的对应层进行特征滤波，提取高频特征信息，其作用是将特征构建金字塔并将特征用于匹配过程。本章参考了 Baker 方法，在一阶、二阶梯度特征的基础上，增加 Kirsch 算子对高频特征进行提取。Kirsch 算子由 8 个 3×3 窗口模板组成，每个模板分别代表一个特定的检测方向，它能够提取 8 个方向的高频特征。它对数字图像的每个像素考察它的 8 个邻点灰度的变化，以其中的 3 个相邻点的加权和减去剩下 5 个邻点的加权和，令 3 个相邻点环绕不断移位得到 8 个模板。设 Kirsch 算子的第 i 个模板的形式为

$$\begin{bmatrix}M_i & M_{i+1} & M_{i+2}\\ M_{i+7} & 0 & M_{i+3}\\ M_{i+6} & M_{i+5} & M_{i+4}\end{bmatrix} \tag{12-3}$$

具体来说，Kirsch 算子的第一和第二个模板分别表示为

$$\begin{bmatrix}5 & 5 & 5\\ -3 & 0 & -3\\ -3 & -3 & -3\end{bmatrix}\quad\begin{bmatrix}-3 & 5 & 5\\ -3 & 0 & 5\\ -3 & -3 & -3\end{bmatrix} \tag{12-4}$$

其他模板类似，在此就不一一列出。人脸图像及其 8 个方向的 Kirsch 特征图如图 12-1所示。利用特征金字塔提取的这些方向性信息以及拉普拉斯金字塔提取的空间尺度高频信息和提取的特征信息组成标准人脸图像训练集，构成了一个完整的学习模型，作为超分辨率复原的依据。

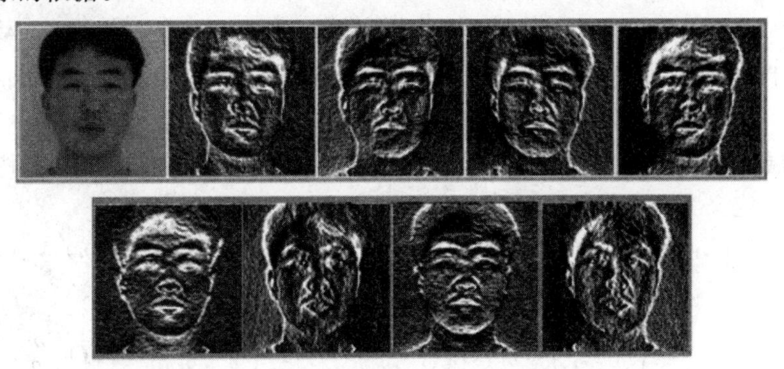

图 12-1　人脸图像及其 8 个方向的 Kirsch 特征图

12.2　先验模型复原过程

如图 12-2 所示，输入一幅待复原的低分辨率人脸图像 $\boldsymbol{I}$ 对应于金字塔的第 3 层。如何估计出金字塔的最底层 $G_1(\boldsymbol{I})$，是超分辨率复原的目标。

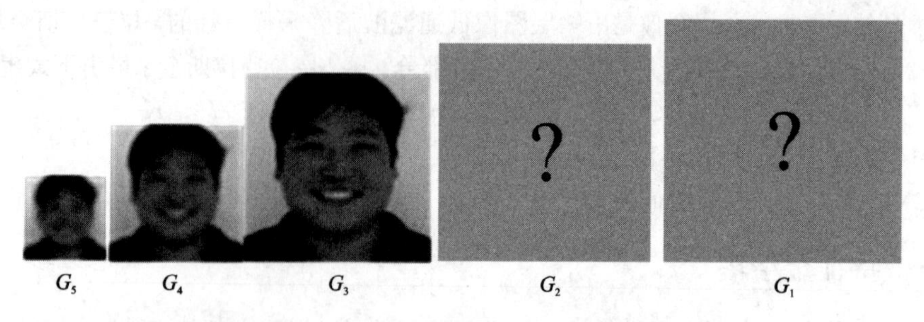

图 12-2　低分辨率人脸图像的高斯金字塔

12.2.1　塔状父结构

设输入的低分辨率人脸图像为 $\boldsymbol{I}$，它的拉普拉斯金字塔和特征金字塔都从第 3 层开始构建，本章定义 $\boldsymbol{I}$ 中的任一像素点 p 的父结构为从第 3 层到第 5 层中与 p 对应的一组像素的特征向量，如图 12-3 所示。

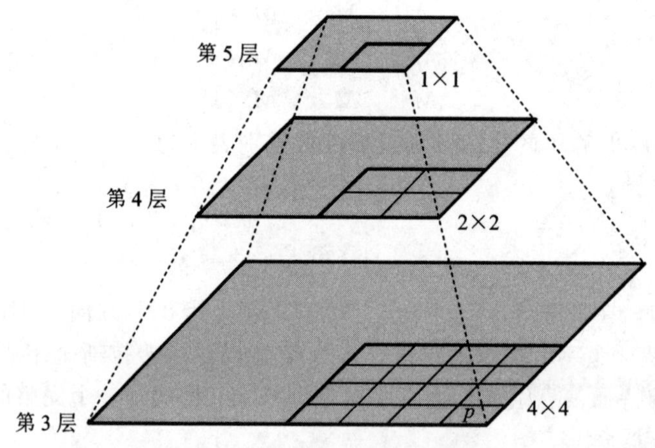

图 12-3　塔状父结构示意图

每一层对应像素的特征向量均由拉普拉斯金字塔和特征金字塔的信息组成，因此又称为塔状父结构。像素点 p 的塔状父结构就是一个 3×13 维的向量(其中，3 表示共有 3 层，13 表示每一层有 13 个特征，即 1 个拉普拉斯特征、2 个一阶特征、2 个二阶特征以及 8 个 Kirsch 特征)，定义为

$$S_3(\boldsymbol{I})(m,n)=\begin{bmatrix} L_3(\boldsymbol{I})(m,n),\ H_3(\boldsymbol{I})(m,n), H_3^2(\boldsymbol{I})(m,n), V_3(\boldsymbol{I})(m,n), V_3^2(\boldsymbol{I})(m,n), \\ K_3(\boldsymbol{I})(m,n) \\ L_4(\boldsymbol{I})\left(\frac{m}{2},\frac{n}{2}\right), H_4(\boldsymbol{I})\left(\frac{m}{2},\frac{n}{2}\right), H_4^2(\boldsymbol{I})\left(\frac{m}{2},\frac{n}{2}\right), V_4(\boldsymbol{I})\left(\frac{m}{2},\frac{n}{2}\right), \\ V_4^2(\boldsymbol{I})\left(\frac{m}{2},\frac{n}{2}\right), K_4(\boldsymbol{I})\left(\frac{m}{2},\frac{n}{2}\right) \\ L_5(\boldsymbol{I})\left(\frac{m}{4},\frac{n}{4}\right), H_5(\boldsymbol{I})\left(\frac{m}{4},\frac{n}{4}\right), H_5^2(\boldsymbol{I})\left(\frac{m}{4},\frac{n}{4}\right), V_5(\boldsymbol{I})\left(\frac{m}{4},\frac{n}{4}\right), \\ V_5^2(\boldsymbol{I})\left(\frac{m}{4},\frac{n}{4}\right), K_5(\boldsymbol{I})\left(\frac{m}{4},\frac{n}{4}\right) \end{bmatrix} \tag{12-5}$$

采用同样的方法，对训练库中所有高分辨率人脸图像训练样本 $\boldsymbol{T}_i$，分别在第 3 层构建塔状父结构 $S_3(\boldsymbol{T}_i)(m, n)$。其中 $K(\boldsymbol{I})(m, n)$包含 8 个 Kirsch 特征，$L(\boldsymbol{I})(m, n)$表示拉普拉斯特征，$H(\boldsymbol{I})(m, n)$、$V(\boldsymbol{I})(m, n)$表示一阶梯度的水平方向和垂直方向的特征，$H^2(\boldsymbol{I})(m, n)$、$V^2(\boldsymbol{I})(m, n)$表示二阶梯度的水平方向和垂直方向的特征。

12.2.2　匹配复原

塔状父结构 $S_3(\boldsymbol{I})(m,n)$里包含了待复原低分辨率人脸图像的特征信息，将以这些信息为依据，在人脸图像训练库中进行最优匹配。由于人脸图像进行了对齐预处理，设待复原图像像素位置为(m,n)，匹配时可以只在训练人脸库图像中的相应像素位置(m,n)进行匹配。

本章在匹配复原过程中引入一种新方法，即采用 LLE 算法对高频信息进行估计。在 Baker 算法中输入待复原人脸图像每一像素点的塔状父结构 $S_3(\boldsymbol{I})(m,n)$，用欧氏距离度量，与训练库中每一幅人脸图像在第 3 层对应像素点的塔状父结构 $S_3(\boldsymbol{T}_i)(m,n)$进行对比，搜索出与之距离最小的塔状父结构，即

$$\arg\min_i \| S_3(\boldsymbol{I})(m,n) - S_3(\boldsymbol{T}_i)(m,n) \| \tag{12-6}$$

通过这种方法能够寻找到最接近的塔状父结构块，但是最接近块不一定是最好的。在训练样本比较少的情况下，可能出现最接近块距离与待复原的块距离比较大的情况，这时候采用最近的欧氏距离就不太适合(不可能取得较好的复原结果，复原的图像将与真实的图像差别较大)。因此本章采用与其最近的几块的加权和来计算。如何计算相应的权值呢？可采用 LLE 算法计算相应的权值，即求使下式最小的 $\boldsymbol{W}$：

$$\min \sum_i \left| S_3(\boldsymbol{I})(m,n) - \sum_j \boldsymbol{W} S_3^j(\boldsymbol{T}_i)(m,n) \right|^2 \tag{12-7}$$

本章借鉴 LLE 算法求取式(12－7)最小。

因此本章匹配算法的主要思想是待复原人脸图像每一像素点的塔状父结构 $S_3(\boldsymbol{I})(m,n)$可由训练库中与其最近的 K 个 $S_3(\boldsymbol{T}_i)(m,n)$重建，设重建系数矩阵为 $\boldsymbol{W}$。保持重建系数矩阵 $\boldsymbol{W}$ 不变，可用训练库中对应的拉普拉斯高频信息恢复待复原人脸图像的高频信息。就匹配算法而言，只需要求出其重建关系(即权值矩阵 $\boldsymbol{W}$)，即只使用 LLE 算法的前两个步骤。与单独使用一个最匹配的高分辨率块进行复原的方法相比，使用本章匹配算法将获得更加完整、丰富的高频信息。

12.2.3　算法实现

算法的实现可分为两个过程，即训练过程和学习过程。

具体算法的步骤如下：

1. 训练过程

对输入的每一个训练样本 $\boldsymbol{T}_i$建立高斯金字塔、拉普拉斯金字塔以及特征金字塔。在拉普拉斯金字塔和特征金字塔的基础上构建塔状父结构 $S(\boldsymbol{T}_i)$。本章实验中塔状父结构从第三层开始构建。

2. 学习过程

(1) 对待复原的图像 $\boldsymbol{I}$ 建立塔状父结构 $S_3(\boldsymbol{I})$。

(2) 将待复原的图像的每一个像素位置的特征 $S_3(\boldsymbol{I})(m,n)$ 与训练样本相应位置的特征 $S_3(\boldsymbol{T}_i)(m,n)$ 进行比较，计算欧氏距离。

(3) 取最小的 K 个距离对应的 $S_3(\boldsymbol{T}_i)(m,n)$，使用 LLE 算法计算权值矩阵 $\boldsymbol{W}$。

(4) 拷贝训练样本中相应位置的底层拉普拉斯金字塔的信息，用权值矩阵 $\boldsymbol{W}$ 进行加权计算。

(5) 与待复原的图像进行融合，得到高分辨率图像。

学习过程的基本流程如图 12－4 所示。

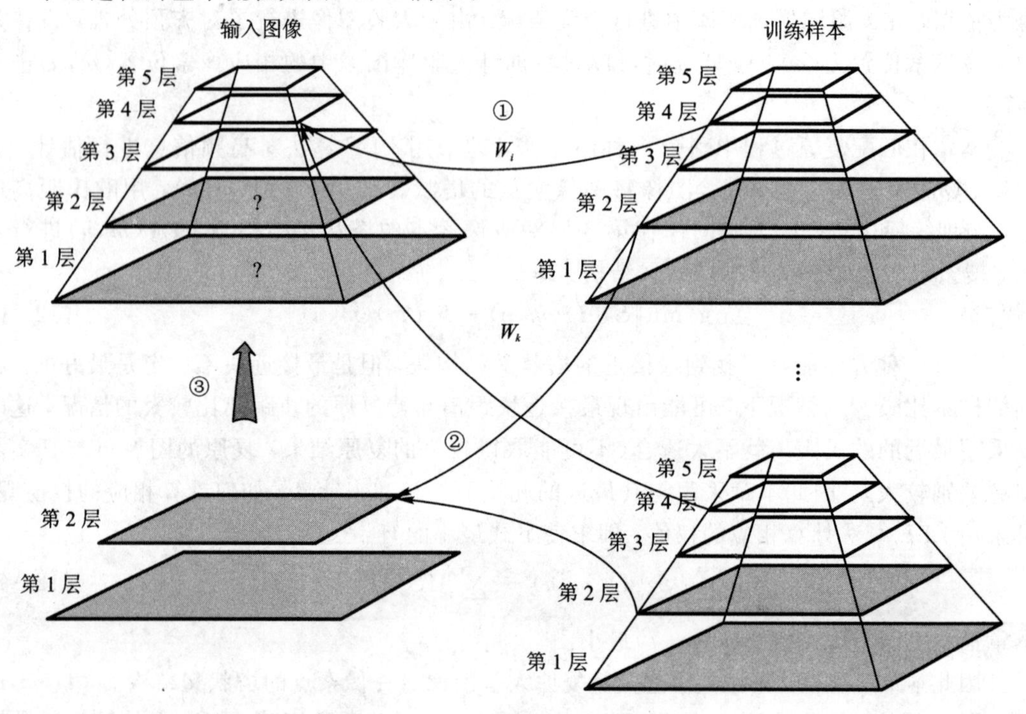

图 12－4　学习过程的基本流程

该流程图分为 3 个主要步骤：

(1) 通过输入图像和训练图像的塔状父结构特征求取权值矩阵 $\boldsymbol{W}$。

(2) 保持权值矩阵 $\boldsymbol{W}$ 不变，拷贝训练样本中相应位置的底层拉普拉斯金字塔的信息(如图 12－4 所示的 1、2 层)，用权值矩阵 $\boldsymbol{W}$ 进行加权计算，得到一个新的 1、2 层金字塔。

(3) 将这个新的 1、2 层金字塔和输入图像的 3、4、5 层金字塔进行合成，最终得到高分辨率图像。

12.3　先验模型和测量模型

1. 求取先验模型

假设输入的图像是 $\boldsymbol{t}$，通过本章先验模型复原出的高分辨率图像是 $\boldsymbol{Rt}$，真实的高分辨率图像为 $\boldsymbol{T}$。$\boldsymbol{Rt}$ 和 $\boldsymbol{T}$ 的高频特征分别为 $F(\boldsymbol{Rt})$ 和 $F(\boldsymbol{T})$。理论上 $\boldsymbol{Rt}$ 和 $\boldsymbol{T}$ 是相等的，同样 $F(\boldsymbol{Rt})$ 和 $F(\boldsymbol{T})$ 也是相等的。但是 $F(\boldsymbol{Rt})$ 和 $F(\boldsymbol{T})$ 之间存在一定的误差，假设 $F(\boldsymbol{Rt})$ 和 $F(\boldsymbol{T})$ 之间的

误差满足高斯分布，并且方差为 σ_p。可以建立下式，该式的概率分布是方差为 σ_p 的高斯分布：

$$P(\boldsymbol{T}) = P(\boldsymbol{\eta}_p)\big|_{\boldsymbol{\eta}_p = F(\boldsymbol{Rt}) - F(\boldsymbol{T})} \tag{12-8}$$

这样，先验模型 $P(\boldsymbol{T})$转化为高斯分布函数。

2. 求取观测模型

观测模型就是求取 $P(\boldsymbol{t}|\boldsymbol{T})$的值，与先验模型相比，求取观测模型相对来说较为简单。待求高分辨率人脸图像 $\boldsymbol{T}$ 所对应的低分辨率人脸图像 $D(\boldsymbol{T})$可以用平滑和下采样过程得到，输入的低分辨率人脸图像 $\boldsymbol{t}$ 应该与 $D(\boldsymbol{T})$是相同的，但是通常来说 $\boldsymbol{t}$ 和 $D(\boldsymbol{T})$之间存在一定的误差。假设 $\boldsymbol{t}$ 和 $D(\boldsymbol{T})$之间的误差满足高斯分布，并且方差为 σ_m。

建立如下公式，该式的概率分布是方差为 σ_m 的高斯分布：

$$P(\boldsymbol{t} \mid \boldsymbol{T}) = P(\boldsymbol{\eta}_m)\big|_{\eta_m = D(\boldsymbol{T}) - \boldsymbol{t}} \tag{12-9}$$

这样，把观测模型 $P(\boldsymbol{t}|\boldsymbol{T})$转化为高斯分布函数。

将式(12-8)和式(12-9)代入最大后验概率(MAP)中，然后采用最速下降法求解。由于误差函数是一个二次型，因此算法能够收敛于一个全局最小值。最后求解得到 T。

12.4　实验结果及分析

本章实验使用亚洲人脸标准图像数据库(IMDB)中的高分辨率人脸图像(每一幅图像为 256×256)作为测试数据。IMDB 中包含了 107 人，每人有 17 幅不同图像，共 107×17＝1219 幅人脸图。其中带眼镜的有 32 人。IMDB 库里的每一幅人脸图像都已经做了归一化处理，对两只眼睛的中心都进行标定，事先对齐在固定的位置。

本实验的目标是输入低分辨率人脸图像，采用多分辨率金字塔和 LLE 算法复原出高分辨率人脸图像。选取所有不带眼镜的 75 人进行实验，每人选 3 幅图像，总共 75×3＝225 幅。用其中的 213 幅人脸图像(71 人)作为训练数据，剩下的 12 幅人脸图像(4 人，不同于训练库里的 71 人)作为测试数据。对 12 幅测试图像先进行低通滤波和降采样处理，得到 64×64 的待复原低分辨率人脸图像。

将最近邻插值算法、Baker 算法、Cubic B-Spline 算法和本章算法的实验结果进行比较，如图 12-5 所示。从实验结果的对比中可以看出：最近邻插值算法、Cubic B-Spline 算法在平滑噪声的同时模糊了大部分的人脸细节；Baker 算法的复原结果边缘有锯齿，生成的人脸图像在有些部位存在较大的噪声；本章算法复原出的人脸图像噪声较少，边缘处理比 Baker 好得多，在保留大部分人脸细节的同时，看上去更加逼真。

定量的平均峰值信噪比分析可以看出本章方法比最近邻插值算法、Baker 算法以及 Cubic B-Spline 算法具有更高的平均峰值信噪比。图 12-6 为不同方法的平均峰值信噪比的示意图。从图中可以看出，本章算法具有最高的平均峰值信噪比；最近邻插值算法与 Baker 算法的平均峰值信噪比较低，虽然 Baker 算法从视觉效果来看较好，但是由于 Baker 算法在人脸轮廓部分存在较大的噪声，这造成 Baker 算法的峰值信噪比相对较低；Cubic B-Spline 插值算法的平均峰值信噪比在它们之间。

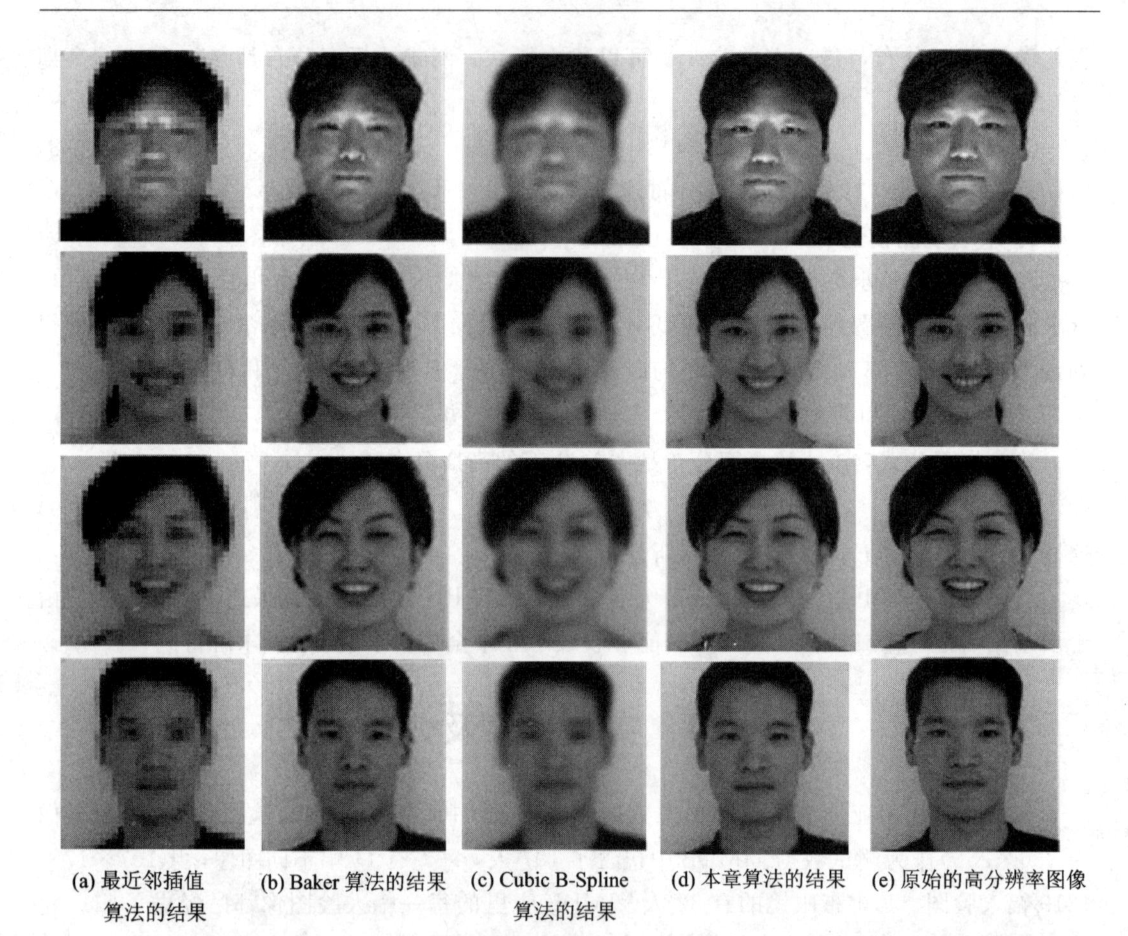

图 12-5　实验结果比较

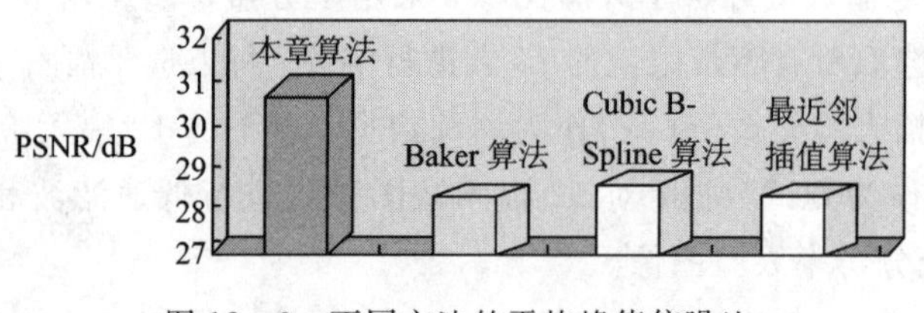

图 12-6　不同方法的平均峰值信噪比

12.5　本章小结

本章采用基于多分辨率金字塔和 LLE 算法相结合的人脸图像超分辨率复原算法，主要针对特征提取和匹配算法这两个核心问题进行研究。针对 Baker 算法建立的图像金字塔提取高频细节不够丰富的缺点，采用 Kirsch 算子提取高频特征。Kirsch 算子具有 8 个方向，能够提取不同方向的高频特征。它与 Baker 的一阶、二阶梯度算子结合，能够提取更多的图像信息，使得匹配过程更为准确。另外，将流形学习中的 LLE 算法的思想引入匹配复原过程中，使得获得的先验模型更为准确，从而获得更完备的高频信息。对 IMDB 中的图像进行实验比较发现，本章算法比 Baker 算法和插值算法取得了更高的平均峰值信噪比。实验结果表明，本章预测得到的先验模型更为准确，使得最终复原的人脸图像具有更好的视觉效果。

参考文献

[1] C Liu, H Y Shum, C S Zhang. A two-step approach to hallucinating faces: global parametric model and local nonparametric model[C]. Proceedings of the 2001 IEEE Computer Society Conference on Computer Vision and Pattern Recognition(CVPR), Kauai Marriott, Hawaii, 2001: 192-198.

[2] C Liu, Heung-Yeung Shum, William T Freeman. Face Hallucination: Theory and Practice[J]. International Journal of Computer Vision, 2007, 75(10): 115-134.

[3] 李旸，林学訚. 基于 MAP 准则的两步人脸图像分辨率增强算法[J]. 电子学报，2004，32(12)：192-195.

[4] Li Yang, Lin Xueyin. An Improved Two-Step Approach to Hallucinating Faces[C]. Proceedings of the Third International Conference on Image and Graphics (ICIG'04), 2004: 298-301.

[5] Zhuang Yueting, Zhang Jian, Wu Fei. Hallucinating faces: LPH super-resolution and neighbor reconstruction for residue compensation[J]. Pattern Recognition, 2007, 40(11): 3178-3194.

[6] Lui Shufan, Wu Jinyi, Mao Hsishu. Learning-Based Super-Resolution System Using Single Facial Image and Multi-resolution Wavelet Synthesis[C]. ACCV 2007, Part II, LNCS 4844, 2007: 96-105.

[7] Liu Wei, Lin Dahua, Tang Xiao'ou . Hallucinating Faces: TensorPatch Super-Resolution and Coupled Residue Compensation[C]. IEEE Computer Society Conference on Computer Vision and Pattern Recognition, 2005(2): 478-485.

[8] Burt P J, Adelson E H. The Laplacian pyramid as a compact image code[J]. IEEE Transactions on Communications, 1983, 31(4): 532-540.

[9] 吕俊白. 基于快速 Kirsch 与边缘点概率分析的边缘提取[J]. 计算机应用，2001，21 (2)：33-35.

[10] Baker S, Kanade T. Limits on super-resolution and how to break them[J]. IEEE Conf. Computer Vision and Pattern Recognition, 2000, 9(2): 372-379.

[11] 吴炜，杨晓敏，陈默，等. 一种新颖的人脸图像超分辨率技术[J]. 光学精密工程，2008，16(5)：815-821.

第十三章　基于马尔可夫模型与Contourlet变换的图像超分辨率复原算法

本章将介绍一种结合马尔可夫模型和 Contourlet 变换的超分辨率算法。马尔可夫模型和 Contourlet 变换都可分别应用于超分辨率复原，并且取得不错的效果。由于图像相邻像素之间具有较强的相关性，如果对图像进行分块，须考虑相邻的块与块之间的相关性。采用马尔可夫模型对这些图像块进行建模能够很好地反映图像块之间的相关性。另外，Contourlet变换作为一种新的信号分析工具，它解决了小波变换不能有效表示二维或更高维奇异性的缺点，并能准确地将图像中的边缘捕获到不同尺度、不同方向的子带中。它不仅具有小波变换的多尺度特性，还具有小波变换不具有的多方向性和各向异性，更能准确地提取图像的高频特征(方向)信息。

本章介绍的算法结合马尔可夫模型和 Contourlet 变换的优势，能够取得优于任何单独算法的效果，通过实验也验证了该算法的有效性。

13.1　算法的基本原理

基于学习的超分辨率算法的任务是恢复出低分辨率图像丢失的高频信息，也就是在已知低分辨率图像的情况下，通过某些先验知识预测出高分辨率图像。由于复原(预测)低分辨率图像丢失的高频信息时，低频部分提供的信息有限，而中频部分(在本章中指的是低分辨率图像的高频信息)能提供更多的有用信息，一般可以认为最高频信息条件独立于最低频信息，即

$$P(\boldsymbol{H}|\boldsymbol{M},\boldsymbol{L})\approx P(\boldsymbol{H}|\boldsymbol{M}) \tag{13-1}$$

式中，$\boldsymbol{H}$ 表示高频信息，$\boldsymbol{M}$ 表示中频信息，$\boldsymbol{L}$ 表示最低频信息。

这样就需要提取高频信息和中频信息。为有效提取该信息，可采用 Contourlet 变换提取高、低分辨率图像不同方向的高频信息和中频信息。

图 13-1 所示为算法的基本原理框架，在该框架中基于学习的超分辨率算法的任务为在已知 4 个方向的中频特征图像的情况下，预测未知的 4 个方向的高频特征图像，最后将预测得到的 4 个方向的高频特征图像和低分辨率图像进行 Contourlet 反变换，获得最终的高分辨率图像。

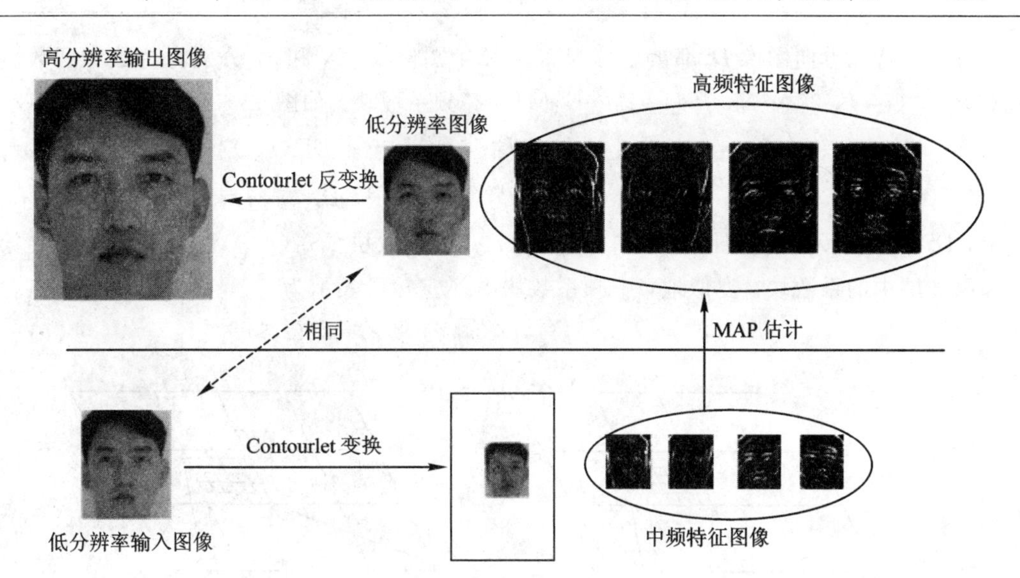

图 13-1　算法的基本原理框架

13.2　Contourlet 系数块结构

假设对高分辨率图像进行 Contourlet 变换，生成一个 G 层的 Contourlet 金字塔，如图 13-2 所示(该图中 G 为 4)。在每一层中，均生成 4 个方向的特征图像(除最后一层外，该层是一个低通的子图像)。可以对每一个在训练库中的高分辨率图像定义一个特征向量：

$$\boldsymbol{E}_l=[\boldsymbol{D}_1^l,\boldsymbol{D}_2^l,\cdots,\boldsymbol{D}_{k_l}^l],\ l=1,2,\cdots,G-1 \tag{13-2}$$

式中，k_l 表示第 l 层中的方向特征图的数量。$\boldsymbol{D}_z^l$，$z=1,2,\cdots,k_l$ 表示第 l 层、第 z 个方向的特征方向图。在图 13-2 中，$\boldsymbol{E}_1$、$\boldsymbol{E}_2$ 被看做高频信息，$\boldsymbol{E}_3$ 被看做中频信息。第 4 层的低通子图像可以认为是低频信息。

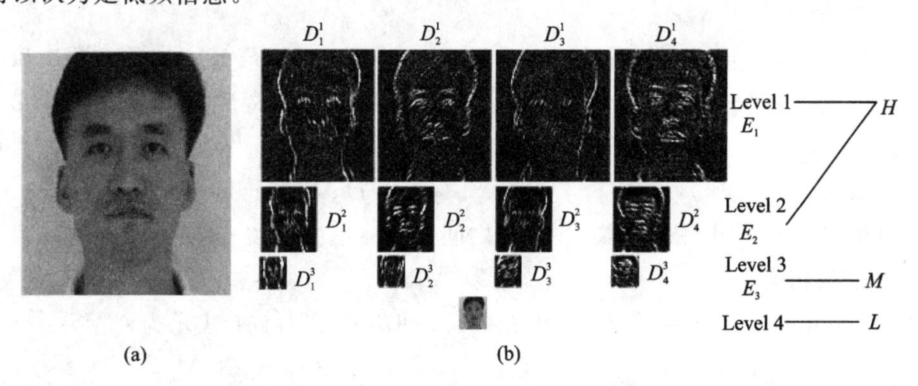

图 13-2　Contourlet 变换后的特征表示示意图

通过 4 个方向的中频特征图像来预测 4 个方向的高频特征图像是本章超分辨率复原问题的关键。由于直接预测整幅方向特性图像较为困难，因此本章先对特征方向图像进行分块，然后分别对各个分块的特性系数进行预测，最后将这些预测的分块融合为完整的特征方向图像。

每一个特征方向图像 $\boldsymbol{D}_z^l$ 都被划分为 $N\times M$ 个图像块，N 和 M 分别为行数和列数。令 $S_H(i, j)$，$(i=1, 2, \cdots N; j=1, 2, \cdots, M)$ 为高频系数块，如图 13-3 所示，它被定义为

$$S_H(i,j)=\begin{bmatrix} D_1^1(i, j), D_2^1(i, j), \cdots, D_{k_1}^1(i,j) \\ D_1^2(i, j), D_2^2(i, j), \cdots, D_{k_2}^2(i, j) \end{bmatrix} \tag{13-3}$$

式中，$D_z^l(i, j)$ 表示在方向图像 D_z^l 中位置为 (i,j) 的系数块。$S_H(i, j)$ 包括 k_1 和 k_2 个在第 1 层和第 2 层中的系数块。类似地，中频系数块 $S_M(i, j)$ 可表示为

$$S_M(i,j)=[D_1^3(i,j), D_2^3(i, j), \cdots, D_{k_3}^3(i,j)] \tag{13-4}$$

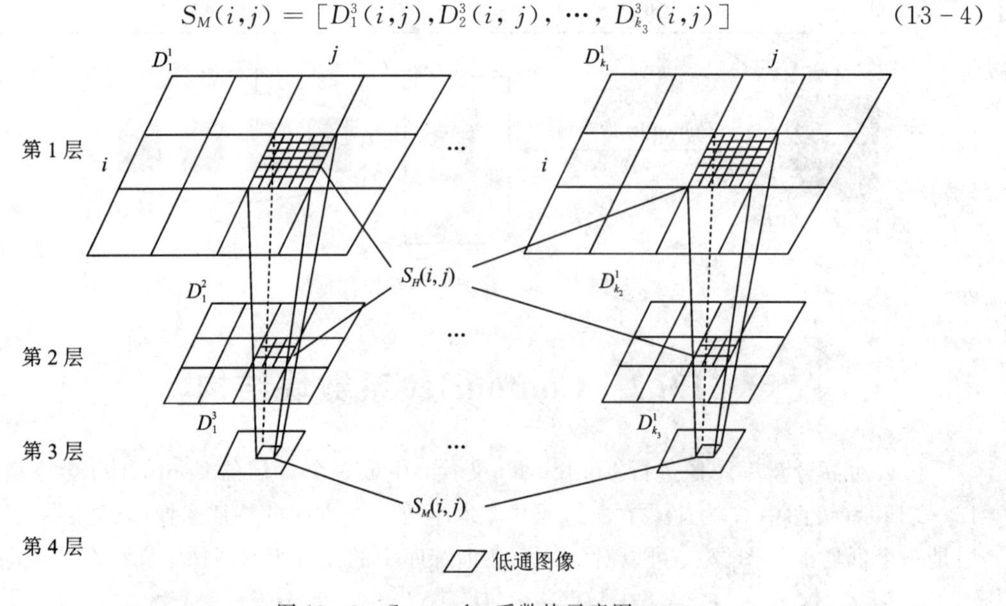

图 13-3　Contourlet 系数块示意图

13.3　马尔可夫模型

本节将使用马尔可夫随机场(Markov Random Field, MRF)建立高频系数块和中频系数块之间的关系。每一个高频系数块和中频系数块都可以看做 MRF 模型的一个节点。如图 13-4 所示，每一个高频系数块 $S_H(i, j)$ 与其对应的中频系数块 $S_M(i,j)$ 以及与它相邻的高频系数块 $S_H(i, j+1)$、$S_H(i, j-1)$、$S_H(i+1, j)$、$S_H(i-1, j)$ 都有联系。$\varphi(\cdot)$ 表示高频系数块 $S_H(\cdot)$ 与中频系数块 $S_M(\cdot)$ 之间的观测函数；$\psi(\cdot)$ 表示相邻的高频系数块 $S_H(\cdot)$ 之间的相关函数。

通过 Contourlet 系数块 $S_H(\cdot)$ 和 $S_M(\cdot)$，可以把 $P(\boldsymbol{H}|\boldsymbol{M})$ 表示为

$$\begin{aligned} P(H|M)=P[&S_M(1,1), S_M(1, 2), \cdots, S_M(1,M), \\ &S_M(2,1), S_M(2, 2), \cdots, S_M(2, M), \\ &\cdots \\ &S_M(N,1), S_M(N, 2), \cdots, S_M(N, M), \\ &S_H(1, 1), S_H(1, 2), \cdots, S_H(1,M), \\ &S_H(2,1), S_H(2, 2), \cdots, S_H(2, M), \end{aligned}$$

…

$$S_H(N,1),S_H(N,2),\cdots,S_H(N,M)] \tag{13-5}$$

式中，S_M是已知的，而S_H是未知待求的。由MRF的性质有

$$P(\boldsymbol{H}|\boldsymbol{M})=\prod_{(u,v)\in NB(x,y)}\psi[S_H(x,y),S_H(u,v)]\prod_{(i,j)}\varphi[S_H(i,j),S_M(i,j)] \tag{13-6}$$

式中，$NB(x,y)$表示与高频系数块$S_H(x,y)$相邻的块。根据MAP可以估计每一个高频系数块$\hat{S}_H(x,y)_{\mathrm{MAP}}$，即

$$\hat{S}_H(x,y)_{\mathrm{MAP}}$$

$$=\arg\max_{S_H(x,y)}\max_{\mathrm{all},\,S_H(u,v)}\prod_{(u,v)\in NB(x,y)}\psi[S_H(x,y),S_H(u,v)]\prod_{(i,j)}\varphi[S_H(i,j),S_M(i,j)] \tag{13-7}$$

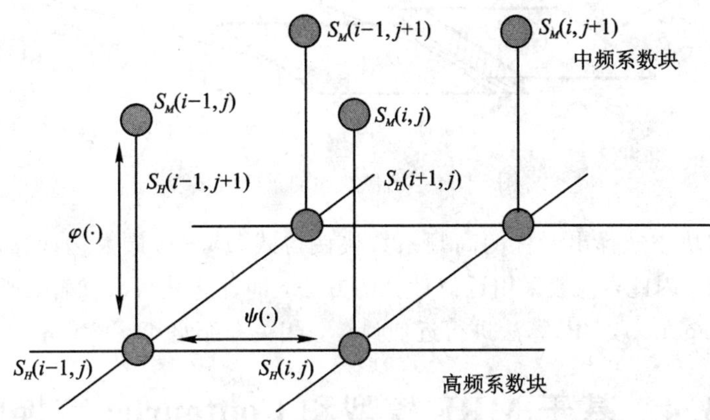

图13-4　高频系数块与中频系数块以及对应的MRF模型节点的示意图

设$\hat{S}_H(x,y)$为MRF中节点(x,y)的理想的高频系数块，$\hat{S}_M(x,y)$为$\hat{S}_H(x,y)$对应的中频系数块，$\hat{S}_H(x,y)$与$S_M(x,y)$的相容性函数可以表示为

$$\varphi[\hat{S}_H(x,y),S_M(x,y)]=\exp(-|\hat{S}_M(x,y)-S_M(x,y)|^2/2\sigma_i^2) \tag{13-8}$$

式中，σ_i为噪声参数。类似地，相容性函数ψ表示MRF中相邻高频系数块$S_H(\cdot)$的相关性，定义为

$$\psi[\hat{S}_H(x,y),\hat{S}_H(u,v)]=\exp(-|\hat{O}(x,y)-\hat{O}(u,v)|^2/2\sigma_x^2) \tag{13-9}$$

设MRF中节点(x,y)与节点(u,v)相邻。$\hat{O}(x,y)$为$\hat{S}_H(x,y)$中的块，它是与$\hat{S}_H(u,v)$的重叠区域，$\hat{O}(u,v)$类似，它们的关系如图13-5所示。其中阴影区域表示相邻节点对应的图像块间的重叠部分。在重叠的区域，相应的邻接的小块的像素值应该尽可能相似。但是由于噪声的存在，认为其重叠的区域有一定的差异，这个差异服从高斯分布，σ_x为噪声参数。

在马尔可夫随机场中，$\hat{S}_H(x,y)$如果是连续值的话，将导致计算量巨大，因此通常要求$\hat{S}_H(x,y)$是有限个离散状态。在基于学习的超分辨率中，$\hat{S}_H(x,y)$的状态值是从图像库中的高分辨率图像获取的。

将训练库中的高、中频方向特征图划分为相互重叠的块，输入的低分辨率待复原图像也按照相同的方式进行分块。每一个中频系数块需要选择一定数量的高频系数块作为其估计的高频系数块的候选块。最简单的方法是将训练样本中的每一个高频系数块作为

$\hat{S}_H(x,y)$的候选块，但是这将致使计算量巨大。因此为了减少计算量，可在中频系数块库中寻找与中频系数块 $S_M(x, y)$最相近的 n(例如 $n=5$)个块 $S_M^i(x, y)$，$i=1, 2, \cdots, n$，然后将这些中频系数块对应的高频系数块 $S_H^i(x, y)$作为 $\hat{S}_H(x, y)$的候选块。

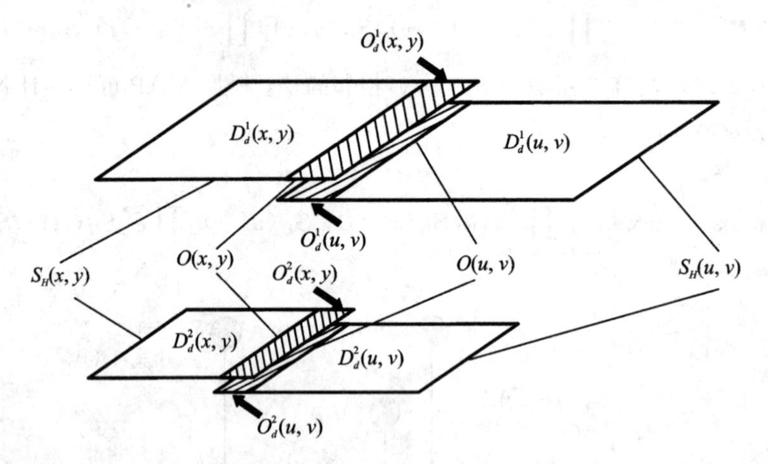

图 13-5　图像块间的重叠区域

从候选图像块中选择出最优的高频系数块使得式(13-7)最大化计算量非常大，直接计算几乎不可能。因此，一般采用近似计算的方法，即计算获得次优解。通常采用“信任传播”(Belief Propagation，BP)算法进行近似计算，相关介绍见第 8 章，这里不再赘述。

13.4　基于 MRF 模型和 Contourlet 变换的超分辨率学习算法

基于 MRF 模型和 Contourlet 变换的超分辨率学习算法的实现分为两个过程，即训练过程和学习过程。为了使得构建 MRF 模型每个节点代表的系数块大小相同，本节首先将低分辨率图像进行插值放大(与高分辨率图像相同大小)，然后通过该放大后的图像预测高分辨率图像。具体算法的步骤如下：

1. 训练过程

训练过程的目的是对图像库中的高、低分辨率图像提取特征并进行分块，为学习过程提供相应的数据。训练过程示意图如图 13-6 所示，具体步骤如下：

(1) 对训练库中的高分辨率图像进行 3 层 Contourlet 变换，每层包括 4 个方向特征图像。

(2) 将高频特征方向图像划分为图像块(最上面两层)，生成高频特征系数块，然后构成高频特征系数块数据库。

(3) 采用插值算法放大训练库中的低分辨率图像(与高分辨率图像分辨率相同)。

(4) 对放大的低分辨率图像进行两层 Contourlet 变换。

(5) 将中频特征方向图像划分为图像块(最上面一层)，生成中频特征系数块，然后构成中频特征系数块数据库。

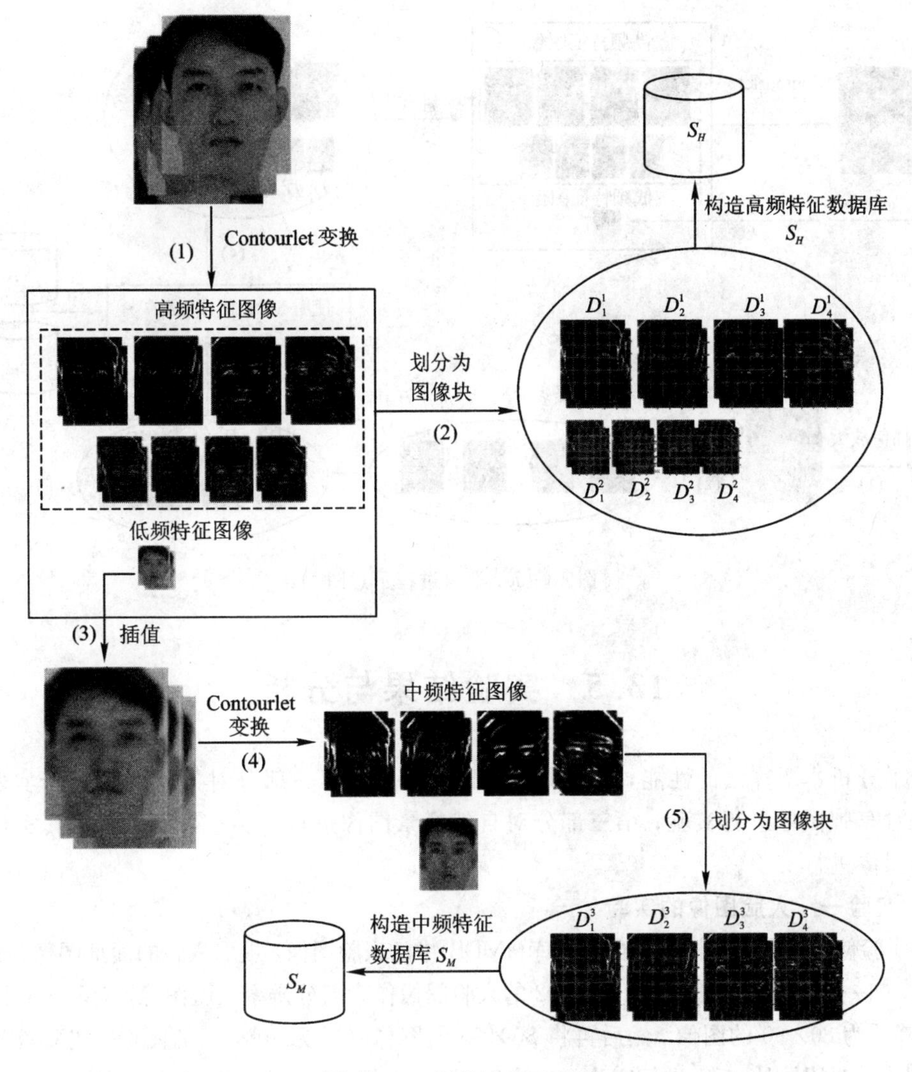

图 13－6　训练过程示意图

2. 学习过程

在学习过程中，输入低分辨率图像，在 MRF 模型下，通过训练过程中建立的数据库，复原高分辨率图像，学习过程示意图如图 13－7 所示。具体步骤如下：

(1) 对输入的待复原的低分辨率图像使用插值算法进行放大(与高分辨率图像分辨率相同)。

(2) 对放大的低分辨率图像进行两层 Contourlet 变换。

(3) 将 Contourlet 变换后的方向特征图像进行分块处理，并生成中频特征系数块。

(4) 利用 MAP 准则，在 MRF 模型下，使用训练过程中建立的数据库高频特征系数块数据库 S_H 和中频特征系数块数据库 S_M，以及第(3)步获得的中频特征系数块求取高频特征系数块。

(5) 将求取的高频特征系数块融合为特征方向图。

(6) 将求取的特征方向图与输入的待复原图像进行 Contourlet 反变换，获得高分辨率图像。

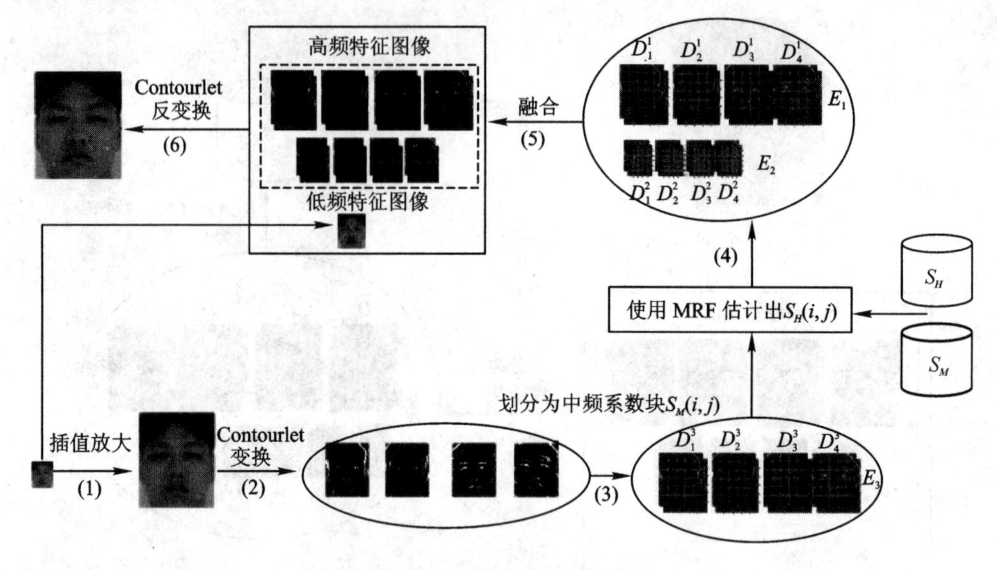

图 13-7　学习过程示意图

13.5　实验结果与分析

为了分析本章算法的性能，实验共分为四个部分：第一部分对人脸图像进行实验；第二部分对车牌图像进行实验；第三部分对自然场景图像进行实验；第四部分对真实环境下拍摄的图像进行实验。

1. 实验一　人脸图像的实验

本实验使用亚洲人脸标准图像数据库(IMDB)中的人脸图像，提取人脸的面部图像，并进行归一化，归一化为 160×192。将 160×192 的人脸图像作为高分辨率人脸图像，对其进行降质处理，先降质为 80×96 的图像，然后再将 80×96 的图像降质为 40×48 的图像。实验首先选取(IMDB)中不带眼镜的 75 人进行实验，选正面人脸各一幅，总共 75 幅。随机选择其中的 4 幅男性人脸图像和 4 幅女性人脸图像(共 8 幅人脸图像)作为测试图像，剩下的 67 幅作为训练图像。

最近邻插值算法、Cubic B-Spline 插值算法，Contourlet 算法与本章算法的实验结果比较如图 13-8 所示。从实验结果的对比中可以看出：最近邻插值算法、Cubic B-Spline 插值算法在平滑噪声的同时模糊了大部分的人脸细节；Contourlet 算法虽然可以复原出大部分人脸细节，但是在人脸的耳部及嘴唇部存在大量的噪声；而本章的算法能恢复出人脸的细节，并在人脸的细节部分基本没有噪声，其复原结果更逼真。从视觉效果来看，本章算法复原结果与原始高分辨率图像最为相似。

图 13-9 为定量分析不同方法的平均均方根误差。平均均方根误差是所有测试样本均方根误差(RMSE)的平均。均方根误差定义为

$$\mathrm{RMSE}=\sqrt{\frac{1}{MN}\sum_{x=1}^{M}\sum_{y=1}^{N}[HR(x,y)-SR(x,y)]^2} \tag{13-10}$$

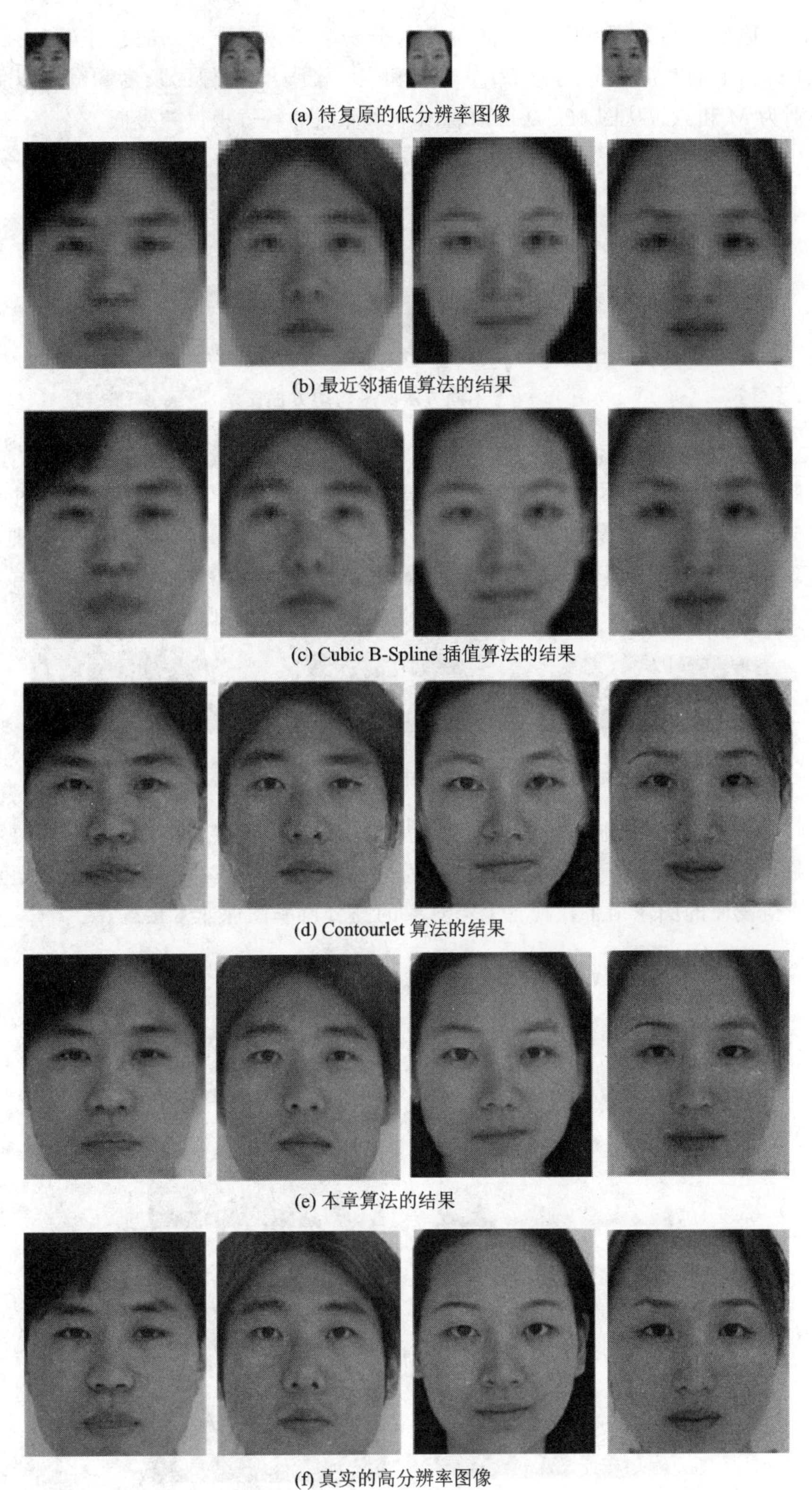

(a) 待复原的低分辨率图像

(b) 最近邻插值算法的结果

(c) Cubic B-Spline 插值算法的结果

(d) Contourlet 算法的结果

(e) 本章算法的结果

(f) 真实的高分辨率图像

图 13－8　实验结果比较

式中，HR 为原始的高分辨率图像，SR 为由低分辨率图像复原得到的超分辨率图像，它们在像素点(x,y)上的灰度值分别为 $HR(x,y)$ 和 $SR(x,y)$。图像的长度和宽度以像素点数表征，分别为 M 和 N。从图 13－9 可以看出本章算法的均方根误差最低。

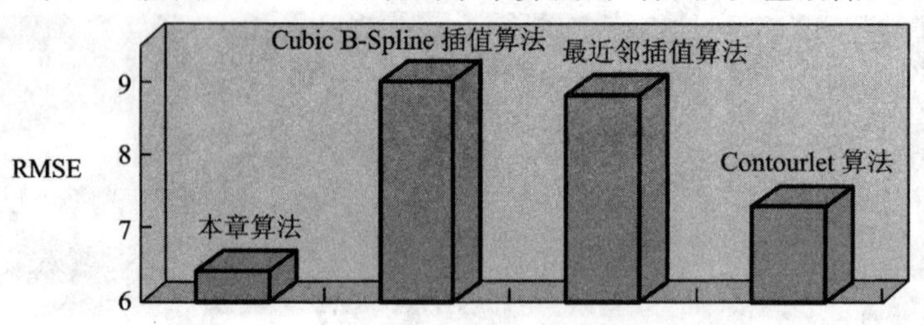

图 13－9　不同方法的平均均方根误差

2. 实验二　车牌图像的实验

本实验将以车牌为研究对象。收集 210 幅带有车牌的图像，将其车牌部分图像提取出来(为(176×64)像素)。将提取的车牌图像作为高分辨率图像，对其进行降质处理，分别降质为 88×32 和 44×16 的图像。实验中随机选择其中的 10 幅车牌图像作为测试样本，剩下的 200 幅车牌图像作为训练样本。图 13－10 为实验中使用的部分车牌图像。

图 13－10　实验中的部分车牌图像

图 13－11 为车牌图像的实验结果对比。从实验结果中可以看出，本章算法的复原效果明显好于插值算法。插值算法模糊掉车牌字符的边缘信息，而本章算法较好地复原出了高频信息，使得复原的图像结果在视觉上与真实的高分辨率图像非常接近。

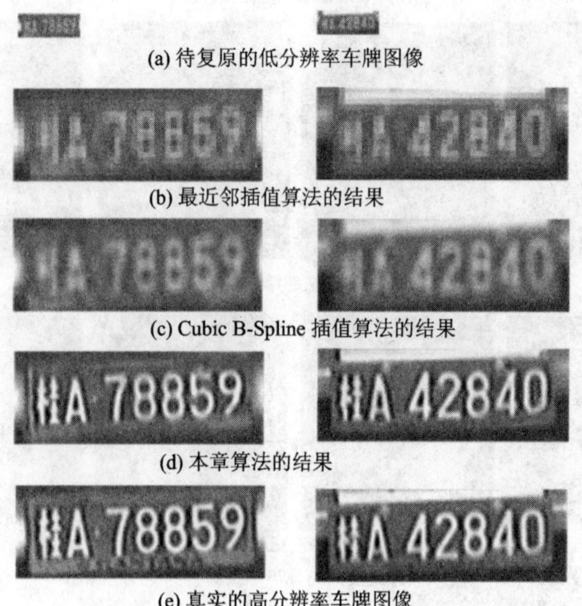

(a) 待复原的低分辨率车牌图像

(b) 最近邻插值算法的结果

(c) Cubic B-Spline 插值算法的结果

(d) 本章算法的结果

(e) 真实的高分辨率车牌图像

图 13－11　车牌图像的实验结果对比

表 13－1 为不同算法的平均均方根误差，可以看出，本章算法复原的图像的均方根误差远小于插值算法的均方根误差。

表 13－1　不同算法的平均均方根误差

算　法	平均均方根误差
本章算法	18.18
Cubic B-Spline 插值算法	37.72
最近邻插值算法	37.98

3. 实验三　自然场景图像的实验

为了进一步研究算法的性能，本实验使用自然场景图像为实验对象。本实验中，图像训练库包含 88 幅各种类型的图像，例如各种建筑、花卉等。与前两个实验类似，首先对图像库的图像进行下采样，然后进行放大 4 倍的实验。分别对建筑、花卉和船的图像进行实验，实验结果分别如图 13－12、图 13－13、图 13－14 所示。从实验结果中可以看出，本章算法的复原效果明显好于插值算法，插值算法模糊了高频边缘信息，而本章算法较好地复原出高频信息；基于 Contourlet 变换的算法由于图像库中图像类型较多，并且放大倍数较大，因此复原的结果显得较为凌乱；基于 MFR 模型的算法效果较好，但是仔细与本章算法对比会发现，本章算法性能更好，特别是边缘部分本章算法的结果显得更加自然。总的来说，本章算法的复原效果最好，在视觉上与真实的高分辨率图像最为接近。

(a) 待复原的低分辨率建筑图像

(b) 最近邻插值算法的结果

(c) Cubic B-Spline 插值算法的结果

(d) 基于 Contourlet 变换算法的结果

(e) 基于 MFR 模型算法的结果

(f) 本章算法的结果

(g) 真实的高分辨率建筑图像

图 13－12　建筑图像的实验结果对比

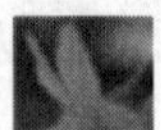

(a) 待复原的低分辨率花卉图像

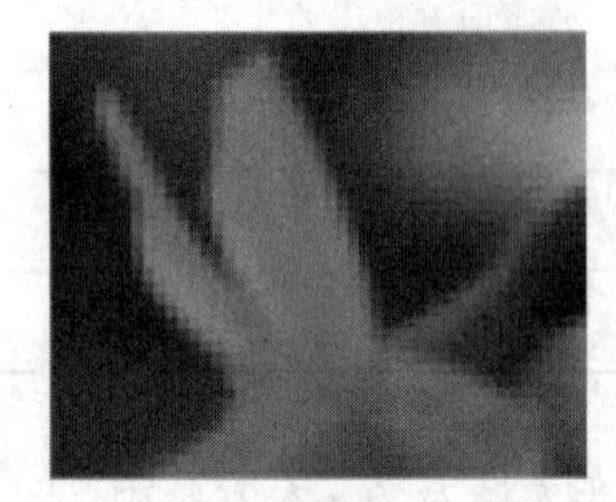

(b) 最近邻插值算法的结果

(c) Cubic B-Spline 插值算法的结果

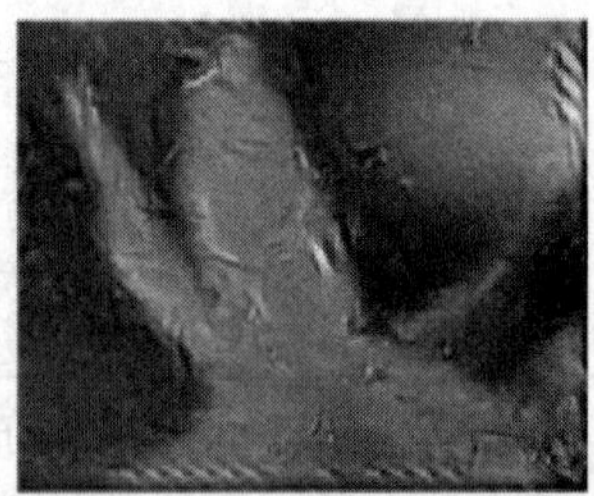

(d) 基于 Contourlet 变换算法的结果

(e) 基于 MFR 模型算法的结果

(f) 本章算法的结果

(g) 真实的高分辨率花卉图像

图 13-13　花卉图像的实验结果对比

(a) 待复原的低分辨率船图像

(b) 最近邻插值算法的结果

(c) Cubic B-Spline 插值算法的结果

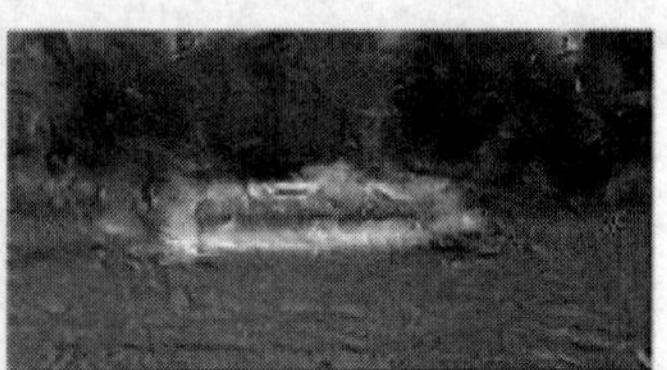

(d) 基于 Contourlet 变换算法的结果

(e) 基于 MFR 模型算法的结果

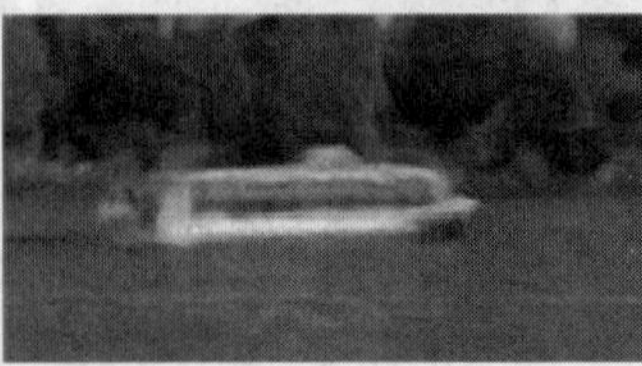

(f) 本章算法的结果

(g) 真实的高分辨率船图像

图 13-14　船图像的实验结果对比

表 13-2、表 13-3、表 13-4 为不同算法的 PSNR。可以看出，本章算法复原的图像 PSNR 远小于插值算法的 PSNR，本章算法取得了最高的 PSNR，这与视觉效果完全一致。

表 13－2　不同算法对建筑图像的 PSNR

算　法	PSNR
最近邻插值算法	24.22
Cubic B-Spline 插值算法	24.34
基于 Contourlet 变换的算法	21.57
基于 MRF 模型的算法	24.59
本章算法	26.78

表 13－3　不同算法对花卉图像的 PSNR

算　法	PSNR
最近邻插值算法	27.44
Cubic B-Spline 插值算法	27.86
基于 Contourlet 变换的算法	21.63
基于 MRF 模型的算法	29.06
本章算法	31.37

表 13－4　不同算法对船图像的 PSNR

算　法	PSNR
最近邻插值算法	19.29
Cubic B-Spline 插值算法	19.42
基于 Contourlet 变换的算法	19.54
基于 MRF 模型的算法	19.82
本章算法	20.07

4. 实验四　真实环境下采集的图像的实验

为了进一步验证本章的算法，本实验中将本章算法应用于真实的环境。图 13－15(a)为数码相机拍摄的真实的包含低分辨率的车牌图像。将车牌部分提出，将其转化为灰度图像，并归一化为 44×16 的图像，作为待复原图像。实验中的训练样本采用实验二中采用的训练样本。图 13－15(b)为真实车牌图像进行不同算法复原结果的比较，从左到右分别是本章算法的结果、Cubic B-Spline 插值算法的结果、最近邻插值算法的结果。

图 13－16(a)为数码相机拍摄的包含低分辨率的人脸图像。将人脸部分提出，并归一化为 44×16 的人脸图像，作为待复原图像，使用实验一中采用的训练样本。图 13－16(b)为不同算法的实验结果。

从对真实车牌图像和人脸图像的实验(图 13－15(b)和图 13－16(b))可以看出，本章算法对人脸图像及车牌图像的复原结果明显好于插值算法的结果，复原的图像具有比插值算法更多的高频细节。

(a) 数码相机拍摄的包含低分辨率的车牌图像

(b) 不同算法的实验结果(从左到右分别是本章算法的结果、Cubic B-Spline 插值算法的结果、最近邻插值算法的结果)

图 13－15　真实环境下车牌图像的实验结果

(a) 数码相机拍摄的包含低分辨率的人脸图像

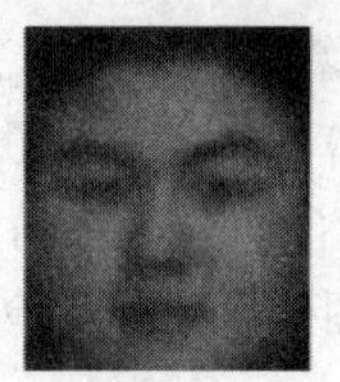
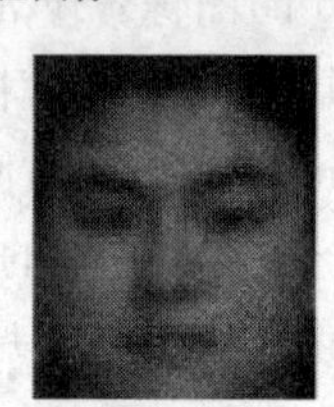

(b) 不同算法的实验结果(从左到右分别是本章算法的结果、Cubic B-Spline插值算法的结果、最近邻插值算法的结果)

图 13－16　真实环境下的人脸图像实验结果

13.6　本章小结

本章介绍了一种结合马尔可夫模型和Contourlet变换的超分辨率算法，该算法首先对图像进行Contourlet变换，然后对变换后的方向特征图像进行分块，接着利用MRF模型对这些分块进行建模，最后用MAP准则预测待复原的低分辨率图像的高频细节信息。实验结果表明，本章算法对人脸图像和车牌图像取得了较好的复原效果。总的来说，本章算法复原出的超分辨率图像更接近于真实图像，具有更小的均方根误差。

参考文献

[1] J D Van Ouwerkerk. Image super-resolution survey[J]. Image and Vision Computing,2006,24(10): 1039-1052.

[2] Baker S, Kanade T. Limits on super-resolution and how to break them [J]. IEEE Transactions on Pattern Analysis and Machine Intelligence, 2002, 24(9): 1167-1183.

[3] Jiji C V, Chaudhuri S. Single-Frame Images Super-resolution through Contourlet Learning[J]. EURASIP Journal on Applied Signal Processing,2006: 1-11.

[4] Freeman W T , Pasztor E C, Carmichael O T. Learning Low-Level Vision[J]. Int'l J. Computer Vision, 2000, 40(10): 25-47.

[5] 古元亭，吴恩华. 基于图像类推的超分辨技术[J]. 软件学报，2008，(19)4：851-860.

[6] GU Yuan-Ting, WU Enhua. Image-Analogies Based Super Resolution[J]. Journal of Software, 2008, (19)4: 851-860. (In Chinese)

[7] M N Do, M Vetterli. The contourlet transform: an efficient directional multiresolution image representation[J]. IEEE Transactions on Image Processing, 2005, 14(12): 2091-2106.

[8] Dong H, Gu N. Asian face image database PF01. Technical Report. Pohang University of Science and Technology, 2001.

[9] Wu Wei, Liu Zheng, Wail Gueaieb, et al. Single-image super-resolution based on Markov random field and contourlet Transform[J]. Journal of Electronic Imaging, 2011, 20(2), 023005.

第十四章　基于视觉美学学习的图像质量评估和增强

本章主要介绍一种基于视觉美学学习的图像(照片)质量评估和增强技术，该技术是在《A Framework for Photo-Quality Assessment and Enhancement based on Visual Aesthetics》一文中提出的，其原理是：对照片进行语义分割，从中提取显著信息，再根据理想的摄影组成规则，从显著信息中提取能用于衡量典型组成偏差的美学特征，然后学习美感吸引力和美学特征的映射模型，最后用这些模型来增强照片质量。

该技术主要应用于两类照片：a 类照片拥有鲜明的单一前景；b 类照片是无鲜明主题的风景/海景照片。其中部分照片如图 14-1 所示。

(a) 单一前景照片(a类照片)

(b) 风景/海景照片(b类照片)

图 14-1　图库的部分照片

专业的视觉美学要求 a 类照片遵循三分法，如图 14－2(a)所示。所谓三分法，即所关注的主题应该与四个应力点(图 14－2(a)中黄线的交点，应力点是摄影帧中最强的焦点)之一对齐，因为如果所关注的主题被平均置于人眼捕捉到的所有应力点，观众的注意力会平均分配给这四个点，从而对照片失去兴趣，进而降低照片的美感。对于 b 类照片，视觉美学要求其遵循视觉重量平衡原则，即照片不同区域的视觉重量比应为黄金比例，如图 14－2(b)所示。本章会根据这两项原则来评估照片质量，经由三分法和视觉重量平衡处理后的照片分别如图 14－3(a)、(b)所示。

(a) a 类图的三分法示例　　(b) b 类图的视觉重量平衡示例

图 14－2　视觉美学

图 14－3　经过视觉美学处理的照片，左边是原图，右边是处理后的照片

14.1 基于学习的美学

基于学习的美学任务，其一是通过用户调查得出照片的美感吸引力；其二是提取照片的美学特征；其三是将前二者映射起来，得出美学模型。利用这些美学模型就能增强照片质量。系统的框架结构如图 14-4 所示。系统分为照片评估和增强两部分。照片评估部分两条线并行操作，一方面首先对照片进行语义分割，得到照片的显著信息图，再从中提取美学特征；另一方面通过用户调查得出照片的美感吸引力，然后学习美感吸引力和美学特征的映射模型。照片增强部分采用这些模型来优化和修补任意输入的照片。

图 14-4　系统的框架结构

14.1.1 用户调查

要得到科学的视觉美学评估系统，就要对人类美学进行研究，研究结果如图 14-5 所示。美感吸引力从低到高分别为 1，2，… 5，图中白色区域、黑色区域、斜条阴影区域和竖条阴影区域的美感吸引力(F_a)代表专业的视觉美学评估系统对测试照片美感的评分(分别为(1～2]、(2～3]、(3～4]和(4～5])；每个区域直方图的长度是受试者对该区域照片的美感打分的统计百分比，直方图上的数字表示用户对照片美感的评分，横坐标为美感吸引力区间，纵坐标为用户投票百分比。观察直方图分布可得照片美感吸引力排名分配的以下趋势：

(1) 美感吸引力为 $1 < F_a \leqslant 2$ 的照片有 91%的 F_a 被标记为 1 和 2；

(2) $4 < F_a \leqslant 5$ 的照片有 88%的 F_a 被标记为 4 和 5。

这表明，受试者能区分照片美感的优劣。

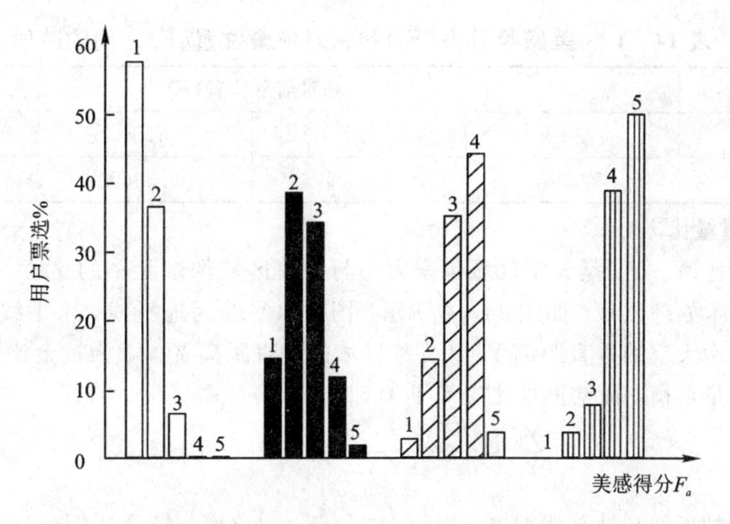

图 14-5　汇总用户调查结果(上方饼图表明图库中每张照片的真实美感分布，底部直方图显示每个区间内照片排名的分布)

14.1.2　视觉美学特征

1. 相对前景位置

相对前景位置定义为：照片框架中四个应力点与前景重心间的归一化欧氏距离也称为视觉注意力中心。

相对前景位置由下式确定：

$$F=\frac{1}{h\times w}[\|x_0-s_1\|_2,\cdots,\|x_0-s_4\|_2] \tag{14-1}$$

其中，h、w 为照片的高度和宽度，x_0 是前景重心，s_i($i=1$，2，3，4)是应力点($s_1\cdots s_4$ 四点分别位于左上角、右上角、右下角、左下角)。为了确定视觉注意力中心(如图 14-6 所示)，首先要根据几何背景对照片进行语义分割，得到右边的分割后的图像，深灰色像素表示天空，浅灰色像素表示支撑区(陆/海)，白色像素表示占主导地位的前景，浅色十字为应力点($s_1\cdots s_4$)，深色十字为前景重心 x_0。语义分割后，前景的轮廓更为清晰。表 14-1 是从图 14-6 提取的映射表，该表是美感吸引力(F_a)和相对前景位置(F)之间的映射。第二至第五列的值为视觉注意力中心(x_0)和四个应力点($s_1\cdots s_4$)之间的相对欧几里德距离，图像帧的宽度和高度是归一化的。

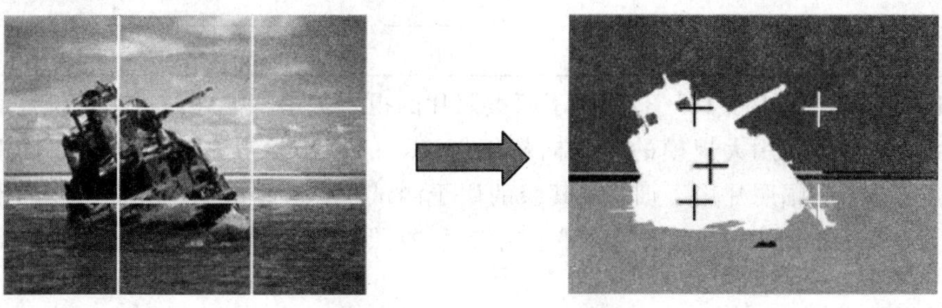

图 14-6　相对前景位置

表 14-1　美感吸引力(F_a)和相对前景位置(F)之间的映射

F_a	相对前景位置(F)			
	左上	右上	右下	左下
4.25	0.294	0.4451	0.3365	0.0399

2. 视觉重量比

视觉重量比(Y_g/Y_k)是天空区域像素大小与支撑区域像素大小的比值，同样先使用自动语义分割技术处理照片。如图 14-7 所示，图中水平线为地平线，水平线上方虚线和下方虚线分别表示天空的垂直距离 Y_k 和支撑区域的垂直距离 Y_g，ϕ 为黄金比例(0.618)，为了保持视觉重量平衡，视觉重量比应等于 1.61803：

$$\frac{Y_g}{Y_k}=\frac{Y_k}{Y_k+Y_g}=\varphi,\quad Y_k>Y_g \tag{14-2}$$

假设摄影帧近似与地平线对齐，则$\frac{Y_g}{Y_k}\left(或\frac{Y_k}{Y_k+Y_g}\right)$比率与黄金比例($\phi$)的偏差构成了风景图的美学特征(视觉重量偏差($W$))：

$$W=\left[\left|\phi-\frac{Y_g}{Y_k}\right|,\left|\phi-\frac{Y_k}{Y_k+Y_g}\right|\right] \tag{14-3}$$

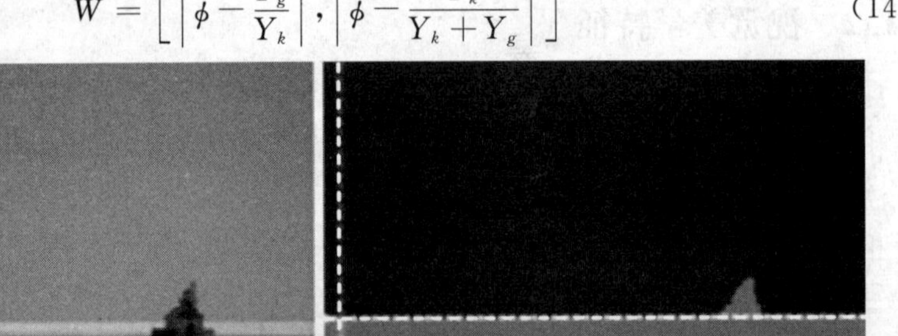

图 14-7　视觉重量语义分割

表 14-2　美感吸引力(F_a)和视觉重量偏差(W)的映射

F_a	视觉重量偏差(W)	
	$\left\|\phi-\frac{Y_g}{Y_k}\right\|$	$\left\|\phi-\frac{Y_k}{Y_k+Y_g}\right\|$
4.58	0.099	0.012

通过式(14-1)和式(14-3)获得了两类照片的视觉美学特征并通过用户统计获得了美感吸引力，然后可采用大规模的支持向量机(SVR)的算法学习它们之间的非线性映射关系。随机选择 150 幅照片用于训练，其余的用于测试。结果显示，单前景照片的预测精度为 87.3±3%。在相同组成类别参数下，风景/海景照片的预测精度为 96.1±2%。

14.2　重建照片，增强照片质量

这里分别用优化对象位置和平衡视觉重量两种独立的增强方法来处理两类照片。对于 a 类照片，旨在重置前景对象，在保持场景语义完整性(例如地面上的物体与地面保持接触，而不浮到天空)的同时，提高预测照片的美感吸引力。对于b类照片，侧重于平衡天空和支撑区域的视觉重量，以便提高风景/海景照片的美感吸引力。这两种方法在以下小节中详细介绍。

重建照片之前，首先采用基于外观学习的场景分类方法对照片语义分割，产生一张显著信息图。确定照片中可能的天空和支撑区域，找出对应的前景区域(由排除法可知，即照片中既不属于天空又不属于支撑的互补区域)。其原理如图14-8所示。

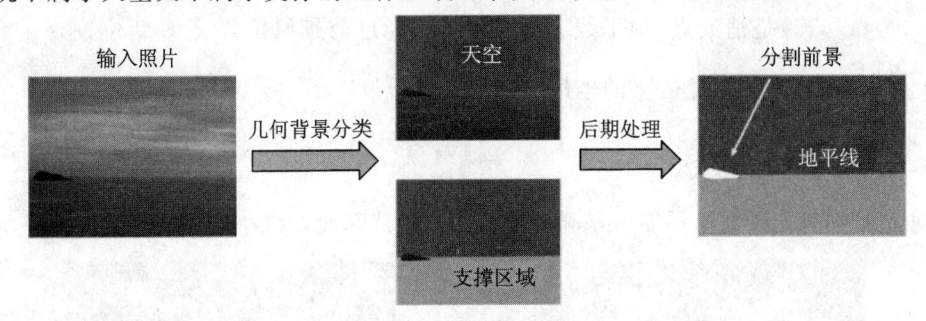

图14-8　语义分割原理

14.2.1　算法Ⅰ　优化对象位置

1. 优化对象位置

对于a类照片，优化对象位置即找出最大吸引力位置 x，再从原位置 x_0 搬移到新位置 x。设a类照片的视觉美学特征和美感吸引力之间的非线性映射关系为 $f_{rf}(F_a)$，最大吸引力位置 x 表示为

$$\arg\max_{x} f_{rf}(F_a),\quad \text{s.t.}\ \lambda(x,x_0)<\delta \tag{14-4}$$

其中，δ 是人为强制指定的支撑邻域大小，$\lambda(x,x_0)$ 是 x,x_0 空间邻域像素强度和梯度计算所得的平滑条件。图14-9是对象可能的重置位置。

(a) 原始图像

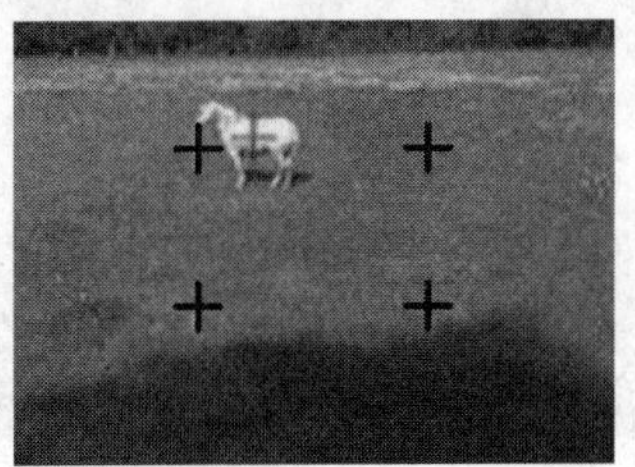

(b) 重置前景物体可能的方案（一）

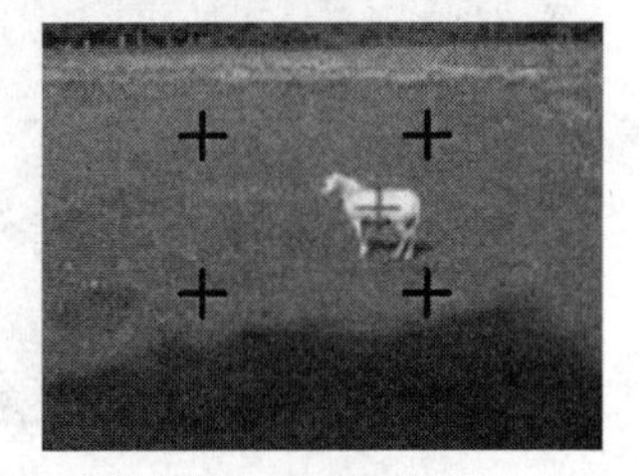

(c) 重置前景物体可能的方案（二）

(d) 重置前景物体可能的方案（三）

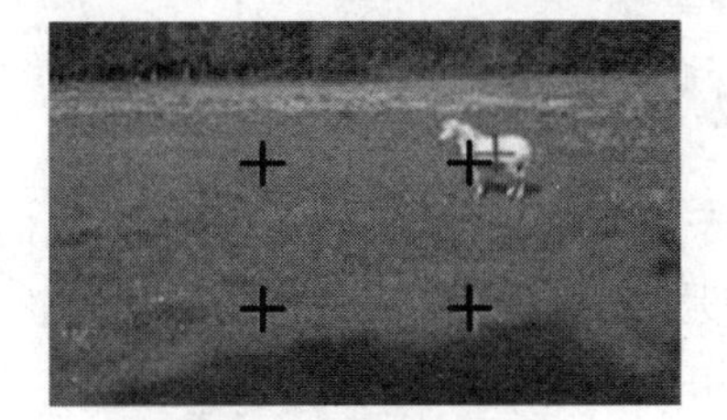

(e) 放置前景物体的最优位置

图14-9　对象可能的重置位置

2. 缩放前景物体以维持视角

仅仅搬移前景物体重建照片有时还不够合理，还需要重新调整前景物体的大小，保持照片逼真感，如图 14－10 所示。采用自动估算照片中地平线位置的方法来确定前景在其新位置的大小：

$$v_x = \frac{D_x}{D_y}(v_y - y_2) + x_2 \tag{14-5}$$

其中，$v=(v_x, v_y)$是消失点（地平线 $y=v_y$ 和同时经过前景原位置 x_0 和新位置 $\hat{x}$ 的直线的交点），$\frac{D_x}{D_y}$是斜率，x_2、y_2是 $\hat{x}$ 的坐标值。缩放因子为

$$f_s = \frac{\|v, x_0\|_2}{\|v, \hat{x}\|_2} \tag{14-6}$$

对于那些消失线信息不能可靠确定的照片，保持其原始大小即可。

图 14－10　缩放前景物体

3. 修补照片

单幅照片的修补采用基于补丁的区域填充算法填补缺失信息，修补结果如图 14－11 所示。

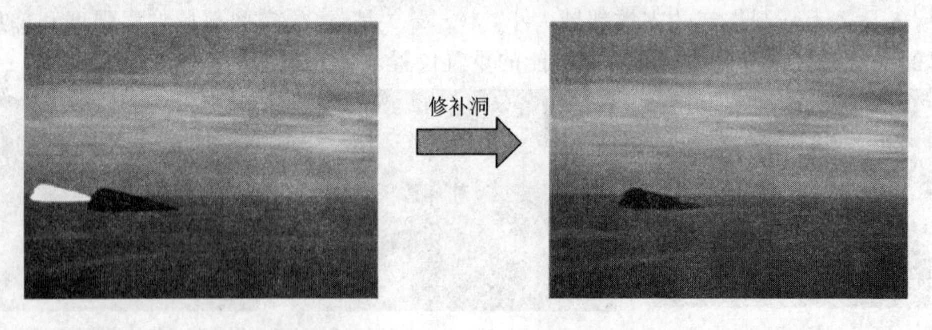

图 14－11　修补照片

14.2.2　算法Ⅱ　平衡视觉重量

对于没有前景但能清楚划分地平线的照片，可利用空间重构更好的平衡天空的视觉重心。假设地平线把照片划分为 Y_k/Y_g，扩大或缩减 Y_k 即可优化视觉重量比，以达到最大化美感吸引力。优化方案如下：

$$\frac{Y_k}{Y_g} = k\frac{Y_g}{Y_k + Y_g} \quad k > 0 \tag{14-7}$$

$$\frac{Y_k+h}{Y_g}=\frac{Y_g}{(Y_k+h)+Y_g} \tag{14-8}$$

其中，h 是 Y_k 增加的垂直距离（如图 14－12 所示），对方程（14－7）、（14－8）进行一系列代数代换即可求得一个关于 h 的二次方程，很容易求得两个 h 值，正值为 Y_k 的增加量，负值为 Y_g 的减少量，从而增加或降低照片的高度。增加照片高度需要用邻域像素的可用信息修补新增区域，采用基于补丁的区域填充算法；降低就只需适当裁剪照片。

图 14－12　平衡视觉重量

14.3　实验结果与分析

根据上面的重构技术，采用一个图形交互工具分别对 200 张图像进行测试，要求用户用封闭多边形分别标记天空、支撑和前景区域。完成语义分割后，选择算法 Ⅰ/Ⅱ 处理照片。结果如图 14－13、图 14－14 所示，照片美感吸引力明显提升。

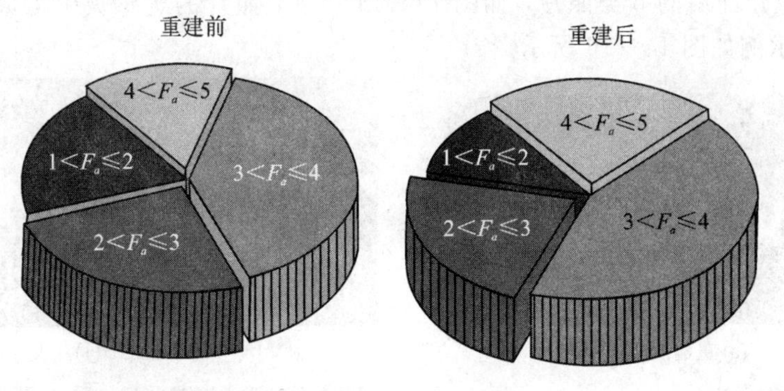

图 14－13　a 类照片重建前后美感吸引力区间对比

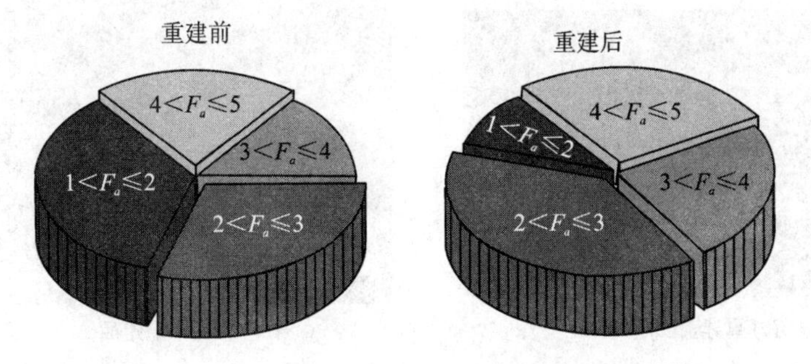

图 14－14　b 类照片重建前后美感吸引力区间对比

(1) 对比重建前后的 a 类照片，四个由低到高的美感吸引力区间((1,2]，(2,3]，(3,4]，(4,5])，如图 14－13 所示。a 类照片重建前后示例如图 14－15 所示。

(a) 重建前(1)　　(b) 重建后(1)

(c) 重建前(2)　　(d) 重建后(2)

图 14－15　a 类照片重构前后美感吸引力对比

(2) 对比重建前后的 b 类照片，如图 14－14 所示，照片的美感吸引力大幅提高。b 类照片重建前后示例如图 14－16 所示。

(a) 重建前(1)

(b) 重建后(1)

(c) 重建前(2)

(d) 重建后(2)

图 14－16　b 类照片重建前后美感吸引力对比(2)

14.4　本章小结

本章介绍了一种基于视觉美学的照片质量评估和增强技术，该技术一方面对照片进行语义分割，得到照片的显著信息图，再从中提取美学特征；另一方面通过用户调查得出照片的美感吸引力，然后学习美感吸引力和美学特征的映射模型。最后采用这些映射模型优化和修补任意输入的照片。实验结果表明，本章技术对两类照片取得了较好的质量评估和增强效果。

参考文献

[1] Subhabrata Bhattacharya，Rahul Sukthankar，Mubarak Shah. A Framework for Photo-Quality Assessment and Enhancement based on Visual Aesthetics[C]. In Proceedings of ACM Multimedia，2010. 271-280.

[2] D Walther，C Koch. Modeling attention to salient proto-objects[J]. Neural Networks，2006，19(9)：1395-1407.

[3] P Jonas. Photographic composition simplified[M]. Amphoto Publishers，1976.

[4] M Livio. The golden ratio and aesthetics[J]. Plus Magazine — Living Mathematics，2002. 22.

[5] T Joachims. Making large-scale SVM learning practical[C]. In Advances in kernel methods：support vector learning，1999，169-184.

[6] D Hoiem，A A Efros，M Hebert. Geometric Context from a Single Image[C]. ICCV，2005，654-661.

[7] R Hartley，A Zisserman. Multiple View Geometry in Computer Vision[M]. Cambridge University Press，2004.

[8] Y Zhang，J Xiao，M Shah. Region completion in single image[C]. InProc. EUROGRAPHICS，2004.

本章小结

[illegible]

参考文献

[illegible]